半干旱区垄沟覆盖微集雨作物产量-水分效应研究

张恒嘉　等　编著

中国水利水电出版社
www.waterpub.com.cn
·北京·

内 容 提 要

本书共分为 6 篇，在兼收并蓄旱区作物产量-水分研究理论和成果的基础上，旨在探索半干旱区垄沟覆盖微集雨作物产量-水分效应，如垄沟覆盖微集雨模式和降雨变律对半干旱区燕麦大田生产力及水迁移过程的影响，垄沟覆盖下肯尼亚半干旱区玉米产量形成及水生产力，不同灌溉节律对黄土高原半干旱区春小麦根系吸水特征及水生产力的影响，垄沟覆盖微集雨耕作对半干旱区玉米生长发育、水生产力及土壤环境的影响等。

本书作为一部学术专著，注重理论和方法创新，更注重技术的集成与应用，可供本专业学者和研究人员阅读参考，也可作为农业科研院所、大专院校和农业、水利管理部门相关人员的参考用书。

图书在版编目（CIP）数据

半干旱区垄沟覆盖微集雨作物产量：水分效应研究 /
张恒嘉等编著. -- 北京：中国水利水电出版社，2017.8
ISBN 978-7-5170-5940-0

Ⅰ. ①半… Ⅱ. ①张… Ⅲ. ①干旱区－作物－产量－研究 Ⅳ. ①S31

中国版本图书馆CIP数据核字（2017）第244923号

书　　名	**半干旱区垄沟覆盖微集雨作物产量-水分效应研究** BANGANHANQU LONGGOU FUGAI WEIJIYU ZUOWU CHANLIANG - SHUIFEN XIAOYING YANJIU	
作　　者	张恒嘉　等 编著	
出版发行	中国水利水电出版社 （北京市海淀区玉渊潭南路 1 号 D 座　100038） 网址：www.waterpub.com.cn E - mail：sales@waterpub.com.cn 电话：（010）68367658（营销中心）	
经　　售	北京科水图书销售中心（零售） 电话：（010）88383994、63202643、68545874 全国各地新华书店和相关出版物销售网点	
排　　版	中国水利水电出版社微机排版中心	
印　　刷	天津嘉恒印务有限公司	
规　　格	184mm×260mm　16 开本　17.75 印张　443 千字	
版　　次	2017 年 8 月第 1 版　2017 年 8 月第 1 次印刷	
印　　数	0001—1000 册	
定　　价	**78.00 元**	

凡购买我社图书，如有缺页、倒页、脱页的，本社营销中心负责调换
版权所有·侵权必究

《半干旱区垄沟覆盖微集雨作物产量-水分效应研究》
参 编 人 员 名 单

主　　编　张恒嘉　甘肃农业大学

副 主 编　赵国栋　黄河水利委员会上中游局规划设计研究院

　　　　　　黄彩霞　甘肃农业大学

参编人员（按姓氏汉语拼音排序）

　　　　　邓浩亮　冯福学　何鹏杰　何文社　康燕霞

　　　　　李晓飞　蔺鹏臻　蒙　强　强生才　王玉才

　　　　　吴　姗　吴彦霖　熊友才　薛晓峰　杨晓婷

　　　　　周　宏

前言
FOREWORD

　　黄土高原半干旱区为我国最缺水地区之一，年平均降雨量为 250～550mm，且 70%～80% 的降雨集中在 6—9 月，与作物生长期严重错位。加之该区土质疏松，植被覆盖率极低，雨水剧烈侵蚀地表，导致水土流失严重，生态环境恶化。要解决该区农业系统生产力低下、人畜饮水困难和生态环境恶化问题，关键还是解决水的问题。因此，利用黄土高原半干旱区有限的降雨资源，发展集雨技术，实现雨水的资源化利用，在作物需水关键期进行有限集雨补灌以提高雨水资源利用率和作物产量，做到秋蓄春用，长蓄短用，变被动抗旱为主动抗旱，是实现农业高效可持续发展和农民早日脱贫致富的有效措施。

　　田间微集雨技术已逐渐发展成为黄土高原雨养农业区的主要耕作技术。自 20 世纪 80 年代以来，不同田间微集雨及覆盖（地膜、砂石和秸秆）栽培技术在黄土高原不断更新换代，先后经历了垄沟无覆盖技术、平地覆盖技术、垄沟半覆盖技术和垄沟全覆盖技术等发展过程，特别是垄沟地膜全覆盖技术的大面积推广和应用，为西北半干旱区粮食单产的大幅度提高提供了强有力的支撑作用。在这种背景下，以提高水分利用效率、获取作物高产和农业可持续发展为主要目标的半干旱区作物产量-水分关系研究，就成为实现雨养农业高效持续利用水土资源的重要理论基础和技术依据。本书就是作者及其学术团队在此领域多年探索和研究的结晶。

　　本书共分为 6 篇，是张恒嘉教授及其研究生在兼收并蓄半干旱区作物产量-水分研究理论和成果的基础上整理而成，旨在探索黄土高原半干旱区垄沟覆盖微集雨的作物产量-水分效应。第 1 篇主要探讨垄沟覆盖微集雨模式和降雨变律对半干旱区燕麦大田生产力及水迁移过程的影响，是强生才硕士论文的精华；第 2 篇主要探讨垄沟覆盖下肯尼亚半干旱区玉米产量形成及水生产力研究，是周宏硕士论文的精华；第 3 篇主要探讨不同灌溉节律对黄土高原半干旱区春小麦根系吸水特征及水生产力的影响，是吴姗硕士论文的精华；第 4 篇主要探讨不同覆盖措施对黄土高原半干旱区玉米生长发育及产量的影响，是蒙强硕士论文的精华；第 5 篇主要探讨垄沟覆盖微集雨耕作对半干旱区春玉米水生产力及土壤环境的影响，是邓浩亮硕士论文的精华；第 6 篇主要探讨极端干旱条件下燕麦垄沟覆盖系统水生态过程研究，是周宏相关研究成果的精华。

本书涉及的研究内容得到国家自然科学基金（51669001）、甘肃省高等学校基本科研业务费项目（2012）和甘肃省科技支撑计划项目（1304FKCA095）的资助。在本书付梓之际，我们对以上项目资助完成本书的出版表示衷心的感谢。

鉴于作者水平有限，难免存在缺陷与纰漏，欢迎广大读者批评指正。

张恒嘉

2017 年 8 月

目　录

CONTENTS

第2篇

垄沟覆盖下肯尼亚半干旱区玉米产量形成及水生产力研究

第 3 篇

不同灌水处理对黄土高原半干旱区春小麦根系吸水特征及水生产力的影响

第 4 篇

不同覆盖措施对黄土高原半干旱区玉米生长发育及产量的影响

第 5 篇

垄沟覆盖微集雨耕作对半干旱区春玉米水生产力及土壤环境的影响

第 6 篇

极端干旱条件下燕麦垄沟覆盖系统水生态过程研究

第1篇

垄沟覆盖微集雨模式和降雨变律对半干旱区燕麦大田生产力及水迁移过程的影响

第1章 概 述

1.1 研究目的和意义

黄土高原位于中国的西北部,介于 $34°\sim40°N$ 和 $102°\sim112°E$,包括青海、甘肃、山西、陕西和内蒙古等省(自治区),总面积达到 62 万 km^2,约占我国国土面积的 6%,其中半干旱区占我国国土面积的 4.6%,该地区光热资源丰富,自然降水是该区旱地农业生产的唯一水分资源。其年总降雨量的 70% 分布在 7—9 月,并且呈现出降雨量少和变率大两个显著特征,造成了作物产量低甚至在个别年份作物绝产。因此,怎样将水土流失和无效蒸发尽可能地转化成生产力,是实现干旱半干旱雨养农业区水分利用效率提高的关键。与此同时,近几十年来,在气候变暖的背景下,我国黄土高原的干旱化也有加剧的趋势,黄土高原也面临着水土流失、荒漠化和盐碱化的趋势。

随着新中国成立后我国人口的膨胀,在 20 世纪 80 年代,针对在我国雨养农业区存在的农业用水匮乏这一现状,相关的研究人员提出了"主动抗旱,以雨水治旱"的思路,形成了现今的两大集雨体系——旱地集雨补灌农业技术体系和集水高效农业技术体系。这两大集雨体系的实施有效地解决了对有限降雨的收集、储存,对传统认为的无效降雨的回收力度大大加强了,蓄水系统的建立有效地减少了水分的无效蒸发,在集雨补灌农业体系中实现了降雨的再分配,很好地解决了在干旱地区降雨季节与作物需水关键期之间的供需不对口现象。

1.2 国内外集雨农业发展概况

1.2.1 国外集雨农业研究

国际上最早的集雨农业科学试验是在 1929 年由澳大利亚工程师 A. S. Knyon 做的。他通过一个铁皮作为雨水收集介质,最后将其输送到一个带盖的蓄水池中,与此同时他分析了本地近 50 年的降雨数据,经计算得出了即使在降水量最少的年份,该雨水收集系统也能为一个 6 口人的家庭、2 头牛、10 匹马和 150 只羊提供一年的用水。在随后的第二次世界大战期间,随着机械动力技术对河流的开发和地下水开采技术的不断发展,人类对集雨农业技术研究的兴趣有所下降。随着第二次世界大战的结束和世界经济的复苏,在一些没有河流、地下水开采受限和降雨有限的地区,农业甚至是人畜饮水受到极大威胁的地区,成本更低的集雨农业技术重新受到人们的重视,因此,在此期间开展了大量相关试验研究,特别是进入 20 世纪后半期,各国的科研工作者对雨水的合理利用有了更深刻的认识和研究。如印度、尼泊尔、泰国、菲律宾、马里、坦桑尼亚及非洲各国,科研人员对于雨水的利用进行了系统的研究,在此期间衍生出了以下主要研究成果:

(1)微型集水区集雨系统的定量模拟研究。Boers、Zondrer Van、Ben - Asher 和 Warrick 等共同合作开发研究了微型集水区的集雨方式,并建立了较好的微集水系统的模型。

(2)关于集雨模型的研究。

3

（3）以农业生产为目的的集雨系统的研究。如 Reij 等科学家使用微型集雨方法来种植高粱和谷子，分别获得了 1900.95kg/hm² 和 3101.6kg/hm² 的高产。

（4）关于集雨系统的分类研究。

（5）微流域集水农业系统的研究。

（6）以改善农业生态环境为主的研究。

（7）屋面集雨系统的技术研究。

（8）以发展庭院经济为目的的集雨技术的研究。

（9）雨水对地下水的回灌技术研究。

（10）雾的收集和利用。

1.2.2　国内集水农业研究

在距今 4000 多年前的商代就已经有了关于雨水收集和再利用的记载。除此之外，在商代黄河流域大规模的"沟洫"、秦汉时期的"陂塘"联用、唐代盛行"淤溉"，以及在 600 多年前的水窖、旱井都见证了我国集水技术的发展。在 20 世纪 60 年代，我国的科学家在研究黄土高原水土流失的问题时就涉及了雨水产流的相关技术的研究，70 年代，在吕梁山通过采用梯田集雨技术来为发展当地的农牧业提供水源。

改革开放之后，随着土地承包制度的改变，黄土高原地区大量闲置土地的利用对于发展集雨农业显得尤为重要，大量的关于集雨农业的研究逐渐在我国的黄土高原展开，主要研究了不同水土保持措施对降雨入渗以及产流的影响。在这其中，以垄沟为基础的栽培集雨技术是在传统栽培耕作基础上改进的一种新模式，后来在集雨的过程中采用了地膜覆盖技术，有效地汇集了降雨，最终实现了降水在空间上的叠加。在此期间，各级政府对该技术也逐渐重视，并于 1988 年在甘肃省召开的学术讨论会上首次提出"集水高效农业"的概念。进入 20 世纪 90 年代后，在政府和科研单位的共同合作下，建立了以集水技术为依托的庭院集水农业模式和以田间垄沟地膜覆盖微集雨种植模式，这两种模式的应用有效地解决了一般年份一个正常家庭的生活和部分农业用水，尤其是在农业生产方面实现了作物产量和水分利用效率的大幅增加。

1.3　国内外垄沟覆膜微集雨技术的研究现状

1.3.1　干旱区垄沟地膜覆盖主要模式

生育期起垄的垄宽以 25～60mm 为宜，建议垄沟比为 1∶1 或 2∶1 为宜；夏闲期起垄垄宽以 100cm 为宜，垄沟比以小于或等于 4∶1 为宜。可根据降雨量的多寡，调整垄沟宽比，通过增加或减少作物群体数量与集水面的大小，提高农田微集水技术的增产效果。在地膜覆盖的情况下，垄高应以 15cm 为宜。一般有拱形垄、梯形垄和三角形垄，有研究提出半干旱区在实施垄沟种植时应考虑采用三角形垄。垄向首先考虑沟垄应与等高线平行，其次才是与主风向垂直。

1.3.2　垄沟覆膜微集雨技术对土壤环境的影响

1. 垄沟覆膜微集雨技术的蓄水保墒效应

垄沟覆膜微集雨技术的布置形式一般为垄沟相间排列，垄上的地膜起到集雨的效果，在沟内种植作物，两者共同构成了田间微集水种植系统，称为沟垄系统。该系统可以使有效的降水沿着垄顺流入沟中，实现了把垄上和沟里的降雨集中到沟中，这样能显著增加耕作区的土壤水分并促进雨水的入渗，从而加大对耕作层以下水分的补给。在该系统中，地膜不仅起到了集雨的作用，同时还起到了抑制土壤水分蒸发的效果，最终表现为膜下土壤的含水率相对于平地要高。王晓凌等通过人工模拟降雨试验，分别对垄宽和沟宽均为 66cm 的垄沟覆膜处理和平地分别人工降雨 45mm，在第二天，观察各剖面的水分变化情况，其结果是平地下渗约 30cm，而垄沟覆膜处理的沟中水分下渗 50cm，由此可以看出，垄沟覆膜处理较平地处理多下渗 20cm，且垄沟覆膜处理水分呈现出向土壤深层下渗的同时向侧翼土壤入渗的特点。因此，蒸发损失相对于平地会显著减少，其最主要的原因就是由于垄沟覆膜微集雨技术可使降水的入渗较平地深。因此，可以将地膜覆盖技术抑制蒸腾的机理理解为：地膜覆盖在土壤表面设置了一层不透水的物理阻隔，有效地阻止了土壤水分的纵向向上的移动，从而迫使水分横向运动，造成水分开始向无覆盖的地方移动或者向地膜的开孔处移动，因此改变了无地膜覆盖使土壤水分开放式的水分运动方式，有效地抑制了水分蒸发损失，造成总蒸发量大幅度下降，从而保证膜下土层有较高的含水量。在我国西北干旱半干旱地区，在年降雨量呈现降雨强度小且多为无效降水的情况下，垄沟覆膜微集雨技术可以显著地增加降雨的有效性。通过采用垄沟覆膜微集雨技术，可以使旱地小麦从无地膜覆盖之前对降雨的利用率 32% 增加到 52%，实现对降雨资源更为合理的利用。

从不同垄沟宽度的集雨效果来看，总体呈现出膜垄窄沟＞膜垄宽沟＞土垄窄沟＞土垄宽沟。李军研究表明，采用起垄覆膜春小麦技术后，试验田垄下 2m 土壤贮水量比平地处理的要高，对于窄沟型（垄宽和沟宽均为 0.67m）的垄沟集雨技术，其该剖面土壤贮水量为 32.5mm，比平地处理提高了 35.1%；对于宽沟型（垄宽和沟宽分别为 0.67m 和 1.33m），其剖面的土壤贮水量为 48.6mm，比平地处理提高了 45.4%。

2. 垄沟覆膜微集雨技术的增温效应

在垄上覆膜后，耕层处的土壤温度显著增加，故垄覆膜处理垄上和沟中温度高于平作（对照）。与此同时，田间起垄覆膜，增加了田面凹凸不平，地面粗糙度加大，从而加大了地表面积，使得该模式可以接收更多的有效辐射。加之地膜覆盖具有保温作用，使土壤温度提高。大田土壤积温的提高有效地补偿了作物在出苗期间的土壤有效积温不足，有利于作物生长发育和最终的提高产量。垄或沟覆盖后，太阳辐射透过覆盖层投射到土壤上，实现了光能向热能的转化。由于覆盖层阻隔了土壤中热能向外扩散，从而实现了地表土壤的增温，由于不同土壤剖面热量的差异性造成热量向下层土壤传输。而在夜间由于外界气温降低，较为深层的土壤释放出部分热量向地表运动，从而减缓地表温度的大幅变化，由于地膜覆盖能显著增加覆膜垄作，耕层 5cm 处的土壤温度，因此有利于作物幼苗的生长。朝思明等对玉米的相关研究表明，在渭北旱源闲地，垄宽和沟宽均为 66cm，在 10 月初 15：00 测定的垄上 5cm、10cm 和 15cm 温度较平作均高 3℃，但是沟内覆膜的处理与平地处理相差不显著。在作物生长期间，垄作覆膜沟内温度均低于平作（对照），这是由于这两种处理沟内盖草或种玉米遮阴的影响。沟内温度低，可减少蒸发，有利于蓄水。

3. 垄沟覆膜微集雨技术对土壤水、肥、汽、热的交互式影响

垄沟覆膜微集雨技术充分蓄积了有效的降雨，实现了将两个面（垄面和沟面）上的降雨汇集到一个面上（沟中），最终实现了种植区双向水分的叠加，因此相对于平地处理可以使降雨入渗更深，蒸发损失减少，其机理表现为地膜在大气间与土壤间形成了一层隔离带，减少土壤与大气之间的直接水分交换，从而减少土壤水分向大气的扩散，最大限度地储存了土

壤水分。在干旱半干旱地区，土壤水分的变化对作物的产量和其他相关环境要素会产生很大的影响。例如，土壤水分的改善可以使作物的净光合速率显著提高，最终大幅提高产量；从另外一个角度讲，在没有额外灌溉的条件下，垄沟覆膜微集雨技术表现为显著提高了降水的利用率，特别是小雨的利用率，最终实现了在我国西北干旱半干旱地区对雨水高效利用的目的。此外，由于垄沟集雨种植技术是在沟内集中撒施肥料，避免了传统的全面施肥，化肥主要集中在了作物的播种沟中，因此有利于作物根系对养分的吸收和转化，使肥效得到充分发挥，并最终提高了肥料的利用率。土壤的水、肥、气、热协调，为土壤微生物繁衍创造了良好的环境，促进了土壤缓效养分的速效化和有机质的矿质化、腐殖化过程，使土壤理化性状得到改善。土壤水温条件改善，土壤呼吸加强，必然导致土壤中有机氮矿化速率增加、活性有机氮含量减小，减小同化产物在土壤中的积累；随土壤含水量增加，钾肥有效利用率提高。

1.3.3　垄沟覆膜微集雨技术对作物生长发育的影响

采用垄沟覆膜微集雨技术，能显著改善作物生长环境中的水分和温度状况，土壤水分状况的改变会对作物的生长发育产生一系列的影响，譬如可使作物早出苗，加快作物在各主要生育期的生育进程。地膜覆盖可以有利于根系早扎、快生，而且还有利于延长作物生长后期部分根系的吸收功能，从而改变根系在土壤中的分布和增加根系活性，最终加快作物的生长，缩短作物的生育期。丁瑞霞对玉米的研究表明，采用垄沟覆膜微集雨技术，玉米出苗提早 1～2 天，拔节期提早 7～8 天，抽雄期提早 6～10 天；而对于谷子苗期较对照提早 1～2 天，拔节期提早 4～13 天，分蘖期提早 6～12 天，抽穗期提早 11～20 天；胡希远等对糜子的研究表明，垄沟覆膜微集雨技术的膜垄窄行（垄宽 0.7m、沟宽 0.6m）、膜垄宽行（垄宽 0.7m、沟宽 1.2m）、土垄窄行（垄宽 0.7m、沟宽 0.6m）、土垄宽行（垄宽 0.7m、沟宽 1.2m）几种耕作模式，作物在幼苗期的鲜重、干重、株高和次生根数较平地处理都有较大的提高，其中鲜重增加 46.2%～175.1%，干重增加 31.6%～126.3%，株高增加 26.0%～75.7%，次生根数增加 14.1%～54.7%。集水处理边行谷子平均株高较对照高出 31.9～33.9cm，中行谷子平均株高分别高出对照 12.6～13.1cm；采用垄沟覆膜微集雨技术，玉米的平均株高高出对照 25.0～28.8cm。而对于冬小麦，通过采用垄沟覆膜微集雨技术，可使冬小麦在幼苗期的鲜重、干重、株高和次生根数较平地处理分别提高 46.2%～175.1%、31.6%～126.3%、26.0%～75.7%、14.1%～54.7%。

关于垄沟覆膜微集雨技术对作物生育期持续时间的影响，白秀梅研究表明，起垄覆膜技术使玉米苗期较对照提早 2～3 天，拔节期较对照提早 9 天，从整个生育期各处理的生育期总长度来看，垄沟覆膜较对照提早约半个月成熟。高世铭等的研究结果表明，采用垄沟覆膜微集雨技术，春小麦的出苗期较平地提早 7～9 天，而出苗到三叶期之间的生育期缩短，三叶期到拔节期生育期变长，开花期到成熟期延长，从各处理与对照相比，覆盖处理生长期一般提早 10～20 天，其中苗期缩短 5～12 天，开花期提前 3～16 天，结实期提前 4～15 天。从而把生长高峰调整到光热条件最好的时期，使作物可以充分利用当地的光热资源，为作物早熟、高产、优质奠定基础。与此同时，地膜覆盖能有效增加有效分蘖数，并有利于穗后期分化。全程覆膜旱地小麦苗期较对照提前 2 天，分蘖期提早 4～5 天，越冬期推迟 7～8 天，返青提早 4～5 天，拔节期提前 3～4 天，抽穗较提早 3～4 天，成熟期提前 3～4 天，因此，地膜覆盖可显著缩短作物各生育期的持续时间。

1.3.4 垄沟覆膜微集雨技术对作物产量的影响

垄沟覆膜微集雨技术能显著改善作物生长环境中的水分状况，土壤水分状况的改善必然影响到其生长发育，最终影响到作物的产量。李小雁的研究表明，采用垄沟覆膜微集雨技术，当垄上覆膜沟内也有覆盖物时，1998 年，玉米的产量比传统的平地种植模式增加 108%～143%，比垄覆膜沟不覆膜处理增产 16%～50%，1999 年，由于降雨较多，增产幅度较小，垄沟集雨比平作（对照）增产 44%～69%，比垄沟不覆膜处理增产 19%～39%。王俊鹏、韩清芳等的研究表明，当垄沟宽度均为 60cm 时，与平作（对照）相比，玉米和小麦分别增产达 69.8% 和 80.8%；当垄沟宽度均为 75cm 时，两种作物的增产幅度依次为 54.7% 和 46.6%；朱国庆在定西干旱半干旱雨养农业区通过采用微集雨种植技术得出，采用垄沟覆膜微集雨技术可使春小麦产量较平作（对照）提高 34.4%～58.8%。朱国庆与王俊鹏指出，带型、茬口和降水年型（丰水年、平水年和枯水年）是影响垄沟覆膜微集雨技术增产效果最主要的几个因素。

1.3.5 农田垄沟覆膜微集雨技术对作物水分利用率的影响

通过甘肃省定西市多年的试验结果和当地群众在生产实践中的经验，春小麦在低产年份（降雨相对干旱年份）对土壤水的利用并不充分，而在高产年份（降水相对充分年份）对土壤水的利用则相对充分。因此，垄沟覆膜微集雨技术可以通过改变作物耗水量中的土壤供水量最终实现水分利用效率的提高。Passniuar 指出，根系是同化产物的主要消耗器官之一，生产单位干重根系所消耗同化物质为生产单位地上部分干重所消耗同化物的两倍，且根系呼吸速率远远大于地上部分的呼吸速率。垄沟覆膜微集雨技术通过改善土壤水分条件，使得作物不需要通过大量的根系来适宜土壤中的水分胁迫，因而相对于平地处理可以有效地减少根系对同化产物的消耗，从而使大量的同化产物分配在作物的籽粒上，进而显著地提高作物的产量和水分利用效率。在宁南国家旱农试区，在垄沟宽度均为 60cm 的垄上覆膜处理比平地处理的水分利用效率增加了 $4.1kg/(mm \cdot hm^2)$。胡希远研究表明，同一带宽的垄上覆膜处理比垄上无覆膜处理的水分利用率高 $1.14\sim1.7kg/(mm \cdot hm^2)$；在垄宽相同的情况下，宽窄沟对水分利用效率贡献相对较小，仅 $0.27\sim1.45kg/(mm \cdot hm^2)$。截至目前，许多研究结果均证实了垄沟覆膜微集雨技术可显著提高作物的水分利用效率。

1.4 降雨变律对半干旱区农业的影响

自然降雨变律指降水量的年（或季、月）际变化，包含降雨频度和强度两个方面，是控制植物种群动态的关键因子。Baskin 与 Lundholm 研究表明降雨变律通过决定植物种群的种子萌发、出苗、生长速率和竞争能力，来形成差异化的植物种群组成和丰富度。IPCC 第四次评估报告显示了对影响生态系统的降雨变律已经并将持续发生变化。Schwinning 与 Fay 研究表明无论是在干旱半干旱或者湿地生态系统中，这种降雨量在时间和数量上的变化将会对自然生态系统、农业生态系统均具影响。而作为由大量一年生作物组成的我国西北干旱半干旱雨养农业生态系统，经受着该区域降雨量少和变律大两个不利的自然降雨状况，作物对这种降雨变律的响应存在极度敏感性。

全球气候变暖所带来的降雨变律幅度的增大显著地影响着北美草原生态系统中的净地表生物量。先前的大量研究表明降雨变律的增大对草原草地的生产力起到了负面的影响，降雨变律和产量两者之间的关系根据一个多年的长系列数据，表现出在全生育的前期前者对后者具有促进作用，而在后期则前者对后者具有一定的负面影响。对于冠层高大的草原生态系统来说，降雨量增大但是降雨间隔增大时，草地净地表生物量减少约18%；但是对于半干旱区域的草原生态系统，地表净生物量增加约30%；而对于地处两种草原生态系统过渡的混合草原生态系统，地表净生物量增加达到了约70%。

目前，在降雨变律频繁发生的背景下，大量研究集中在生育期降雨总量对水分利用和产量形成的耦合关系上，但国内对涉及降雨变律对作物和土壤水动态的研究严重不足，而国外已有针对降雨总量和降雨变律对草原生态系统重要性的相关研究。对干旱半干旱一年生作物而言，不同物候期自然降雨频度和强度的变化将会对作物产量和水分利用效率产生多变的影响。尤其是在前期作物萌发、成苗以及作物需水临界期降雨的分配都会对作物的生长造成很大的影响。前期的缺水会造成作物出苗率差；而在后期，作物需水临界期降雨量的不足则会极大地降低作物的产量。在作物的生育前期，如果降雨增多则会显著地促进作物营养器官的生长发育，为在后期的生殖阶段籽粒的灌浆提供先决条件，这对于春种夏收作物最终夺取高产起到了决定性的作用。此外，对适合在我国西北雨养农业区各种降雨变律下垄沟宽度比例的研究严重不足，一个合理的垄沟比例是可以在最大程度集蓄雨水的同时提高作物产量以及水分利用效率，是应对不同降雨年型和降雨变律的人为可控因素，因此这项研究对于发展精细农业和提高雨水资源利用率显得尤为重要。

1.5 研究的必要性

地膜覆盖技术自1978年被引入我国，在我国西北雨养农业区得到快速和大面积推广，这主要是由于地膜覆盖技术可以更有效地利用有限的降雨资源，使垄上降雨顺垄面流入沟中，把两个面上的降雨集中到一个面上，同时垄上覆盖减少了地面蒸发，使降雨入渗更深，蒸发损失减小。近年来，这项技术已经成功地应用在玉米、春小麦、棉花和土豆等很多粮食作物上。诸多研究表明，该技术相对于传统的平地种植可显著地提高作物产量和水分利用效率。

在垄沟覆膜微集雨技术体系中，垄的主要作用在于产流，沟的主要作用在于集流，产流和集流之间的比例匹配问题尤为重要，这与最终的集雨效率密切相关。前期在垄沟宽度比例设计方面研究非常少见，且在宽度比例对雨水、土壤水和作物水的转化效率研究基本没有文献记载。该研究的重要性体现在垄沟宽度之比对雨水、土壤水和作物水之间的转化效率的分析，其结果直接影响到作物的产量和水分利用效率，也间接影响土壤质量的可持续发展，最终影响到垄沟覆膜微集雨技术的示范与推广。在前期的调研中发现，农户在采纳和实施垄沟覆膜微集雨技术时，由于操作随意性较大、技术本身欠规范等原因，在实践中所采用的垄沟宽度之比主要为2∶1、1∶1和2∶3等。这3种规格的集雨效率及对农田水生态过程的影响研究可能有较大差异，而且前期大量的研究集中在微集雨技术与降雨总量的关系上，对生育期内的降雨变律研究非常缺乏。

本篇以燕麦为供试作物，通过设置不同集雨产流方式（膜垄、土垄）和其对应的3种垄沟比种植模式外加平地和裸地处理，研究了其在两种降雨变律年型下各微集雨模式地上部生长指标和土壤水分动态、产量及水分利用效率的变化，旨在为深层认识不同降水变律年份下，不同微集雨模式下土壤水分动态以及为水分利用效率的提高提供理论基础，为干旱半干旱地区农业生态系统应对不同降雨变律年型提出适宜的微集雨模式。

第2章 材料与方法

2.1 试验区概况

试验于2009年和2010年在中国气象局兰州干旱气象研究所定西干旱气象与生态环境试验基地（35°35′N，104°37′E）。该试验地海拔为1896.17m，地处欧亚大陆腹地，属半干旱区，大陆性季风气候明显，其特点是光照较多，雨热同季，降水少且变率大，气候干燥；年日照时间为2433h；年平均气温为6.7℃；多年平均降水量为381.7mm，且降水主要集中在7—10月，占年降水量的86.9%；平均无霜期140天，为典型的黄土高原雨养农业区；试验地表层土壤为重壤土，1m深土壤剖面平均容重为1.38g/cm³，田间持水率为25.6%，凋萎系数为6.7%。

2.2 试验区降雨情况

2009年和2010年年降雨量分别为284.6mm和327.8mm，年降雨量显著地低于多年平均值（381.7mm），均为枯水年。从表2.1可以看出，2009年生育期降雨量为196.4mm（实际在5月上半月降雨量为12.5mm，造成作物出苗困难，故与多年该时段平均值相比，通过喷灌模拟降雨约30mm），2010年为206.6mm，多年平均值为240mm。2009年生育期前期的降雨量只占全生育期降雨量的33.1%，后期占66.9%，与多年值相似；而2010年前期所占比例为46.4%，后期为53.6%，显著呈现"前多后少"型，可以认为2009年与2010年在生育期内降雨分布总体呈现出两种变律，试验地多年降雨量和气温值年变化如图2.1所示。

表 2.1 　　　　　　　　　　2009年和2010年年降雨量和生育期降雨量时间分布

年份	项目	生育期前期（4月15日至6月15日）（按每两周统计）					生育期后期（6月16日至8月15日）（按每两周统计）					降雨变律	
		1—2周	3—4周	5—6周	7—8周	小计	9—10周	11—12周	13—14周	15—16周	小计	变异系数	分布特征
2009	降雨量/mm	6.3	42.5	12.0	4.2	65.0	11.7	1.7	57.9	60.1	131.4	1.0	同多年值
	比率/%	3.2	24.7	30.0	33.1	33.1	6.0	6.8	36.3	66.9	66.9		
2010	降雨量/mm	32.4	0	60.2	6.5	99.1	33.0	16.0	14.2	44.3	107.5	0.8	前多后少
	比率/%	15.7	15.7	44.8	47.8	47.8	16.1	7.8	6.9	52.2	52.2		
近30年	降雨量/mm	10.9	24.4	22.1	20.1	77.5	35.5	31.4	40.8	54.8	162.5	0.4	对照
	比率/%	4.5	14.7	23.9	32.3	32.3	14.8	13.1	17.0	67.7	66.7		

注：表中所指的比率是累计比率，%；为该时段降雨量与全生育期降雨总量之比。

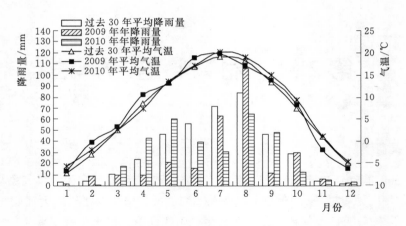

图 2.1 试验地多年降雨量和气温年变化图

从表 2.2 可以看出，在两种降雨总量相似的年型下，总降雨中的有效降雨（≥5mm）对两种降雨年型各微集雨模式同样非常重要，如 2009 年生育期前期有效降雨量为 42.1mm 而 2010 年同期为 78mm，2009 年生育期后期为 110.2mm 而 2010 年同期则为 88.6mm，两年的降雨变律在 2009 年为"前少后多"而 2010 年为"前多后少"。

表 2.2　　　　　　　　　　　两种降雨年型有效降雨量分布表　　　　　　　　　单位：mm

年份	生育期前期（4 月 15 日至 6 月 15 日）		生育期后期（6 月 16 日至 8 月 15 日）	
	有效降雨＜5mm	有效降雨≥5mm	有效降雨＜5mm	有效降雨≥5mm
2009	22.9	42.1	21.2	110.2
2010	18.0	78.0	11.0	88.6

2.3　材料和试验设计

供试燕麦品种为坝莜 3 号，燕麦于每年的 4 月中旬播种，约 8 月中旬收获；各处理小区面积为 $36m^2$，播种量为 $135kg/hm^2$，播前将试验小区进行 20～30cm 的翻耕，同时施入底肥量尿素为 $270kg/hm^2$，硫酸钾为 $105kg/hm^2$，过磷酸钙为 $750kg/hm^2$。试验共设 8 个处理，共设 3 次重复，随机区组排列，各处理代码、垄沟宽度比和覆膜状况见表 2.3。

表 2.3　　　　　　　　　　　　垄沟覆膜微集雨技术模式设计

集雨模式	处理	垄宽/cm	沟宽/cm	垄沟宽度比例	技 术 设 计
裸地	Bare（B）	—	—		无垄、无覆盖、无种植
平地	F	—	—		无垄、无覆盖、种植
土垄	NM20	40	20	2∶1	垄、无覆盖、种植
	NM40	40	40	1∶1	垄、无覆盖、种植
	NM60	40	60	2∶3	垄、无覆盖、种植

集雨模式	处理	垄宽/cm	沟宽/cm	垄沟宽度比例	技 术 设 计
膜垄	M20	40	20	2∶1	垄、膜覆盖、种植
	M40	40	40	1∶1	垄、膜覆盖、种植
	M60	40	60	2∶3	垄、膜覆盖、种植

2.3.1 土壤容重

土壤容重采用 Roberston 等（1999）的方法进行，用环刀取不同深度的未扰动土样，在 108℃烘箱中烘 8h 至恒重，干土的质量和环刀的体积之比就是容重即

$$\gamma = \frac{干土重}{环刀体积} \tag{2.1}$$

2.3.2 土壤田间持水率

田间持水量的测定多采用田间小区灌水法，当土壤排除重力水约 3 天后测定不同剖面深度的含水率，逐层计算同一层次前、后两次测定的土壤湿度差值，若某层差值小于等于 2%，则第二次测定值即为该层土壤的田间持水量，下次测定时该层土壤湿度可不测定。若同一层次前、后两次测定值大于 2%，则继续测定，直到出现前、后两次测定值小于等于 2% 为止。此时各剖面段的水分就是该段的田间持水量。

2.4 采样和测定

2.4.1 产量及其构成因子测定

燕麦成熟时各小区单独收获、脱粒、晒干并计产量，各处理的实际产量以 3 个重复小区产量的平均值获得。

在燕麦收获时，在各小区中间种植沟内取长势一致的一行燕麦进行考种，包括穗长、穗铃数、单株粒数、单株粒重和千粒重。

2.4.2 土壤水分

土壤水分采用烘干法测定，播种前和收获后取样深度为 130cm，其中 0～10cm 为一层，10～130cm 以 20cm 为梯度进行采样测定。生育期间取样深度为 100cm，0～10cm 为一层，10～100cm 以 20cm 为梯度进行采样测定。

每个垄沟小区以沟中间位置为水分测定取样的采样点。

2.4.3 出苗率

当各处理作物处于"三叶一心"时，认为作物已达到苗期，可在各集雨模式中选取一行作物进行统计，数出一行中实际出苗的个数，随后计算 3 次重复的平均值。出苗率为

$$出苗率 = \frac{实际出苗数}{实际播种数} \tag{2.2}$$

2.4.4 土壤温度

土壤温度的测定深度为 5cm，测定点为在垄沟处地理中沟的中间部位，而平地和裸地为距离小区边界一定位置的任意点，每天观测的时间为 8：00—20：00 之间，每 2h 测定一次，其中在播种后的一个月测定次数相对较多，而在 6 月以后则为每月中旬连续测定 3 天，各月的土壤温度为每月中旬 3 天土壤温度数据的平均值。

2.4.5 叶面积指数

在分蘖期、拔节期、抽穗期、灌浆期和成熟期采用 LAI - 2000 叶面积仪测定，而苗期叶面积指数和单叶叶面积为

$$苗期叶面积指数 = \frac{小区苗数 \times 单株叶面积}{小区面积} \tag{2.3}$$

$$单叶叶面积 = 叶长 \times 叶宽 \times 0.83 \tag{2.4}$$

2.4.6 株高

在作物几个主要生育期，苗期、分蘖期、拔节期、抽穗期、灌浆期和成熟期采用卷尺从地表量取至作物最高处，每个小区随机抽取 10 株，取其平均值。

2.4.7 地上部生物量

分别在苗期、分蘖期、拔节期、抽穗期、灌浆期和成熟期在各小区中随机抽取 5 株，108℃杀青 1h，80℃烘 48h 至恒重。

2.4.8 有效分蘖

在成熟期，在每个集雨模式中各选取一沟作物进行统计，数出该行的有效分蘖总数，3次重复为各处理最终的平均值。有效分蘖率为

$$有效分蘖率 = \frac{每个小区的有效分蘖数}{小区作物株数} \tag{2.5}$$

2.4.9 水分利用效率

采用土壤贮水量、土壤贮水量变化和耗水量 3 个重要指标对土壤水分状况进行计量分析，其具体计算公式为

$$土壤贮水量 = 土层厚度(mm) \times 土壤含水率(质量\%) \times 土壤容重 \tag{2.6}$$

$$土壤贮水量变化 = 收获时土壤贮水量 - 播种时土壤贮水量 \tag{2.7}$$

$$耗水量 = 土壤供水量 \times (播种时土壤贮水量 - 收获时土壤贮水量)$$
$$+ 生育期总降雨量 \tag{2.8}$$

水分利用效率（WUE）为作物消耗单位水量所产出的经济产量或生物产量，其单位为 $kg/(hm^2 \cdot mm)$，表达式为

$$WUE = \frac{经济产量或生物产量}{作物耗水量} \tag{2.9}$$

2.5 数据统计分析

试验数据采用 Excel 2003 做图，用 SPSS 18.0 软件中的 LSD 多重比较法比较数据差异的显著性，各图表中数据均为平均值。

降雨量分布变异系数为

$$变异系数 = \frac{生育期间每两周降雨量标准差}{每两周的降雨量均值} \tag{2.10}$$

2.6 半干旱雨养区一年生作物面临的降雨和土壤水之间的供需不匹配性

图 2.2 表明，半干旱区雨养农业区作物种植存在着一个普遍现象：土壤水和作物需水之间的供需错位，对于春播夏收作物来说，作物的需水高峰期和土壤贮水量呈现极大的供需不平衡性，这一现象可以描述为"需水勺和低水槽"之间的矛盾。

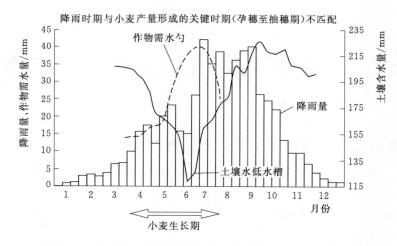

图 2.2　半干旱区作物和土壤水 "需水勺和低水槽" 示意图

　　本研究主要通过采用不同垄沟覆膜微集雨模式，论述了两种降雨变律年型对 "需水勺和低水槽" 水分供需矛盾的响应，以期为西北雨养农业区作物种植提出一个缩小水分 "勺和槽" 之间差距的理论基础。

第3章　微集雨种植对土壤水分的影响

3.1　两种降雨年型不同处理土壤贮水量时间变化

通过图3.1和图3.2可以看出，两年在播种前各处理的贮水量相差不显著；不同处理贮水量变化趋势呈现3个阶段。第一阶段，前期土壤贮水量略有增加阶段；第二阶段，播种后40~90天期间土壤贮水量急剧下降阶段；第三阶段，成熟期的贮水量回升阶段。

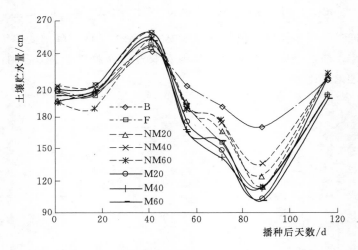

图3.1　2009年全生育期不同处理1m深土壤贮水量变化

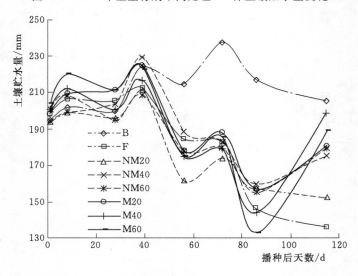

图3.2　2010年全生育期不同处理1m土壤贮水量变化

从图 3.1 和图 3.2 还可以看出，在第一阶段，覆膜处理的土壤贮水量相对于土垄的较高，这主要是由于垄沟覆膜微集雨模式的集水效率高于土垄集雨模式和平地种植模式；而在第二阶段，膜垄处理的贮水量消耗大于土垄和平地，这与地膜处理叶面积指数相对于土垄处理和平地大，植物蒸腾作用旺盛有关。在播种前土壤贮水量基本相同的情况下，2009 年，M20 处理和 M60 处理的贮水量最低减少到约 97mm，而在 2010 年的同期 M60 处理减少到 136mm，这与 2009 年灌浆期前降雨量过少、膜垄处理为满足正常的生长加大了对土壤水分的消耗有关，而在 2010 年的同期由于降雨量较丰富，作物对降雨的利用较多，故土壤水下降幅度较小；第三阶段，2009 年，在生育期中后期降雨量过少，各处理间土壤含水率都显著降低，随着降雨的到来，各处理的贮水量显著增加，而在 2010 年，由于前期降雨相对较多，而平地处理和土垄处理由于其土壤初始含水率相对膜垄较高，故造成其产流快，平均入渗率小，从而造成贮水量上升不显著，垄沟覆膜处理在后期含水率相对较低，减少了径流量，所以该处理可以更有效地储存水分，尤以 M40 处理和 M60 处理最为明显。由此可见，膜垄较传统的平地种植模式可以汇集更多的降雨，并最终转换为土壤水。

3.2　两种降雨年型不同处理 3 个剖面土壤水分变化

3.2.1　播种至收获土壤水分变化

从表 3.1 可以看出，两个试验年度 0～30cm 剖面的贮水量变化趋势相似，与 B 处理相比，其余各处理贮水量均显著增加，在 2009 年 M20 处理和 NM20 处理贮水量回升显著高于（$p < 0.05$）其他处理，分别达到了 29.9mm 和 29.8mm，而在 2010 年相对于 B 处理，F 处理和 NM20 处理贮水量减少，其余各处理均显著高于 B 处理，膜垄增加显著，其中以 M40 处理贮水量增加最显著，达到 33.9mm。30～90cm 剖面为作物根系主要分布区，相对于 B 处理（贮水量增加），其余各处理贮水量在两年均表现出不同程度的降低，总体上表现为膜垄处理和平地处理较土垄处理水分消耗更大，2010 年各种植处理水分消耗显著大于 2009 年。在 90～130cm 剖面，2009 年各处理表现为贮水量减少。相对于 B 处理贮水量的略有减少，其余各种植处理的贮水量与裸地相比消耗更大，其中以平地处理和膜垄处理最显著，而在 2010 年各处理则表现为贮水量增加，与 B 处理的贮水量的增加相比，除 NM60 处理外其余各处理贮水量均减少，这也是 NM60 处理在 2010 年相对于土垄处理和平地处理产量较高

表 3.1		不同处理燕麦大田土壤剖面贮水量变化						单位：mm	
年份	深度/cm	B	F	NM20	NM40	NM60	M20	M40	M60
2009	0～30	12.0c	16.2b	29.8a	21.8b	24.7b	29.9a	23.0b	19.7b
	30～90	10.8a	−8.3a	−5.4b	−0.8c	−2.3c	−9.7a	−10.4a	−12.2a
	90～130	−3.2d	−12.8a	−6.8c	−8.7b	−9.3b	−15.4a	−12.8a	−13.1a
	合计	19.6	−4.9	17.6	12.3	13.1	4.8	−0.2	−5.6
2010	0～30	−2.5e	−17.0bc	−9.7d	7.8d	6.3d	14.5c	33.9a	21.1b
	30～90	13.4d	−45.4a	−31.5b	−27.0c	−27.5c	−31.8b	−35.3b	−36.2b
2010	90～130	21.8b	23.3b	16.7c	17.4c	28.8a	17.7c	16.0c	18.8c
	合　计	32.7	−39.1	−24.5	−1.8	7.6	0.4	14.6	3.7

注：负号表示贮水量的亏缺，同一行中不同字母表示不同处理间达到 0.05 水平显著差异（$p < 0.05$）。

的一个重要影响因素。就垄作处理尤其是膜垄处理来讲，2010年，0～130cm剖面水分总体表现为增加，而在2009年降雨年型下各处理的水分是减少的。

3.2.2 2009—2010年冬春季休耕期土壤剖面水分变化

从表3.2可以看出，就各处理土壤水分的变化来看，膜垄的减少更大些，造成这种现象的原因为在成熟期时降雨量丰富造成耕作层水分高，但是在休耕期间降雨量显著减少，而表层水分受外界环境影响较大，故水分下降显著；对于30～90cm剖面，各处理的贮水量除去B处理以外均表现出不同程度的增加，F处理的水分恢复效果最明显，最小的是NM60处理，基本没有变化，这与在收获后耕作层水分下渗有关；而对于90～130cm剖面，则表现出膜垄处理的减少和土垄处理与平地处理的增加，但是增加和减少的幅度不显著。

表3.2　　　　　　2009—2010年休耕期间各微集雨模式处理3个剖面水分变化

深度/cm	B	F	NM20	NM40	NM60	M20	M40	M60
0～30	−14.52b	−4.13c	−11.10bc	−22.60b	−24.35b	−19.57b	−42.56a	−39.67a
30～90	−20.65a	28.77a	14.92b	11.45b	−0.76d	4.37cd	15.05b	7.52c
90～130	8.11a	5.91b	0.38c	9.96a	−2.13c	−5.96b	−1.48c	−7.56a
合　计	−27.06	30.55	4.20	−1.18	−27.25	−21.16	−28.99	−39.71

注：负号表示贮水量的亏缺，同一行中不同字母表示不同处理间达到0.05水平显著差异（$p<0.05$）。

从0～130cm总贮水量变化来看，各处理中除去F和NM20处理之外，各处理贮水量均减少，以膜垄集雨模式和裸地处理的减少最为显著，而F处理增加最显著，达35.5mm。

3.3　作物不同生育期耗水特征

3.3.1 2009年各处理全生育期耗水量变化

2009年各处理全生育期耗水量曲线如图3.3所示。

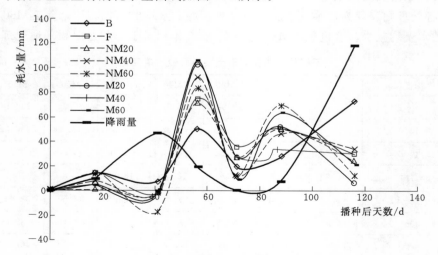

图3.3　2009年各不同处理全生育期耗水量曲线

3.3.2 2010年各处理全生育期耗水量变化

从图3.4可以看出，2010年降雨变律年型下，各处理作物耗水量曲线同样在全生育期呈现出一个先大后小的"双峰型"耗水变化过程。总体来看，苗期（0～30天）各处理水分消耗并不显著，最高的充分供水处理达到了约40mm，膜垄处理的耗水量没有土垄处理和平地处理的显著；在苗期到拔节期间（30～60天）各处理耗水量显著增加，膜垄处理的增加幅度显著高于土垄处理和平地处理，耗水量最大的为M60处理和M20处理，分别达到了99.67mm和97.23mm；从拔节期到孕穗期（60～75天）呈现出土垄处理和平地处理的耗水量高于膜垄处理的，该时段降雨量大于作物耗水量，说明作物该阶段加大了对土壤水的消耗；从孕穗期到灌浆期间（75～90天），随着日照的加强以及前一个时期后半段降雨的储存，作物的耗水量又开始逐渐加大，由于前一时间段膜垄处理相对于土垄处理和平地处理较好的雨水截留和储存作用，膜垄处理尤其是M60处理耗水量显著高于其余两个膜垄处理、土垄处理和平地处理，阶段耗水量达到了68.64mm，而同期的NM20处理耗水量只有31.82mm，其余两个土垄处理的耗水量也只有约40mm，此时期作物耗水量大是增产的关键时期。从灌浆期到成熟期几个处理，与此同时，一年中降雨量最多的时间段的到来，垄作处理尤其是膜垄处理对雨水的截留和防止径流的作用导致膜垄在该阶段的耗水量较土垄平地处理小，同时，由于平地处理在防止水土流失方面作用没有垄作处理好，降雨没有很好地转化为土壤水，所以该时段平地处理耗水量在各处理中最高，达到69.4mm。

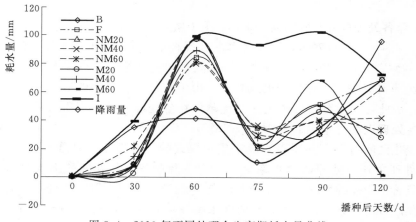

图3.4 2010年不同处理全生育期耗水量曲线

3.4 播前和成熟期不同剖面土壤水分动态

3.4.1 2009年各处理播种—成熟期土壤水分变化

从图3.5和图3.6可以看出，2009年，作物播种期各处理的不同剖面水分总体呈显著"上层少、中层多和下层少"的总体分布，表层的水分约为12%，中层的水分大约保持在16%，而深层的土壤含水率约为14%，各处理之间的土壤含水率总体没有显著的差异，播种前土壤含水率条件基本一致。但是在成熟期各处理之间表现出了一定的差异性，在耕作层剖面各处理中除了B处理之外差异性不是很显著，这可能与生育后期降雨显著多于多年平均值，因而掩盖了垄沟地膜覆盖措施集雨的作用有关。在30～60cm的剖面段各处理之间水分差异不显著，但是在60～130cm的剖面段膜垄处理与土垄处理、平地处理和裸地处理呈现不同的变化趋势，即膜垄处理和裸地处理呈现出先减小后增大的趋势，但是土垄处理却呈现先增大后减少的趋势，最终在130cm处，各处理含水率出现交汇且变化不显著。

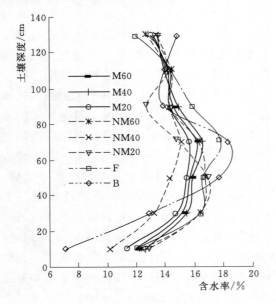

图3.5 2009年播种期不同剖面土壤含水率

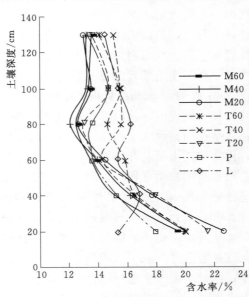

图3.6 2009年成熟期不同剖面土壤含水率

3.4.2 2010年各处理播种—成熟期—来年春季土壤水分变化

从图3.7～图3.9可以看出，2010年作物在播种期由于有效的降雨导致耕作层土壤含水率保持在20％左右，30～130cm土壤含水率各处理间差别很小，土壤水分从18％基本呈线性下降到最底端12％左右。在作物的成熟期，由于在作物生育期的后半期降雨量显著小于多年平均值，因此，垄沟覆膜集雨技术的优越性在各处理之间表现得很明显，在0～50cm的剖面段，各处理土壤含水率表现为B＜NM20＜F＜NM60＜NM40＜M20＜M60＜M40，土壤含水率变化区间为14％～27％，膜垄集雨模式的优越性非常显著；在50～70cm剖面段，除去B处理之外各处理的含水率呈显著的下降趋势，各处理的土壤含水率基本都在10％左右，显著小于播种期的土壤含水率；在70～130cm剖面段，各处理的含水率开始逐渐呈线性变化趋势的回升，最终各处理的含水率在最底端保持在16％～20％之间。作物成熟后至翌年春季休耕期间，在0～10cm剖面段，各处理土壤含水率基本保持在10％～12％，显著低于2010年成熟期土壤表层水分，但是和多年春季土壤含水率差不多；而在10～30cm的剖面段，各处理的含水率均出现回升，各处理的含水率保持在12％～17％，其中膜垄处理的要显著高于土垄处理，土垄处理的略高于平地处理；在30～50cm剖面段，膜垄处理的土壤水分开始显著下降，而土垄处理、平地处理和裸地处理变化不明显；在50～90cm剖面区段，各处理的含水率变化不明显，基本保持在11％～15％，但是相对于2010年成熟期该剖面段的含水率（9％～12％）表现出了含水率的恢复；在90～130cm剖面段，含水率各处理同样表现出线性的水分增长，但是膜垄处理与土垄处理、平地处理和裸地处理差距很明显，膜垄处理的底端含水率保持在15％左右，而其余的几个处理基本在19％～21％之间，各处理相对于2010年播种时增加显著，同样相对于2010年成熟期也略有增加，尤其是土垄处理。

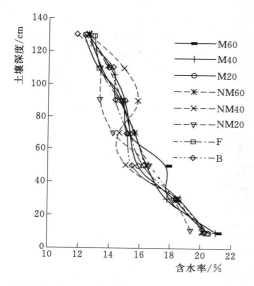

图 3.7 2010 年播种期不同剖面土壤含水率

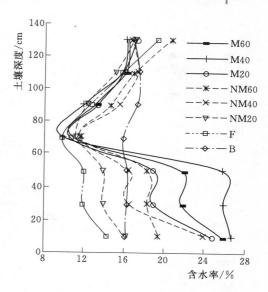

图 3.8 2010 年成熟期不同剖面土壤含水率

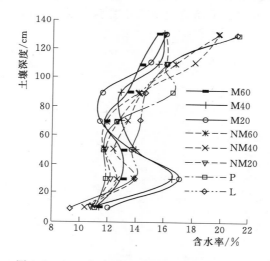

图 3.9 2010 年春季不同处理剖面土壤含水率

3.5 降雨量"前倾"的 2010 年深层土壤水分恢复决定时段

了解造成降雨变律呈现"前多后少"年型土壤含水率增加的原因对于研究深层水分恢复应对深层土壤干层具有重要的研究意义。由于在生育期各剖面的含水率只测到 90cm，没有测定 90~130cm 剖面段，因此也可以间接地通过 70~90cm 剖面段的含水率变化大致推测深层含水率变化，从图 3.10 可以看出，70~90cm 剖面段的水分大体呈现"含水率先增后减"的变化趋势，播种后 40 天大致是含水率变化的分水岭，在 0~40 天的时间段各处理的水分是增加的，而在 40~120 天之间各处理在该剖面的水分基本呈现下降的趋势。

在 0~40 天期间，2010 年的降雨量为 60.2mm，占全生育期总降雨量的 44.8%，显著高于多年同期降雨量均值，此时段作物正处于分蘖前期，作物耗水量较低，仅有 20 多 mm，

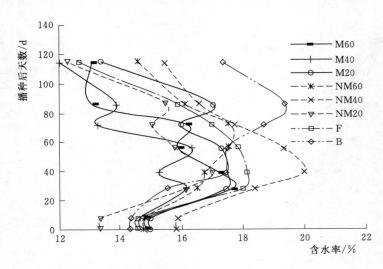

图 3.10　2010 年各处理 70～90cm 剖面段全生育期土壤含水率变化

多余的降雨就有机会下渗到土壤中尤其是深层。与此同时，前期的降雨增多可以使得作物根系不会因为降雨常规年份水分胁迫而造成根系下扎深度加大，这样可以保蓄土壤中下层的水分。

第4章 微集雨技术对燕麦生长发育的影响

4.1 2010年不同垄沟地膜处理生育前期土壤温度

4.1.1 不同处理播后月内5cm土壤温度日变化

从图4.1可以看出,在8:00时各处理地温为9.6~13.4℃,其中M20处理的地温最高,平地和土垄处理之间基本无差异;10:00—14:00期间地温迅速回升,F处理的温度达到最大,为22.0℃;14:00—18:00时段除M20处理外,各处理经过一个类似U形变化过程后在18:00达到另外一个高温时段,M20处理在18:00达到了地温的最大值,相对绝大多数处理滞后4h。

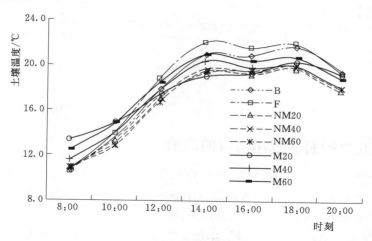

图4.1 2010年5月不同处理地下5cm土壤温度日变化

在8:00—20:00时间段,地膜覆盖处理的变幅最小,其中以窄沟的膜垄处理最明显,其次是土垄处理,最后是平地处理和裸地处理,这主要与土壤水分和叶面积指数有关。由于地膜处理在该短时期土壤贮水量相对较高造成在日变化中温度变化较小,而与此同时,叶面积指数相对较大,这主要是由于更多的叶片阻挡了太阳对地面的直接辐射,减少了土壤与大气的热量交换,同时也有效地反射了长波辐射。

4.1.2 各处理全生育期5cm土壤温度变化

由图4.2可以看出,在作物的主要生育期各集雨模式差异极其显著,垄沟覆膜处理(M20、M40和M60)的土壤温度全生育期变化不明显,基本维持在18℃左右,恰处在燕麦最适宜的温度17~20℃之间,而对于垄沟不覆膜处理(NM20、NM40和NM60)、P处理和B处理,基本呈现先增温再降温的单峰型变化趋势。在土壤温度最高的6月,各处理土壤温度从低到高依次为M40<M20<M60<NM40<NM60<F<NM20<B,而在生育后期7月,各处理土壤温度由低到高依次为M40<M20<M60<NM40<NM60<NM20<F<B,由此可以看出,地

膜覆盖处理在生育前期具有增温的作用，垄沟无覆膜处理和平地处理、裸地处理次之，但是在中后期，由于地膜覆盖处理的叶面积指数相对较大，造成大量光热资源无法照射到地表，与此同时，表层土壤水分相对较多，使得总体呈现出垄沟覆膜处理土壤温度的相对稳定性，而土垄无覆膜处理、平地处理则由于叶面积指数和土壤水分相对较低，更多的紫外线可以照射到地表，所以增温较明显，而裸地则由于无植被覆盖和微集雨设施则表现得更易受到光热环境的影响，变幅最大。

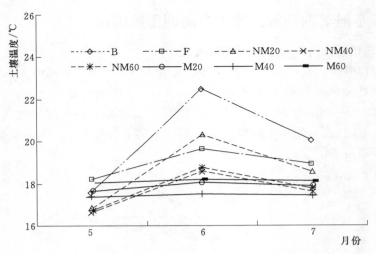

图 4.2　2010 年不同处理 5—7 月 5cm 土壤温度变化

4.2　垄沟地膜处理对燕麦出苗率的影响

从图 4.3 和图 4.4 中可以看出，2009 年前期由于降雨量和多年平均降雨量相类似，2010 年，苗期由于降雨较多年均值多而出苗率显著高于 2009 年，就不同集雨模式来说，膜垄的出苗率高于土垄和平地的，在前期降雨多的 2010 年平地处理的出苗率略高于土垄各处理，而像 2009 年前期降雨量相对较少的年份，平地的出苗率小于土垄的，但是在各处理中，NM20 处理的出苗率在两年中均为最小，这可能与土垄单行种植密度较大，而与此同时，土

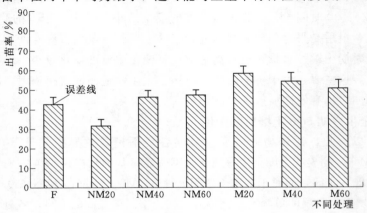

图 4.3　2009 年不同处理出苗率

（注：误差线长短不同反映各处理间的差异性）

垄在生育前期的集雨增温效果没有膜垄显著有关，造成作物出苗所需的水分和土壤温度达不到作物生长所需的要求，故而造成作物出苗率较低；相反，膜垄处理和其余几个宽沟距微集雨处理，由于其在影响作物出苗的两大影响因素（温度和湿度）的显著作用，导致其出苗率增加显著。

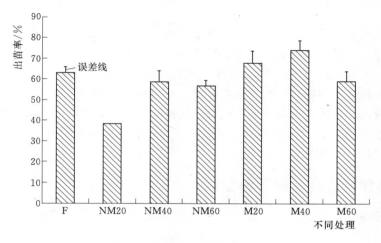

图 4.4　2010 年不同处理出苗率

4.3　两种降雨年型各微集雨种植模式株高变化

从表 4.1 可以看出，2010 年各处理株高在主要生育期高于 2009 年，2010 年，在灌浆期前后株高达到最大值，最大的 M60 处理为 92.3cm，而 2009 年在成熟期株高达到最大值，

表 4.1　　　　　不同处理和降雨年型对主要生育期内燕麦株高的影响　　　　　单位：cm

年份	处理	苗期	分蘖期	拔节期	孕穗期	灌浆期	成熟期
2009	F	10.9b	13.9c	30.7c	46.4c	59.4c	63.7c
	NM20	9.4b	14.8c	48.3ab	57.8b	67.9ab	70.1b
	NM40	10.8b	13.2c	43.4b	55.4b	66.3b	69.1b
	NM60	10.9b	13.8c	40.8b	53.6b	64.2c	69.6b
	M20	16.5a	26.7a	54.8a	67.8a	70.5a	74.7a
	M40	15.7a	23.9ab	53.4a	63.2a	68.2b	72.8ab
	M60	15.5a	21.9b	45.1b	64.9a	67.8b	70.1b
2010	F	12.6b	14.7c	47.2c	60.9b	76.1b	71.4b
	NM20	12.2b	15.6c	48.1c	64.2b	79.0b	75.4b
	NM40	12.7b	15.8c	52.1c	63.0b	77.6b	76.9b
	NM60	12.4b	15.0c	50.0c	64.3b	78.8b	76.8b
	M20	17.2a	27.5a	69.0a	80.0a	90.1a	87.9a
2010	M40	12.8b	23.4ab	63.6ab	78.6a	90.7a	90.4a
	M60	14.1b	20.1b	63.2ab	76.6a	92.3a	87.2a

注：各年同一列中不同字母表示不同处理间达到 0.05 水平显著差异（$p < 0.05$）。

其中最大的为 M20 处理为 74.7cm，造成这种现象的原因为 2009 年在生育前期的降雨量显著抑制了作物的生长，而在成熟前约 30 天降雨量显著大于多年值，造成作物返青，故在成熟期达到最大值；2010 年则相反，生育前期降雨量显著大于多年平均值，作物前期生长迅速，尤其是在株高形成关键期的拔节期，作物的株高增长迅速，为后期奠定了基础。

从两种降雨年型的各处理株高来看，在 2009 年不同集雨模式下，各膜垄处理的株高显著高于土垄和平地，M20 处理由于其集雨效果最显著，作物在主要生育期株高数据 M20 处理的高度显著高于其余各处理；在 2010 年，从基于模式来讲膜垄各处理株高显著高于土垄和平地，平地处理和土垄处理之间差异不显著，在苗期膜垄处理表现出垄沟比越大株高越大的现象，这种现象一直持续到孕穗期，随着作物种间的竞争，较大的垄沟比不适合作物的进一步生长，而垄沟比为 1∶1 的 M40 处理则由于其相对较好的水分环境和作物种间竞争压力，在生育后期优势逐渐显现。

4.4　不同处理燕麦叶面积指数变化

由图 4.5 和图 4.6 可以看出，2009 年不同处理的燕麦叶面积指数在其主要生育期要低于 2010 年；而就不同集雨模式来看，膜垄处理叶面积指数显著高于土垄处理和平地处理，其中 NM20 处理的叶面积指数两年均为最低；从叶面积指数出现的最大时间来看，不同处理的叶面积指数约在 80～90 天左右（孕穗期）达到最大值，两年的膜垄处理叶面积指数最大值分别为 3.64 和 4.03，土垄处理为 2.87 和 2.92，平地处理为 3.02 和 3.56；2009 年叶面积指数最大值出现时间滞后 2010 年约 10 天，这与 2009 年由于前期干旱造成燕麦出苗推迟和在生育后期降雨过多造成燕麦返青所致；从叶面积指数的增长趋势来看，2009 年呈现单峰型增长，而在 2010 年则呈现出双峰型增长，这与 2009 年降雨量前期分布过少，主要降雨在 7 月和 8 月有关，而 2010 年则不同，作物前期降雨量显著大于多年值，造成前期作物生长旺盛；基本上都是从增长速率来看，M20 和 M40 处理在苗期后 20 天内叶面积指数增长迅速，尤其以 2010 年表现最为明显，其余各主要时段增长趋势相类似。

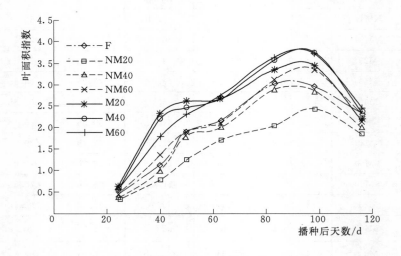

图 4.5　2009 年不同处理燕麦叶面积指数变化

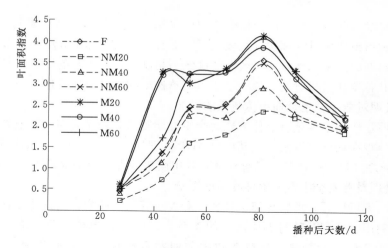

图 4.6 2010 年不同处理燕麦叶面积指数变化

4.5 2010 年不同处理对燕麦全生育期地上部生物量的影响

4.5.1 不同处理对燕麦全生育期干物质量的影响

从图 4.7 中可以看出，各处理单株干物质量呈现出膜垄处理在主要生育期高于土垄处理和平地处理，而土垄处理和平地处理差异不显著；从各处理干物质量增长速率来看，苗期到孕穗期 M20 处理干物质量增长最快，而在孕穗期至成熟期间，M40 处理和 M60 处理的干物质量增长速率最快，尤其是 M60 处理基本保持了线性的增长速率，两者超过了在此时间段干物质量基本保持不变的 M20 处理；而对于土垄处理和平地处理来说，其中的 F 处理和 NM20 处理在苗期至灌浆期之间单株干物质量增长最快，但是在灌浆期至成熟期间 NM40 处理和 NM60 处理的单株干物质量增长速率显著高于在此时段几乎不增长的 F 处理和 NM20 处理。

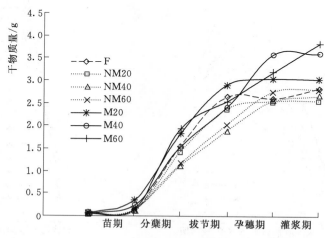

图 4.7 2010 年不同处理全生育期干物质量变化曲线

出现上述现象的原因主要是膜垄处理在营养生长期间可以更有效地实现对降雨的利用和增加土壤温度的双重效果，故膜垄处理的单株干物质量显著高于土垄处理和平地处理的；对于在营养生长阶段出现的窄沟距的种植模式中的单株干物质量增长快于宽行距种植模式的，则是由于窄沟种植模式相对于宽沟种植模式可以更有效地收集降雨和增加土壤温度，但是随着在生殖期降雨期的到来，水分和土壤温度已经不是制约作物生长的因素，与此同时，宽沟种植模式由于其各植株间相对较小的竞争压力，单株干物质量增加迅速。

4.5.2 不同处理对燕麦全生育期单株茎重的影响

图 4.8 表明，作物单株茎重总体表现为全生育期膜垄处理显著高于其他处理，各处理单株茎重最大值出现在抽穗至灌浆期，其中以 M40 处理最大，达 1.76g，最小为 NM40 处理，仅为 1.08g，随之各处理单株茎重显著降低，其中膜垄处理下降幅度最大。

4.5.3 不同处理对燕麦全生育期单株叶重的影响

由于环境因素可以导致植物异速增长关系和大小等级的改变，而这些变化反过来又影响植物对资源的利用、分配及其与邻体之间的关系。2010 年，单株叶重、单株茎重和单株穗重总体呈现出如下的变化趋势：从苗期到拔节期左右作物的单株叶重显著增加，随后开始下降，一直到灌浆期后逐渐开始停止变化。而单株茎重的变化呈现单峰型变化，在抽穗期到灌浆期之间出现各自的拐点。而单株穗重从抽穗期开始全部呈线性增长，一直到成熟期为止。

因生育前期降雨量充足，从图 4.9 可以看出，各集雨模式从出苗到拔节期之间，单株叶重均呈现快速增长，M60 处理的单株叶重最大，这与 M60 处理在有限的种植空间里密度最小、水热条件较好有关，NM40 处理的叶重最小；从拔节期到灌浆期之间各处理的单株叶重逐渐开始下降，下降幅度较小的为 M40 处理和 M60 处理，其余几个处理相差不显著，在灌浆期到成熟期之间，除去 M40 处理、M60 处理和 F 处理之外，其余各处理的单株叶重基本保持不变。

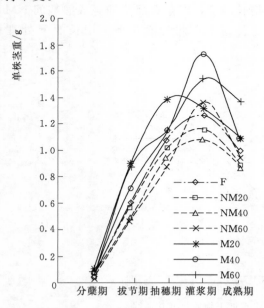
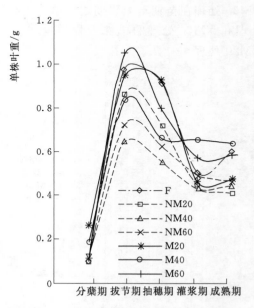

图 4.8　2010 年不同处理全生育期单株茎重变化　　图 4.9　2010 年不同处理全生育期单株叶重变化

4.5.4 不同处理对燕麦全生育期单株穗重的影响

作物单株穗重对于最终的产量形成具有重要的作用。从图 4.10 可以看出，膜垄集雨模式的单株穗重从抽穗期开始就显著高于土垄处理和平地处理，而土垄处理和平地处理之间差距不显著，且穗重增加从灌浆期到成熟期期间 M40 处理和 M60 处理较其余几个处理愈加明显，其中 M20 处理和 M60 处理的单株穗重达到了 1.87g 左右，这也是最终 M40 处理可以取得高产的一个重要原因。

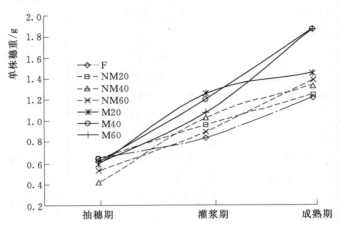

图 4.10　2010 年各处理全生育期单株穗重变化

4.6　2010 年各处理有效分蘖率

图 4.11 所示为一个基于播种量计算出来的 2010 年各处理在成熟期各微集雨模式的有效分蘖率统计图。从图 4.11 可以看出，在降雨量分布"前倾"的 2010 年，F 处理的有效分蘖率最高，达到了 53.71%，这可能与该降雨年型下在燕麦分蘖关键的分蘖期至拔节期间雨水较为充足，同时 F 处理作物之间的竞争相对较小有关；仅次于 F 处理，膜垄处理有效分蘖最高，其中 M20 处理、M40 处理和 M60 处理分别达到了 44.24%、47.63% 和 45.14%，但是其中的 M20 处理标准差达到了 0.124，表示其存在着不稳定性，而对于土垄处理来说，其有效分蘖率是所有微集雨处理中有效分蘖率最小的，其中 NM40 处理相对较高，达到了 40.59%，其余的 NM20 和 NM60 分别为 37.83% 和 38.64%。总体而言，在该降雨年型下 F 处理有效分蘖率最高，其次是膜垄处理，最后是土垄处理。

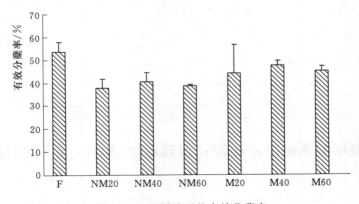

图 4.11　不同处理的有效分蘖率

4.7 两种降雨年型不同微集雨模式对燕麦产量和产量构成的影响

从表4.2可以看出，2010年各处理产量和主要产量构成要素都要显著高于2009年，且呈显著膜垄的穗长、穗铃数、单株粒数、单株粒重和产量膜垄的都显著高于土垄处理和平地处理。2009年，土垄处理相对于平地处理穗长、穗铃数、单株粒数和单株粒重4个产量构成要素依次增加12.2%、10.7%、12.3%和23.3%，膜垄处理较平地处理依次增加9.2%、17.8%、19.6%和27%；而在2010年，土垄处理相对于平地处理依次增加4.6%、1.6%、−15.4%和12.1%，膜垄处理相对于平地处理依次增加10.2%、23.9%、20.1%和18.9%。就两种降雨年型来说，2010年平地处理以上4个指标依次较2009年依次增加43.8%、28.8%、111.7%和10.0%，土垄处理依次增加34.1%、18.2%、59.5%和0，膜垄处理依次增加51.7%、37.7%、79.9%和15.8%；两种降雨年型在产量构成要素上表现出了极大的差异，就集雨模式来讲，垄沟地膜模式相对于传统的耕作模式提高了产量构成要素的增长，间接地促进了垄沟地膜模式的作物增产，而生育期降雨的分配同样加大影响了产量构成要素的变化，各构成要素在降雨变律呈现"前多后少"年份显著高于降雨变律常规年份。

表 4.2 两种降雨年型不同处理对燕麦产量和产量构成要素的影响

降雨年型	处理	穗长/cm	穗铃数	单株粒数	单株粒重/g	籽粒产量/(kg/hm²)
2009	F	13.7b	27.4b	47.0b	1.0b	610.2b
	NM20	14.5b	33.6a	53.4ab	1.5a	654.7b
	NM40	15.8a	28.3b	49.0b	1.1b	676.0b
	NM60	15.8a	29.1b	56.0a	1.1b	639.9b
	M20	15.5b	36.4a	56.3a	1.2b	897.3a
	M40	15.7b	33.0a	65.3a	1.6a	989.0a
	M60	13.7b	27.4b	47.0b	1.0b	925.1a
2010	F	19.7b	35.3c	99.5a	1.1c	1258.4c
	NM20	20.4b	35.7c	85.7b	1.3c	1266.8c
	NM40	20.3b	33.4c	76.0c	1.1c	1155.6c
	NM60	21.1b	38.5c	90.9b	1.3c	1377.9c
	M20	22.5a	43.6a	101.2a	1.4a	1611.2ab
	M40	23.2a	44.3a	101.0a	1.5a	1833.5a
	M60	22.4a	45.4a	101.1a	1.5a	1650.1ab

注：各年同一列中不同字母表示不同处理间达到0.05水平显著差异（$p < 0.05$）。

4.8 两种降雨年型不同微集雨模式对燕麦水分利用效率的影响

就生育期而言，两种降雨变律年型下均表现出土垄处理和平地处理的生育期比膜垄处理长7天左右，在降雨"前倾"的2010年，各处理又相对于2009年提早约7天时间（表4.3）。从表4.3可以看出，在两种降雨变律年型下，各处理对土壤水和降雨的利用程度不一样，在

2009 年，各处理总体表现出土壤水分的增加，其中平地处理和膜垄处理水分的增加程度没有土垄处理的显著，而在 2010 年，各处理总体表现出土壤水分的减少，就各处理水分减少程度而言，膜垄处理小于土垄处理小于平地处理；两年的降雨量总体来说差异不显著，就各处理而言，呈现出膜垄处理的小于土垄处理和平地处理的，这与不同处理的生育期时间长短有关。

表 4.3 　　　　　　　　　　　　不同处理燕麦耗水量、产量和水分利用效率

年份	处理	生育期/d	产量/(kg/hm²)	土壤水消耗量/mm	耗水量/mm	水分利用效率/[kg/(hm²·mm)]	干物质量/(kg/hm²)	水分利用效率/[kg/(hm²·mm)]
2009	F	123a	610.2b	5.1d	215.8a	2.8d	7043.5c	35.0c
	NM20	126a	654.7b	−17.2b	193.4c	3.4c	6628.9c	30.7c
	NM40	124a	676.0b	−9.8c	214.8a	3.3c	7423.7c	38.4c
	NM60	124a	639.9b	−27.5a	197.1c	3.4c	7102.4c	33.1c
	M20	115b	897.3a	−8.5c	185.3c	4.8b	9765.2b	49.7b
	M40	117b	989.0a	−3.4d	190.4c	5.2a	11034.2a	59.6a
	M60	117b	925.1a	4.6d	198.4c	4.7b	9872.7b	51.9b
2010	F	116a	1258.4c	46.8a	253.4a	5.0d	11271.3c	44.5c
	NM20	118a	1266.8c	29.8b	236.4ab	5.4d	8637.3d	36.5c
	NM40	115a	1155.6c	10.5c	217.1c	5.3d	10267.9c	47.3bc
	NM60	116a	1377.9c	−0.1d	206.5c	6.7c	10706.6c	51.8b
	M20	109b	1611.2ab	7.2c	207.7c	7.8b	12441.5c	59.9b
	M40	111b	1833.5a	−8.4c	198.0d	9.3a	15339.8a	77.5a
	M60	111b	1650.1ab	2.2d	208.6c	7.9ab	14843.1ab	71.3a

注：各年同一列不同字母表示不同处理间达到 0.05 水平显著差异（$p < 0.05$）。

在两种不同降雨变律条件下，各处理产量和水分利用效率均存在差异。就各处理对产量、水分利用效率、干物质量和基于干物质的水分利用效率的影响而言，膜垄处理显著高于土垄处理和平地处理（$p < 0.05$），在 2009 年，膜垄处理以上 4 个指标依次较平地处理增加 53.4%、75.0%、45.2% 和 53.5%，较土垄处理增加 42.7%、45.5%、45.0% 和 57.7%。在 2010 年，膜垄处理以上 4 个指标依次较平地处理增加 35.0%、66.7%、26.1% 和 56.3%，较土垄处理增加 34.1%、43.7%、43.9% 和 53.9%。而在两种年型下，土垄处理和平地处理无显著性差异（$p > 0.05$）。就各处理在两种降雨变律年型的响应来看，在降雨"前倾"的 2010 年，各处理以上 4 个指标均显著高于 2009 年，平地处理较 2009 年依次增加 106.2%、78.6%、60.0% 和 27.1%，土垄处理依次增加 92.8%、72.3%、40.0% 和 32.7%，膜垄处理依次增加 81.2%、70.1%、39.0% 和 29.5%。在两种降雨变律年型中，M40 处理的产量分别达到了 989kg/hm² 和 1833.5kg/hm²，基于产量的水分利用效率依次为 6.2kg/(mm·hm²) 和 9.3kg/(mm·hm²)，干物质量分别为 11034.2kg/hm² 和 15339.8kg/hm²，与此同时，基于干物质量的水分利用效率也分别达到了 59.6kg/(mm·hm²) 和 77.5kg/(mm·hm²)，所有指标均为两个年份各处理中最高。

第5章 结论与讨论

1. 降雨变律"前多后少"年份微集雨模式对土壤温度和出苗率的影响

在 2010 年降雨变律年型下，膜垄处理和土垄处理在生育前期具有 5cm 日变幅最小和提高了最小土壤温度的效果，而土垄处理没有提高最低土壤温度但是增大了日变幅；在两种降雨变律年型下，2009 年，由于前期降雨偏少限制了各微集雨模式的出苗率，而在 2010 年，则由于土壤温度和水分双重的优势作用下显著增加了各处理的出苗率。在降雨变律常规年份，垄沟模式尤其是覆膜处理的出苗率显著得高，而在降雨变律"前多后少"的年份，则表现为膜垄处理的最高，其次是平地处理，最后是土垄处理。由此可见，在播种前，土壤贮水量相差不显著的年型下，影响作物出苗率的主要因素是土壤温度，尤其是在播种至出苗期间的降雨量，2009 年，作物在萌发期间没有有效降雨，如若没有人工喷灌，作物的出苗率将会显著降低，在 2010 年，作物萌发期间有限降雨显著大于多年平均值，故造成作物出苗率较 2009 年显著增加。

2. 降雨变律和微集雨模式对株高和叶面积指数的影响

就株高和叶面积指数在各微集雨模式的表现来看，膜垄处理的株高和叶面积指数显著大于土垄处理和平地处理，在 2009 年降雨变律年型下，M20 处理的株高和叶面积指数在主要生育期均为最大，而在 2010 年降雨变律年型下，在孕穗期以前，M20 处理的株高和叶面积指数为最大，但是在后期，M40 处理由于其相对较小的种间竞争压力和较为充足的水分生长环境，株高和叶面积指数增长显著，且为各处理中最高。因此，在降雨变律"前多后少"的 2010 年，降雨促进了作物在营养生长期的生长发育，而在降雨变律常规的 2009 年，降雨对作物在营养生长期的促进作用则没有降雨分配前倾年份显著，膜垄微集雨模式所特有的集雨效果更是在所有处理中凸显而出，因而在半干旱雨养农业区，垄上覆膜微集雨种植技术对作物的生长发育作用显著。

3. 两种降雨变律的微集雨模式对土壤水和降雨利用先后关系的影响

就两种降雨年型下作物对降雨和土壤水的利用率而言，在播前贮水量和生育期总降雨量基本相似的情况下，2009 年，在生育期前期作物的总耗水量中作物对土壤水的利用效率显著高于 2010 年，而在后期，2009 年各处理对降雨的利用效率加强了，而在 2010 年，则表现为前期对降雨的利用率最高，甚至出现了土壤水的增加，但是在后期则表现为对土壤水的利用较高。

4. 雨养农业区降雨量分布"前倾"对土壤深层水分的影响

在降雨变律"前多后少"的 2010 年，作物生育前期降雨量显著增多，可补充土壤耕作层以下尤其是深层水分，这可能源于以下 3 个原因：

（1）生育前期耕作层水分相对较少，中层剖面段水分相对较高，深层水分较少，在此期间，由于降雨相对较充分，雨水可以在耕作层大量储存，由于不同深度水势差的存在，实现了降雨可以很快通过中层剖面段最终向深层下渗。

（2）在生育期前期，作物地上生物量相对较小，作物的蒸散量较低，对土壤水分的消耗相对较少。

（3）在降雨量前倾年份，由于前期土壤水分相对充足，造成作物根系分布较大，极大地抑制了作物在生育后期对深层水分的消耗。

5. 微集雨模式和降雨变律对产量和水分利用效率的影响

就产量、地上干物质量和水分利用效率而言，不同垄沟覆膜微集雨模式在应对两种降雨变律年型的响应非常显著。在降雨变律常规年份后期（7 月底）降雨过多，此时燕麦正处于开花灌浆期，对强光的需求最迫切，强降雨抑制了燕麦籽粒的正常灌浆，而在 2010 年降雨变律年型下，则出现了相反的结果；两种降雨年型均表现出膜垄处理显著高于土垄处理和平地处理，在降雨变律"前多后少"年份，以上各指标显著高于降雨分配常规年份；在降雨分配常规年份，膜垄处理的优越性高于"降雨前倾"年份。在应对两种降雨变律的集雨模式中，采用垄沟宽度比为 1∶1 的 M40 膜垄集水模式产量、干物质量和水分效率均为各年型最高，由此可见，在所有集雨模式中，M40 处理是一种应对这两种降雨年型最优的微集雨模式。

6. 微集雨模式和降雨变律对土壤水分的影响

就不同剖面土壤水分的变化来看，耕作层 0～30cm 剖面贮水量以增加为主，在 2009 年降雨变律年型下，垄沟比为 2∶1 模式集水能力好于 1∶1 和 2∶3 模式，而在 2010 年降雨变律"前多后少"年型下，垄沟比为 1∶1 模式集水能力好于 2∶1 和 2∶3 模式，其中膜垄处理的贮水量增加显著高于其余处理；在 30～90cm 剖面，平地处理在两种降雨变律下对该剖面水分消耗最大，尤其以降雨量分布"前多后少"的 2010 降雨变律年型下表现最为显著，亏缺达到了 45.4mm，而膜垄处理和土垄处理的消耗则要显著小于平地处理。由此可见，相对于传统的平作处理，垄作处理尤其是膜垄处理可以更有效地将降雨转化为土壤水，优化土壤水生态；但是同样也应注意到，膜垄处理对该层段土壤水的消耗非常明显，这与膜垄处理出苗率和叶面积指数显著高于其余几个处理，与此同时，作物的主要根系分布在此剖面有关，因而降低了土壤水系统的可持续性，下茬作物种植甚至可能出现作物减产的危险，这也是垄沟地膜种植模式所带来的弊端，尤其是在降雨变律呈现"前多后少"的年型下，虽然取得了经济产量的大幅增加，但是导致了 30～90cm 剖面水分极大的消耗，为此可以通过采用休耕、免耕和草田轮作等方法恢复土壤水分，实现土壤水的可持续发展，同时也使垄沟地膜集雨技术走上可持续发展的道路。

7. 两种降雨变律对"需水匀和低水槽"矛盾的响应

在西北半干旱地区存在"需水匀和低水槽"矛盾，在整个作物生育期，其需水曲线基本不变。在 2009 年，和 2010 年土壤贮水量基本相同的情况下，2009 年，孕穗期各微集雨模式土壤贮水量最小值为 100～130mm，而 2010 年各微集雨模式同期土壤贮水量最小值为 130～160mm，实现了低水槽实际水分的增长，从而缩小了"需水匀和低水槽"之间的水分差距，最终实现了作物的增产和水分利用效率的提高。因此，降雨变律"前多后少"的年份对缓解"需水匀和低水槽"水分矛盾的效果要好于降雨变律常规年份。

参 考 文 献

［1］ 山仑. 我国西北地区植物水分研究与旱地农业增产［J］. 植物生理学通讯，1983（5）：7-10.

［2］ Dong H Z，Li W J，Tang W，Zhang D M. Early plastic mulching increases stand establishment and lint yield of cotton in saline fields［J］. Field Crops Research，2009，111（3）：269-275.

［3］ Luo Y Q. Talking about the plastic film mulching［J］. China State Farms，1982（3）：19-20.

［4］ 廖允成，付增光，韩思明. 黄土高原旱作农田降水资源高效利用［M］. 西安：陕西科学技术出版社，2003.

［5］ 白文明. 灌溉对干旱沙区紫花苜蓿生物学特性的影响［J］. 生态学报，2002，22（8）：247-1253.

［6］ 陈宝书. 牧草饲料作物栽培学［M］. 北京：中国农业出版社，2001.

［7］ 陈洪松，邵明安，张兴昌. 黄绵土坡耕地大豆的水肥产量效应［J］. 应用生态学报，2003，14（2）：211-214.

［8］ 陈毓芬，王立祥，韩仕峰，等. 中国北方旱农地水分生产潜力及开发［M］. 北京：北京气象出版社，1993.

［9］ 陈维杰. 集雨节灌技术［M］. 郑州：黄河水利出版社，2003.

［10］ 陈仲全，董光荣. 旱作农田沟种植垄覆集水试验［J］. 水科学进展，1995，6（3）：243-247.

［11］ 程积民，万惠娥，王静. 黄土丘陵区紫花苜蓿生长与土壤水分变化［J］. 应用生态学报，2005，16（3）：435-438.

［12］ D. 戈德堡，等. 滴灌原理与应用［J］. 西世良，等，译. 北京：中国农业机械出版社，1984.

［13］ 董景实. 主要优良牧草产量及其营养动态的研究［J］. 中国草原，1981（3）：40-47.

［14］ 樊廷录. 黄土高原旱作地区径流农业的研究［D］. 西安：西北农林科技大学，2002.

［15］ 范小巧. 半干旱黄土高原区苜蓿的种植对土壤质量的影响［D］. 兰州：兰州大学，2007.

［16］ 樊引琴，蔡焕杰，王健. 冬小麦棵间蒸发的实验研究［J］. 灌溉排水，2000，19（4）：1-4.

［17］ 郭志利，古世禄. 覆膜栽培方式对谷子产量及效益的影响［J］. 干旱地区农业研究，2000，18（2）：33-39.

［18］ 韩思明，史俊通，杨春峰. 渭北旱源夏闲地聚水保墒耕作技术的研究［J］. 干旱地区农业研究，1993（S1）：46-51.

［19］ 胡希远，陶士珩，王立祥. 半干旱偏旱区糜子沟垄径流栽培研究初报［J］. 干旱地区农业研究，1997，15（1）：44-49.

［20］ 胡恒觉，张仁陟，黄高宝. 黄土高原旱地农业——理论、技术、潜力［M］. 北京：中国农业出版社，2002.

［21］ 何启明. 旱作沟垄地膜覆盖农田气候工程集水率的计算及其效应评价［J］. 干旱地区农业研究，1992，10（4）：62-68.

［22］ 李文朝. 甘肃中部半干旱区春小麦温度条件的研究［D］. 兰州：兰州大学，1985.

［23］ 孙本普，李秀云，张宝民. 地膜覆盖晚播小麦分化的特点及其与露地小麦异同点的分析［J］. 中国农业科学，1991，24（1）：47-54.

［24］ 魏虹. 有限供水和地膜覆盖对半干旱区春小麦生长发育的影响［J］. 兰州：兰州大学，1997.

［25］ 赵聚宝，等. 旱地春玉米田微集水保墒技术研究［J］. 农业工程学报，1996（2）：29-31.

［26］ 王俊鹏，马林，蒋骏，等. 宁南干旱地区谷子微集水种植技术研究［J］. 水土保持通报，2000，20（3）：42-43.

［27］ 朱国庆，史学贵，李巧珍. 定西半干旱地区春小麦农田微集水种植技术研究［J］. 中国农业气象，

2001，22（8）：7－9.

[28] 王俊鹏，蒋骏，韩清芳，等. 宁南半干旱地区春小麦农田微集水种植技术研究 [J]. 干旱地区农业研究，1999，17（2）：9－11.

[29] 王俊鹏，马林，蒋骏，等. 宁南半干旱地区农田微集水种植技术研究 [J]. 西北农业大学学报，1999，27（3）：23－24.

[30] 朱国庆，史学贵，李巧珍. 定西半干旱地区春小麦抑蒸集水抗旱技术研究 [J]. 中国农业气象，2002，23（2）：19－20.

[31] 杨封科. 旱作春小麦起垄膜沟种微集水种植技术研究 [J]. 灌溉排水学报，2004，23（4）：48－49.

[32] 齐征宇. 青海省西州油菜起垄覆膜抗旱高产栽培技术 [J]. 甘肃农业科技，2003（6）：47.

[33] 王俊鹏，韩清芳，王龙昌，等. 宁南半干旱区农田微集水种植技术效果研究 [J]. 西北农业大学学报，2000，28（4）：16－20.

[34] 李凤民，赵松岭. 黄土高原半干旱区春小麦农田有限灌溉对策初探 [J]. 应用生态学报，1995（3）：259－264.

[35] 卫正新，贺志坚，郭玉记，等. 梯田起垄覆膜微集流形式效益研究 [J]. 山西水土保持科技，2001（1），15－17.

[36] Dong H Z, Li W J, Tang W, et al. Early plastic mulching increases stand establishment and lint yield of cotton in saline fields [J]. Field Crops Research, 2009（111）：269－275.

[37] Han Y X, Wan X. A preliminary analysis on agricultural effects of cotton field mulched with plastic film [J]. Gansu Agricultural Science Technology, 1995（8）：14－16.

[38] 李小雁，张瑞玲. 旱作农田沟垄微型集雨结合覆盖玉米种植试验研究 [J]. 水土保持学报，2005，19（2）：45－52.

[39] Li X Y, Gong J D, Gao Q Z, et al. Incorporation of ridge and furrow method of rainfall harvesting with mulching for crop production under semiarid conditions [J]. Agricultural Water Management, 2001（50）：173－183.

[40] Li F M, Guo A H, Wei H. Effects of clear plastic film mulch on yield of spring wheat [J]. Field Crops Research, 1999（63）：79－86.

[41] 李军，王龙昌，孙小文. 宁南半干旱偏旱区农田沟垄径流集蓄保墒效果与增产效应研究 [J]. 干旱地区农业研究，1999，17（2）：89－93.

[42] Xie Z K, Wang Y J, Li F M. Effect of plastic mulching on soil water use and spring wheat yield in arid region of northwest China [J]. Agricultural Water Management, 2005（75）：71－83.

[43] Wang X L, Li F M, Jia Y, et al. Increasing potato yields with additional water and increased soil temperature [J]. Agricultural Water Management, 2005（78）：181－194.

[44] Li X Y, Gong J D, Wei X H. In situ rainwater harvesting and gravel mulch combination for corn production in the dry semiarid region of China [J]. Arid Environment, 2000（46）：371－382.

[45] Chakraborty D, Nagarajan S, Aggarwal P, et al. Effect of mulching on soil and plant water status, and the growth and yield of wheat（*Triticum awstivum* L.）in a semiarid environment [J]. Agricultural Water Management, 2008（95）：1323－1334.

[46] Wang Y J, Xie Z K, Malhi S S. Effect of rainfall harvesting and mulching technologies on water use efficiency and crop yield in the semi－arid Loess Plateau, china [J]. Agricultural Water Management, 2009（96）：374－382.

[47] Li X L, Su D R, Yuan Q H. Ridge－furrow planting of alfalfa for improved rainwater harvest in the rainfed semiarid areas in the Northwest China [J]. Soil & Tillage Research, 2007（93）：117－125.

[48] 寇江涛，师尚礼. 垄覆膜集雨对苜蓿草地土壤水分动态及利用效率的影响 [J]. 中国生态农业学报，2011，19（1）：47－53.

[49] 尹国丽，负旭疆，师尚礼. 半干旱区沟垄集雨种植对紫花苜蓿出苗及草产量的影响 [J]. 甘肃农业

大学学报，2010，45（1）：111－115.

[50] Jana L，Heisler W，John M，et al. Contingent productivity responses to more extreme rainfall regimes across a grassland biome [J]. Global Change Biology，2009（15）：2894－2904.

[51] Baskin C C，Jerry M. Baskin：Seeds，ecology，biogeography，and evolution of dormancy and germination [M]. New York：Academic Press，2001.

[52] Lundholm J T，Larson D W. Experimental separation of resource quantity from temporal variability：seedling responses to water pulses [J]. Oecologia，2004（141）：346－352.

[53] Intergovernmental Panel on Climate Change. Climate Change 2007：The Physical Science Basis. Summary for Policymakers [M]. New York：Cambridge University Press，2007.

[54] Schwinning，Sala S，O E. Hierarchy of responses to resource pulses in arid and semi－arid ecosystems [J]. Oecologia，2004，141（2）：211－220.

[55] Fay P A，Schultz M J. Germination，survival，and growth of grass and forb seedlings：Effects of soil moisture variability [J]. Acta Oecologica，2009（35）：679－684.

[56] Liu C A，Jin S L，Zhou L M，et al. Effects of plastic film mulch and tillage on maize productivity and soil parameters [J]. European Journal of Agronomy，2009（31）：241－249.

[57] Zhang B C，Li F M，Huang G B，et al. Yield performance of spring wheat improved by regulated deficit irrigation in an arid area [J]. Agricultural Water Management，2006（79）：28－42.

[58] Tian Y，Su D R，Li F M，et al. Effect of rainwater harvesting with ridge and furrow on yield of potato in semiarid areas [J]. Field Crops Research，2003（84）：385－391.

[59] Li X Y. Experimental study on rainfall harvesting and microcatchment model for ecosystem construction in the transitional zone between arid and semiarid region [D]. Chinese Academy of Scince，2000.

[60] Zhou L M，Li F M，Jin S L，et al. How two ridges and the furrow mulched with plastic film affect soil water，soil temperature and yield of maize on the semiarid Loess Plateau of China [J]. Field Crops Research，2009（11）：41－47.

[61] Fay P A，Carlisle J D，Knapp A K，et al. Productivity responses to altered rainfall patterns in a C4－dominated grassland [J]. Oecologia，2003（137）：245－251.

[62] Fay P A，Carlisle J D，Danner B N，et al. Altered rainfall patterns，gas exchange，and growth in grasses and forbs [J]. International Journal of Plant Science，2002（163）：549－557.

[63] Knapp A K，Fay P A，Blair J M，et al. Rainfall variability，carbon cycling，and plant species diversity in a mesic grassland [J]. Science，2002（298）：2202－2205.

[64] Jonathan M，Levine，A K M，Eachernand C C. Rainfall effects on rare annual plants [J]. Journal of Ecology，2008（96）：795－806.

[65] Clauss M J，Venable D L. Seed germination in desert annuals：An empirical test of adaptive bet hedging [J]. American Naturalist，2000（155）：168－186.

[66] Lundholm J，Larson D W. Experimental separation of resource quantity from temporal variability：seedling responses to water pulses [J]. Oecologia，2004（141）：346－352.

[67] Nippert J B，Knapp A K，Briggs J M. Intra－annual rainfall variability and grassland productivity：can the past predict the future [J]. Plant Ecology，2006（184）：65－74.

[68] Davis M A，Grime J P，Thompson K. Fluctuating resources in plant communities：a general theory of invisibility [J]. Journal of Ecology，2000（88）：528－534.

[69] Li S，Kang S Z，Li F H，et al. Evapotranspiration and crop coefficient of spring maize with plastic mulch using eddy covariance in northwest China [J]. Agricultural Water Management，2008（95）：1214－1222.

[70] Li X Y，Gong J D. Compacted catchment with local earth materials for rainwater harvesting in the semiarid region of China [J]. Hydrology，2002（257）：134－144.

[71] Li X Y，Xie Z K，Yan X K. Runoff characteristics of artificial catchment materials for rainwater harvesting in the semiarid regions of China [J]. Agricultural Water Management，2004（65）：211 -224.

[72] 王琦，张恩和，李凤民. 半干旱地区膜垄和土垄的集雨效率和不同集雨时期土壤水分比较 [J]. 生态学报，2004，24（8）：1820 -1823.

[73] 郭清毅，黄高宝. 保护性耕作对旱地麦—豆双序列轮作农田土壤水分及利用效率的影响 [J]. 水土保持学报，2009，19（3）：165 -169.

[74] Li F M，Yan X，Wang J，et al. The mechanism of yield decrease of spring wheat resulted from plastic film mulching [J]. Scientia Agriculture Seneca，2001（34）：330 -333.

[75] Wang X L，Jun S W G，Jia Y，et al. Crop yield and soil water restoration on 9 -year-old alfalfa pasture in the semiarid Loess Plateau of China [J]. Agricultural Water Management，2008（95）：190 -198.

[76] Tremmel D C，Bazzaz F A. Plant architecture and allocation in different neighborhoods：Implications for competitive success [J]. Ecology，1995（76）：262 -271.

[77] 熊友才，莫非，强生才，等. 气候变化对西北旱作农业的影响及应对技术 [C] //第七届干旱气候变化与减灾学术研讨会大会报告. 敦煌，2009.

第 2 篇

垄沟覆盖下肯尼亚半干旱区玉米产量形成及水生产力研究

第6章 概 述

6.1 研究依据及意义

我国早在 20 世纪 80 年代就有人提出了"主动抗旱，以雨水治旱"的思路，并形成了现在比较成熟的两大雨水积蓄体系，分别是旱作农业区以雨水集流补灌和抗旱保苗稳产为中心的农业用水模式和以田间微集雨为依托的集水高效农业技术体系。两大集雨体系大大改善了西北地区被动抗旱的局面，实现了对现有水资源的收集、储存和再分配，尽可能地降低了土壤水分的无效径流和蒸发，解决了降雨与作物需水之间的供需矛盾，而干旱半干旱地区的作物生产力也提升到了一个新的台阶。

然而，作为该技术体系的拓展性研究，在其他地处半干旱地区的发展中国家，如非洲的肯尼亚是否具有同样的普适性？对主要作物——玉米的产量形成和田间水生产力是否具有类似的显著促进效果？对水土资源利用有什么样的调控效应？为了验证垄沟覆盖栽培技术在肯尼亚半干旱区的有效性和适用性，本研究选择了位于非洲之角的肯尼亚开展试验。在肯尼亚雨养农业区，由于基础设施落后，生产力低，农业体系发展滞后，该区主要以传统农业为主。再加上滴灌需要资金的支持又难以大面积推广，造成了该区长期以来无法解决水资源紧缺的问题。因此，有效地引进和推广在我国黄土高原地区已经成熟、配套的田间微集雨耕作技术，将会为改善和提高肯尼亚干旱区大田生产力，缓解粮食危机作出贡献。

肯尼亚半干旱热带气候区，光热资源丰富，唯一的水资源来自于天然降水。在旱地雨养农业生产实践中与我国黄土高原干旱半干旱地区面临着相似的窘境，水资源短缺成为该区农业发展的瓶颈。因此，如何利用有限的雨水资源，将无效的天然降雨和蒸发尽可能地转化为作物能够吸收和利用的有效水——土壤水分，提高大田生产力，是解决该区粮食紧缺、提高雨养农业水分利用效率的有效途径。

6.2 旱地农业微集雨栽培技术

6.2.1 我国旱地微集雨农业研究概况

在 4000 多年前的商代，我国就已经有了关于雨水收集和再利用的记载，且早在 2700 年前春秋时期，黄土高原地区已有引洪漫地技术，600 多年前已有水窖。现行的技术如池塘、隔坡梯田、窑窖、保水耕作、覆盖及农作技术等都在雨水收集利用之列。虽然我国利用雨水的历史悠久，但对集雨农业的系统研究相对较晚。20 世纪 60 年代，我国科学家在黄土高原进行水土保持研究时曾涉及鱼鳞坑和水平沟雨水集流技术；20 世纪 70 年代，山西昔阳采用集雨梯田发展雨养农业。尤其是近年来，随着干旱的加剧与水问题的日益突出，雨水资源化与收集利用在我国得到了高度重视，1995 年 9 月在北京举行的第 7 届雨水利用国际学术会议，使中国雨水利用研究走上正轨；1996 年 9 月在甘肃兰州市举行的第一届全国雨水利用暨东亚区国际研讨会，使雨水利用研究进入热潮。世界上近一半的国家都不同程度地受到干旱问题的影响，因此，发展集雨农业是提高旱区降水利用效率和生产力的一种行之有效的方法。

6.2.2　国外及肯尼亚旱地微集雨农业研究概况

国际上最早的集雨农业科学试验是由澳大利亚工程师 A S Knyon 于 1929 年所做的。他用 2415.4m² 的白铁皮收集雨水并把它输送储存到一个 409.1m³ 的带盖蓄水池中，运用于农业灌溉和人畜饮水。随着第二次世界大战的结束和经济的复苏，特别是受 20 世纪 70 年代非洲大旱灾的打击后，雨水利用技术又重新受到重视，试验研究大量增加，特别是进入 20 世纪 80 年代后，随着国际雨水集流系统会议的召开，逐步成立了国际雨水集流系统协会。世界范围内广泛开展了集雨农业理论探索和相关技术研究，研究内容涉及很多层面，包括集雨面的处理、微集雨系统设计、集雨模型的设计与改进、如何对收集雨水的高效利用等方面。截至 2013 年，国际上召开了多次雨水集流系统会议。实践证明收集的雨水已成为许多国家和地区农业、畜牧、家庭生活用水等的主要补充来源，大大缓解了干旱给农民日常生活带来的困难。肯尼亚的许多地方，UNDP 和世界银行的农村供水和卫生项目把雨水贮水罐作为项目的一个重要内容，在学校、医院建造了许多 10～100m³ 的贮水罐，带动了非洲雨水集蓄工程的发展。20 世纪中叶以来，肯尼亚相继展开了修整梯田、台地和修筑水平沟等措施，可以有效地拦截雨水，缓解水土流失，促进降雨入渗，提高土壤含水量。

6.3　垄沟覆盖栽培体系研究

6.3.1　我国垄沟覆盖栽培体系研究现状

1. 垄沟比例设计模型

垄沟集雨核心是根据作物类型、气候区域和土壤质地，选择合适的垄沟比例，不同的垄沟模型将直接影响到降雨的入渗时间、入渗强度以及土壤表面的径流。大量研究表明，不同垄沟比例模型产生的土壤效应和产量效应具有差异性。而早期关于 W 形播种方式的提出，逐步带动了垄沟模型的发展。王琦为了确定在垄沟微型集雨种植体系中的最佳垄沟比例，通过对经济产量和垄的宽度进行回归分析，发现在年降雨量小于 250mm 的半干旱地区，膜垄的最佳垄沟比为 40cm：60cm 时，马铃薯经济产量可以达到最大期望值。李永平以谷子作为实验材料，发现以垄沟比为 60cm：60cm 的带型垄沟集水种植方式蓄水作用效果最明显，而且作物的相关经济性状指标值与露地种植相比都有提高。强生才通过对不同微集雨模式下燕麦大田土壤水生产力的研究发现，就不同垄沟比来说，水分利用效率、产量和叶面积指数等各参数值在垄沟比为 1：1 的处理组中最高。寇江涛在旱地紫花苜蓿种植中指出，通过回归分析，说明膜垄种植的最佳垄沟比为 60cm：60cm，而土垄的最佳垄沟比为 60cm：70cm，且苜蓿的经济产量均可以达到最大值。秦舒浩、聂战声、王晓凌通过研究马铃薯在不同垄沟比例的栽培模式下发现，目前，在黄土高原大面积推广和应用全膜双垄沟（一般大垄宽 60～70cm，小垄宽 30～40cm，垄高 10～25cm）耕作技术，成为实现干旱区抗旱、节水、保水和高产的最优种植模式。

Li X Y 等在研究玉米不同垄沟模式下作物产量和水分利用效率时发现，在 60cm：60cm 的沟垄比下，相关指标与其他比例相比具有显著性的差异。杨海迪在研究周年覆盖生物降解膜与普通地膜具有良好的蓄水保墒效果时发现，在沟垄比为 50cm：50cm 的播种模式下，通过地膜覆盖与垄沟模型的合理配置可以提高冬小麦产量。目前，沟垄比对作物生产力以及重要性研究已经广泛应用于小麦、玉米、马铃薯等大宗作物，同样对如谷子、苜蓿等牧草和小粮作物的研究也逐步展开了。同时，与作物相关的沟垄比理论模型也随之被提出，为进一步阐述和指导垄沟耕作模式在生产的应用作出科学的解释。

2. 垄沟覆盖材料类型

目前，国内外传统覆盖材料有砂石、卵石、树叶、畜粪、谷草、秸秆、油纸、瓦片、泥盆、铝箔和纸浆等。就目前而言，应用最广的覆盖材料主要为禾草、作物秸秆、地膜和砂石。但总体而言，垄沟覆盖材料经历如下几个阶段的演变：

（1）就地作物秸秆覆盖以及相对能够就地取材的树叶、油毡等。王拴庄根据1987—1990年的试验结果，论证了采取秸秆覆盖农田可有效地降低耗水系数的可行性；周凌云同样研究指出，利用秸秆还田覆盖，是减少棵间无效蒸发，提高作物水分利用效率的有效措施；王改兰研究了油毡覆盖下玉米的水温和产量效应；孟玉平通过针叶树废材覆盖，进而控制和抑制苹果园杂草的生长。

（2）由于长期或阶段性干旱发生，依靠自然的降雨已经无法满足农业生产对水资源的需求，随之地膜覆盖逐步取代秸秆等材料覆盖在旱地农业雨养区占据了主要的地位。而自20世纪80年代地膜引进我国以来，以地膜覆盖为抗旱、集雨和蓄水为目的垄沟覆盖微集雨栽培技术得到了长足的发展和应用。夏自强通过地中蒸渗仪，研究探讨了地膜平铺覆盖、秸秆覆盖种植条件下土壤温度、含水量在垂直方向的分布以及变化特征。

（3）发展至今天，垄沟覆盖材料结合相应匹配比例模式，已经成为我国干旱半干旱区缓解旱情、提高水分利用效率、增加粮食产出的重要抗旱措施，且被广泛应用于小麦、玉米、马铃薯等作物种植。

（4）如今随着生态农业的提出，新型的覆盖材料在农业生产中逐步问世，如生物降解膜和液态膜，它们不仅满足普通地膜蓄水保墒效果和增产增收效应，也能降低对环境的污染。而秸秆还田、保留接茬、免耕以及地膜和秸秆还田相结合保护性耕作农业的提出，也在一定程度上降低了对地膜的使用。

6.3.2 肯尼亚垄沟覆盖微集雨技术研究现状

由于肯尼亚农业技术发展落后，原始农业占主要的比例，完整的垄沟覆盖栽培技术基本处于空白。集雨农业还处于初始阶段，尽管一些地方出现了穴播和坑播，在一定程度上还是最原始的集雨农业，没有成熟的体系。因此，对天然降水的收集和利用效率非常低，大田生产力难以提高。在旱季，水资源的短缺和强烈的地面蒸发严重地制约着当地玉米、豆类、谷类等作物的生产；在雨季，没有有效的田间集雨系统，大量的雨水以径流的形式被浪费，土壤无法蓄积有效的水分，提供作物在生长敏感期对水分的大量需求，同样无法实现高产和稳产。

6.4 垄沟覆盖微集雨技术的土壤效应

6.4.1 垄沟覆盖微集雨技术的集水保墒效应

垄沟覆盖微集雨技术系统一般是指垄上的覆盖材料起到集雨的效果，在沟内种植作物，两者共同构成了田间微集雨种植系统，称为沟垄系统。它主要利用田间起垄、沟垄相间、垄面产流、沟内高效集雨的模式，实现对自然降雨的积蓄和利用。有研究指出，垄沟地膜覆盖栽培可将小于5mm的无效降雨叠加汇集转化为作物的有效水资源，平均集水效率达到了

90%。而覆盖地膜、秸秆、禾草、砂石等有效抑制了蒸发，也为垄上顺利节流创造了条件，它尽可能将自然降雨最大化地接纳，然后输送到沟内种植区，最大限度地满足作物对各个生育期水分的摄取。在干旱半干旱地区，降雨强度小且多是无效降水的情况下，垄沟覆膜微集雨系统通过抑制蒸发，增加到达产流面的径流，能够显著增加雨水收集的有效性，并且通过集雨保墒特性，能够使小麦生育期内有效降水从 32%提高到 52%，而全年有效降水率提高到 61%。同样，李小雁研究指出，土垄的平均集水效率 7%，而垄上覆膜后集水效率能够达到 87%，膜垄能产生径流的最小降雨量为 0.8mm。大量的试验结果表明，覆膜能使 0～20cm 土壤含水率提高 3%～5%，对春季干旱多风、蒸发量大的地区一次全苗和苗期正常生长十分有利，全生育期内蒸发量减少 150～225mm。目前，在黄土高原广泛被采用的秋季覆盖和顶凌覆膜能将非生长季的降雨收集储存下来用于作物生长季，它通过对天然降水的时空调控，达到秋雨春用，实现了降雨在时间上的就地调节，解决了当地长期以来春旱玉米春播难问题。

6.4.2　垄沟覆盖微集雨技术的增温效应

土壤温度作为土壤热状况的综合表征指标，是作物生长的重要环境因子之一。但是传统裸露种植存在土壤升温快降温也快的缺陷。垄沟覆盖栽培技术能够解决黄土高原干旱半干旱地区温度供需矛盾，提高产量的稳定性，覆膜的关键作用在于提升土壤表层的播前积温，保证种子的萌发和幼苗的成形。任小龙研究指出，单纯的垄膜集雨种植仅可使沟内温度提高 1℃左右；而当采用不同类型的覆盖物时，土壤表面在田间获得的太阳辐射能量因覆盖材料的不同出现差异，且反射、吸收和透射大小各异，致使不同深度的土壤温度分布在土壤垂直剖面上发生明显的变化。金胜利等研究指出，全膜双垄沟玉米种植能够使苗期的温度增加 6.1℃，有效地抵御三四月较低的夜温和霜冻对幼苗建成带来的挑战。李荣两年试验结果表明，在玉米垄沟集雨种植模式下，普通地膜和生物降解膜覆盖均能显著提高土壤温度，在 5～25cm 耕层，平均温度比不覆盖分别增加 2.51～3.77℃ 和 1.30～2.19℃。何峰研究指出，垄沟集雨栽培措施能够提高老芒麦草地土壤温度，尤其是土壤表层最低温度提高 1.02～2.08℃。王晓凌研究指出，在 45cm 宽垄、60cm 宽沟的覆膜种植模式下，沟中的土壤温度与平作没有显著的差别，但垄上的土壤温度要比沟中的和裸地平作的高 3～6℃。垄沟地膜覆盖显著增加表层温度的这种特点，对海拔较高、积温不足的寒旱地区作用更为显著，同时增温效应也重塑了作物种植的区域性，致使其向高海拔和寒区移动成为可能，从而拓宽了作物的播种地域。禾草、秸秆、砂石等覆盖材料最大的优点在于对地表温度的敏感性调节，满足作物不同生育期对温度的要求，可降低土壤表层高温，使作物避开高温胁迫。

6.4.3　垄沟覆盖微集雨技术对水、热、肥耦合的影响

垄沟覆盖微集雨技术利用田间起垄、沟垄交替、垄面产流、沟内高效集水，并依靠贮水、增温、抑蒸等很好地将水热结合起来。在垄沟覆盖微集雨田间系统的自然调节下，从时间和空间上拉拢了作物与水热之间的供需矛盾。水热优化组合科学地调控了土壤水、热因子。然而仅仅依靠水热因子，无法实现作物生产力的根本转变，还应当加强水分和养分以及土壤温度三者之间的协同效应。在实际农业生产中，只有合理匹配水肥因子、水热因子，才能起到以肥调水、以水促肥、以热调肥，并充分发挥水、热、肥三者耦合对促进作物生长的潜力，实现作物产量的大幅度提升。

6.4.4 垄沟覆盖微集雨技术的碳变化

土壤作为陆地最大的碳储备系统，对整个碳的循环起着至关重要的作用，而它的变化也同空气中 CO_2 的含量密切关联，在全球气候变化的背景下，尤其是近百年来，随着人类活动的频繁，对地球资源的索取日益增强，最为明显的是大气中温室气体的排放。IPCC（Intergovernmental Panel on Climate Change）第 4 次评估报告中的数据指出：全球大气中 CO_2 在过去的 250 年中增加了大约 36%，因此，土壤碳库随环境的改变也逐渐成为当前有机碳研究的热点。垄沟覆盖微集雨栽培技术作为旱区雨养农业中高产、高效一种耕作方式，在提高产量的同时，也对环境、土壤肥力提出了更高的要求：一方面，垄沟覆盖体系下的作物地上生物量大幅提高，也增加了潜在的碳源向土壤的输入；另一方面，高效栽培模式对土壤资源的过度消耗也改变了土壤微结构，最终影响碳源输出的动态变化。垄沟覆膜系统由于具有良好的水热环境，加速了土壤分解和活化速度，致使表层的土壤有机碳出现了明显的下降。而覆草、秸秆覆盖、秸秆还田的措施都能够增加土壤表层有机碳的积累。不同的耕作方式以及种植结构对碳的积累有着很大的影响，有研究指出，利用麦秸秆连续覆盖两年后，耕作层土壤有机质可增加 0.14%。同样，美国亚拉巴马州关于土壤碳相关数据的调查报告指出，连续 10 年间保护性耕作比扰动翻耕耕作的碳储量增加 2.8g/(g·a)，而连续耕作玉米比连作大豆增加 0.1g/(g·a)，并且连作玉米在保护性耕作下可使土壤的有机碳增加到高达 9.6g/(g·a)，而且比翻耕耕作下连作大豆增加有机碳固存 0.4g/(g·a)。然而要实现土壤中碳的可持续性利用，最终取决于有机碳输入和输出之间的平衡，首先，要加强农业管理，增加植物地上茎叶和地下根残留量；其次，是通过改善土壤水、热、气条件，降低土壤有机碳的矿化过程。

6.5 垄沟覆盖微集雨技术对作物生长发育的影响

作物的生长发育是作物生长和资源状况协同体现的结果，垄沟覆盖栽培系统通过调控土壤水热关系，改变了作物生长的微环境，进而影响作物的生长发育。在黄土高原大量的实践已经证明，由于垄沟覆盖栽培系统具有良好的保墒、保温、增温以及增加播前土壤的有效积温的作用，从时间上影响了作物的生长节律，从空间上拉拢了作物生育期的进程。有研究指出，与传统耕作方式相比，垄沟覆盖（尤其是覆膜）栽培使得玉米、马铃薯、谷子、绿豆等作物全程生育期都不同程度地缩短 7～15 天。同时，覆膜由于具有优良的保水性能，在水热环境充沛的条件下，还能延迟作物成熟期的时间，使作物能够充分完成灌浆，提高籽粒的收获指数，实现高产、稳产的目的。与此同时，覆膜还能够保证作物成功建苗、壮苗，为作物后期的生长繁殖提供保障。

垄沟覆盖微集雨技术在改变作物物候进程的同时，也提高了作物干物质的转移量和转移速率。有研究指出，覆膜能够使马铃薯的株高提前达到稳定，且马铃薯地上茎干重的增长动态呈 S 形曲线，不同栽培模式下，地上茎干重及其相对生长率（RGR）的变化存在明显差异，而覆膜处理优势最为明显。作物前期的生长主要是生殖繁殖，而后期需要有效的营养繁殖，而垄沟覆盖栽培系统能够在作物后期尤其灌浆期促进生殖繁殖向营养繁殖的转移，继而提高作物的籽粒产量。此外，垄沟覆盖栽培系统也通过对播前水分和土壤温度的累积，进一步实现作物播种区域向更高寒的地区移动，拓宽作物的有效播种地域，从空间上提升产量。

6.6 垄沟覆盖微集雨技术对作物水分利用效率的影响

在水分资源短缺的干旱半干旱地区,黄土高原降雨主要集中在 7—9 月,存在严重降雨与作物蓄水的错位矛盾。天然降水有限,且存在很大的变率,如何实现对有限水分的高效利用,一直是限制粮食产量提高的瓶颈。多年以来,人们通过栽培措施的改进和作物本身的高效利用两个方面来努力实现有效降雨的积蓄利用。而垄沟覆盖微集雨技术对雨水的有效收集利用从时间和空间两个方面得以改变。空间上,垄沟地膜覆盖栽培通过沟内对水分的汇集叠加,可将小于 5mm 的无效降雨转化为作物能够利用的水分,特别是覆膜提高了小于 10mm 降水在农田中的资源化程度,使作物根际土壤水分状况得到了优化和改变,大大提高了降雨到土壤水的转化效率,减弱了三水(雨水、土壤水、作物水)之间转化潜在的水分损失,无论是在干旱或是正常年份均能提高作物水分利用效率。而在空间上,播前的覆膜将早期的降雨囤积下来,供给作物后期对水分的需求,有效地缓解了供水与需水的不匹配性。有研究指出,玉米、苜蓿等作物采用全膜双垄沟栽培技术,其水分利用效率能够提高 100%~200%。

6.7 垄沟覆盖微集雨技术对作物产量的影响

干旱区年降水量少、季节分布不均匀,且生产中春旱等问题都严重制约着该区产量的提高,而自引进地膜覆盖以来(尤其现在广泛推广的垄沟覆膜微集雨技术)对整个对半干旱地区旱作物的高产和稳产起到了巨大的推动作用。垄沟覆盖通过在实践中不断地探索垄沟比例以及覆盖方式,以及何时覆膜、何时接膜等措施,择优选择耕作模式,实现了主动抗旱,摆脱了传统耕作模式依靠天吃饭的被动局面。有研究指出,全膜双垄沟秋覆膜增加了降水利用率和水分利用率,降水利用率为 70.21%,产量为 10039.34kg/hm²,比播前覆膜 8036.67kg/hm² 增产 24.92%。而大量的研究指出,在适合区域的降雨与温度下,玉米、小麦、马铃薯、谷子、苜蓿等作物采用垄沟覆膜技术,并适当地调节垄沟比例,与传统耕作方式相比,产量增幅分别能够达到 136%、35.9%、74.89%、178.9%、204.98%。近年来,秸秆还田和垄沟覆盖等技术的优化组合,既实现了产量的稳定提高,也缓解了地膜长期使用无法保证产量持续性提高的弊端。

6.8 肯尼亚乃至整个非洲开展此项研究的必要性

农业是非洲国民经济的支柱,对国民经济的贡献最大。非洲人口的 70% 依赖农业生存,非洲农业也一直是世界关注的焦点,其粮食产量面临巨大的挑战。肯尼亚作为非洲一个国家,农业问题同样突出。当前在肯尼亚依靠传统耕作方式为主体的传统农业,严重受制于自然条件,粮食产量波动性大。该区年降雨量要好于我国西北干旱半干旱地区,但同样是降雨与作物需水之间存在着错位,无法将降雨转化为能够利用的有效水。而其得天独厚的光热资源也无法与降雨进行耦合,致使大田生产力不能得到根本的提升。每年不同国家和地区都向非洲无偿援助钱粮,以缓解由于粮食短缺随时带来的社会危机。然而要想从根本上解决肯尼亚乃至非洲的粮荒,仅此是远远不够的,也不是长久之计。中国古语说得好:"授人以鱼,不如授人以渔。"只有将中国成熟旱地农业生产技术带到非洲,使当地人民充分学习与借鉴农业发达国家的生产技术,真正做到自力更生,"为我所用",促进粮食生产与发展,相信以垄沟覆膜为依托的旱地雨养农业耕作栽培技术的引进与推广将会为推动、提升肯尼亚和整个非洲粮食产量产生深远的意义。

第7章 材料与方法

7.1 试验地概况

试验在肯尼亚农业研究院（KARI）Katumani 试验站（$1°35'S$，$37°14'E$，海拔 1600.00m）进行。该试验站位于 Machakos 市，距离首都内罗毕 80km，距离 Machakos 小镇 8km。试验区属于半干旱的热带气候，降雨具有双峰分布的特征。第一个雨季（长雨季）在 3—5 月，峰值为 4 月。之后是一个干旱的时期，这个时期持续到 10 月中旬。第二个雨季（短雨季）开始于 10 月中旬，峰值在 11 月，结束于 12 月中旬。根据最近 47 年的降雨数据分析，该区多年的平均降水量为 655mm。多年平均的雨季降水在长雨季为 272mm，短雨季为 382mm。并且年际或者季节的降雨变差都极大。平均最高气温为 24.7℃，平均最低气温为 13.7℃。该区土壤为酸性土壤、持水性差。

肯尼亚 Katumani 试验地耕作层土壤参数见表 7.1。

表 7.1   肯尼亚 Katumani 试验地耕作层土壤参数

土壤深度/cm	土壤有机质/(g/kg)	速效磷/(g/kg)	pH 值	电导/(μS/cm)	总盐量/(g/kg)	土壤类型
0～20	23.8005	0.1443	5.86	59.50	0.3445	砂质土壤
20～40	20.7395	0.0470	5.98	54.75	0.3107	砂质土壤
40～60	18.2287	0.0156	6.01	51.85	0.3141	砂质土壤

7.2 试验地降雨情况

试验地两个生长季节生育期（长雨季、短雨季）的降雨量分别为 89.8mm 和 138.0mm。与各雨季的多年平均值相比，降雨明显减少。从图 7.1 可以看出，第一生长季降雨量分布在不同的月份，而第二生长季降雨量分布极不均匀，在作物生长的后期几乎没有降雨，大量集中在 12 月。

7.3 材料及试验设计

试验分别于 2012 年 5—10 月和 2012 年 11 月至 2013 年 3 月在肯尼亚农业研究院 Katumani 试验站进行，材料为当地玉米品种 KCB，第一生长季 5 月 15 日播种，9 月 15 日收获，生育期约为 120 天；第二生长季 11 月 25 日播种，于次年 3 月 5 日收获，生育期约为 100 天。图 7.2 所示为玉米大田微集雨播种示意图。各处理的小区面积一致，均为 22.5m²，播种密度为 40000 株/hm²。播种前将撂荒两年的地用机器进行了 30cm 深翻，并且人工除去杂草、碎石。

试验共设 6 个处理，其中种植处理 5 个，裸地无种植 1 个，分述如下：

（1）对照（flat planting，FP），传统平种。

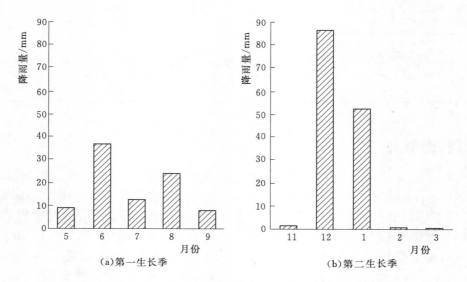

（a）第一生长季　　　　　　　　　　（b）第二生长季

图 7.1　两个生长季生育期降雨量分布

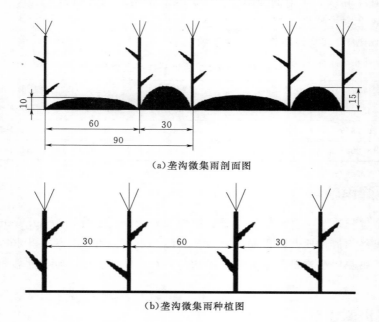

（a）垄沟微集雨剖面图

（b）垄沟微集雨种植图

图 7.2　玉米大田微集雨播种示意图（单位：cm）

（2）垄沟无覆膜种植（ridge and furrow without plastic mulching，BRF）。

（3）垄沟白膜覆盖种植（ridge and furrow with transparent mulching，TMRF）。

（4）垄沟黑膜覆盖种植（ridge and furrow with black mulching，BMRF）。

（5）垄沟禾草覆盖种植（ridge and furrow with grass mulching，GMRF）。

（6）裸地（bare field，BF，代号为 F）。

黑白两种地膜均为聚乙烯膜，来自中国甘肃省兰州市榆中县，大小规格：白膜宽度×厚度＝1200mm×0.01mm；黑膜宽度×厚度＝1200mm×0.08mm。每个处理设置 3 次重复，按随机因子裂区排列。各处理详细参数见表7.2。

表 7.2　　　　　　　　　垄沟覆盖栽培体系各处理设计

处理	大小垄比例/(cm：cm)	小垄高/cm	大垄高/cm	覆盖类型	重复	处理代号
1	60：30	10	15	白膜	3	TMRF
2	60：30	10	15	黑膜	3	BMRF
3	60：30	10	15	禾草	3	GMRF
4	60：30	10	15	—	3	BRF
5	—	—	—	—	3	FP
6	—	—	—	裸地	1	B

7.4　测定项目及方法

7.4.1　土壤水分

土壤水分采用传统烘干法测定。播种前和收获后取样深度为100cm，以20cm为梯度采样测定。生育期间取样深度为100cm，同样采用20cm为梯度采样。用土钻取样，铝盒封装带回实验室，烘箱在105℃温度下烘至恒重（约8h），然后测定土壤含水率。

7.4.2　土壤温度

土壤温度的测定为表层10cm深处。将地温计埋在各处理两株作物所夹的垄沟之间，以1h为间隔频率，全天候自动测定、记录土壤的温度变化。待到收获时将地温计移出，然后将数据导入电脑，为保证仪器的正常工作，定时检测和更换电池。

7.4.3　土壤容重

土壤容重的测定采用经典方法环刀法进行：田间人工挖去1m深的剖面，以2cm环刀取不同深度未扰动土样，用烘箱在108℃的温度下烘8h至恒重，土壤容重即为烘干后干土的质量和环刀体积的比。计算公式为

$$p（容重）=\frac{干土重}{环刀体积} \tag{7.1}$$

7.4.4　土壤养分

在播种前和收获后取样深度为100cm，按照20cm的梯度分5层采土留样，然后置于大气中自然风干。

全氮的测定：待土样自然风干后，过小于0.2mm的筛，然后用半自动凯氏定氮仪测定。

有机质的测定：待土样自然风干后，过小于0.15mm的筛，采用烘箱加热-重铬酸钾滴定法测定。

7.4.5　作物生育期进展

人工适时在田间观察玉米各个生育期的进程，并参考生物学对玉米各生育期形状的定义，包括苗期、拔节期、开花期、吐丝期、成熟期。每个小区单独记录，规定每个小区一半以上的玉米达到生育期要求为标准，然后计算3个重复的平均值，即为生育期的具体时间。

7.4.6　出苗率

当玉米各处理达到"三叶一心"时，作为作物已达到苗期的标准。随机抽出各处理中一

行，然后统计出这一行中实际出苗的个数，以最后一次观察结果为准，统计出实际出苗数，最后根据 3 次重复计算实际出苗率。计算式为

$$出苗率 = \frac{实际出苗数}{实际播种数量} \times 100\% \tag{7.2}$$

7.4.7　全生育期叶片数变化

从第二周开始，以一周为频率，连续跟踪、统计玉米叶片数的周变化。各处理随机抽取一行，然后统计出一行中所有单株玉米的具体叶片数，然后求单株叶片数的平均数。最后计算出 3 次重复的均值，即为某一个特定生育期的具体有效叶片数。

7.4.8　全生育期冠幅变化

从第二周开始，以一周为频率，连续跟踪、统计玉米冠幅的变化（以每一株玉米中两片叶子夹角最大为标准）。各处理随机抽取一行，然后统计出一行中所有单株玉米的冠幅变化，然后求单株冠幅平均值，最后计算出 3 次重复的平均值，即为某一个特定生育期的具体有效冠幅值。

7.4.9　茎粗

在玉米各个生育期每个小区随机选取 6 株玉米带回实验室。然后用电子游标卡尺测定玉米轴的粗细（以每一株最粗一节为标准），然后取 6 株单株茎粗均值，最后计算出 3 次重复的平均值。

7.4.10　株高

从第二周开始，以一周为频率，每个小区随机选取 6 株玉米带回实验室，除去根部，采用卷尺从基部量取至作物最高处，然后取 6 株均值，最后计算出 3 次重复的平均值。

7.4.11　地上部分生物量

分别在玉米的苗期、拔节期、开花期、吐丝期、成熟期，每个小区随机选取 6 株带回室内晾干除去根部。将各器官分开包装后放在 105℃ 的恒温箱内烘 30min 杀青，然后将温度调至 80℃，继续烘干至恒重，然后用精度为 0.01g 的电子秤称重，最后求各处理的平均值。

7.4.12　比叶面积

在每一次的生物量采集中，单独摘取每一株玉米最下面的叶子，测定其面积。然后将其烘干称取干重，通过以下表达式计算比叶面积

$$比叶面积 = \frac{单叶重}{单叶的有效面积} \tag{7.3}$$

7.4.13　叶面积指数

从第二周开始，每隔一周在各小区中随机抽取 6 株玉米，计算所有叶子的面积，最后求平均值，统计计算式为

$$叶面积指数 = \frac{小区苗数 \times 单株叶面积}{小区面积} \tag{7.4}$$

$$完全展开叶叶面积 = 叶长 \times 叶宽 \times 0.83 \tag{7.5}$$

$$不完全展开叶叶面积 = 叶长 \times 叶宽 \times 0.57 \tag{7.6}$$

7.4.14　产量及其构成因子

玉米成熟收获时，各小区单独收获，脱粒、晒干并计产，各处理的实际产量以 3 个重复小区产量的平均值获得。

在玉米收获时，在各小区中取生长势一致的一行玉米进行考种，包括果穗长度、有效长

度、行粒数、穗行数、穗粗、无效粒数、单穗粒数、穗轴粗、穗重穗粒重、穗轴重、无效穗轴重、百粒重。

7.4.15 水分利用效率

土壤水分的变化通过土壤贮水量、土壤贮水量变化和耗水量 3 个重要指标对其进行计量分析，其具体计算公式为

$$土壤贮水量＝土层厚度(mm)×土壤含水率(质量\%)×土壤容重 \tag{7.7}$$

$$土壤贮水量变化＝收获时土壤贮水量－播种时土壤贮水量 \tag{7.8}$$

$$耗水量＝土壤供水量×(播种时土壤贮水量－收获时土壤贮水量)$$
$$＋生育期总降雨量 \tag{7.9}$$

$$水分利用效率(WUE)＝\frac{经济产量或生物产量}{作物耗水量} \tag{7.10}$$

7.5 数据统计分析

试验数据采用 Origin 8.0 做图和 SPSS 17.0 软件中的 LSD 多重比较法比较数据差异的显著性，各图表中出现的数据均为平均值。

7.6 田间管理与维护

7.6.1 播前整地、除杂物

播前用翻耕机进行深翻，因为实验田已经撂荒两年，杂草、碎石较多。深翻后人工除去杂物和石子，然后用丁耙敲碎大的土块，整理好试验地，为起垄做好准备。

7.6.2 起垄、覆膜、覆草、压带

将所有翻耕过的地进行整理后，开始用起垄覆膜机进行起垄，并接着进行人工整理，夯实垄沟。为了使各处理保持相同的播前土壤水分，在完成起垄后，紧接着进行覆膜、覆草，每个小区的覆草量保持一致。为了防止刮风将地膜、禾草吹走，及时进行了横腰带压。在沟膜上每隔一小段打一小的渗水孔，利于收集的雨水顺孔流入膜下，铺膜后要经常检查，防止大风揭膜，如有破损，及时用细土盖严。

7.6.3 播种

试验材料为当地最为普遍的玉米品种 KCB，选好包衣种子，用点播枪进行点播，并及时用细土封住播种孔，防止蒸发将种子暴露在外边。各小区播种密度一致，为了防止种子可能有病虫害，每个播种穴放两粒玉米种子。

7.6.4 间苗和后期田间维护

（1）查苗、补苗。在播种到出苗过程中，经常由于各种原因造成缺苗断垄，因此玉米出苗后，应立即进行检查，发现缺苗应移苗补栽。

（2）适时间苗、定苗。间苗在 3～4 叶时进行，去弱留强，所留苗大小基本一致，按计划要求的密度计算好株距，并尽量做到株距均匀。

（3）在玉米整个生育期过程中，要定期进田间行维护和管理，包括地膜、垄沟形状的维护、除杂草等工作，在不同的生育期根据田间情况，对相应的病虫害及时防治，保证玉米的健康生长。

图 7.3 所示为玉米大田微集雨播种大田试验实景。

(a)垄沟无覆盖　　　　　　　　　　　　　　(b)垄沟禾草覆盖

(c)垄沟黑膜覆盖　　　　　　　　　　　　　　(d)垄沟白膜覆盖

(e)传统平种

图 7.3　玉米大田微集雨播种大田试验实景

第8章 垄沟覆盖微集雨技术对土壤水分的影响

8.1 不同处理土壤水分随生育期的变化

8.1.1 0～20cm土层水分动态变化

浅层土壤水分直接受到外界环境的影响很大，从图 8.1 可以看出，土壤水分第一生长季从玉米播种到收获持续降低，这与第一个生长季降雨少，导致全生育期水分一直没有得到有效的补给有关。尤其 BMRF 处理从播前的 14％降低至收获期的 6％左右，较其他处理，垄沟覆盖处理总体上土壤水分相对较高，而覆膜处理中，TMRF 的保水、蓄水优势较为明显。

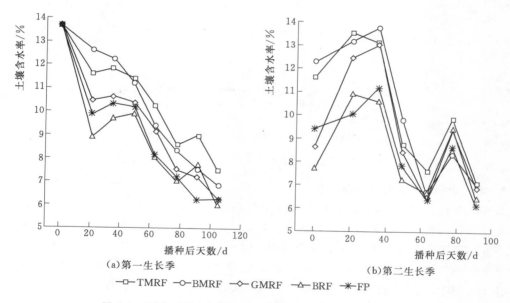

图 8.1 两个不同生长季不同处理 20cm 处土壤含水率变化

第二生长季，各处理间玉米播前土壤水分出现了差异，表现为覆膜处理在休耕期水分的恢复能力要强于其他处理，含水率相对较高。整个生育期内土壤水分经历了先增加后减少的变化趋势，在 80 天左右出现了一次短暂的回升，这可能是由于降雨直接导致的水分提高。尽管两个生长季降雨量有较大差异，较其他处理，TMRF 处理优势突出。到收获期各处理该层的水分被严重消耗。

8.1.2 20～40cm土层水分动态变化

如图 8.2 所示，作为较深的耕作层，玉米第一生长季该层土壤水分降低趋势趋于减慢，这可能由于作物毛根的分布相对较少，水分相对较高。在前 40 天，在各处理中，TMRF 含水率最高。而当进入吐丝期，由于覆膜处理生长优势加速了水分的消耗，尤其是 BMRF 处理，后期水分持续降低，显著低于其他处理。第二生长季土壤水分变化趋势基本与表层 0～20cm 的变化趋势一致，土壤含水率最低值提高到了 7% 左右，该剖面覆膜处理组的微集雨优势进一步得到了凸显。尤其在前 40 天，土壤含水率要显著高于其他处理，而在作物生长后期，高耗水导致了垄沟处理的水分相对较低。但 TMRF 处理还是能够保持较高的含水率，这一阶段 BRF 处理高于其他处理，这表现出了其生长方面的劣势，但却反映了垄沟集雨的特性。

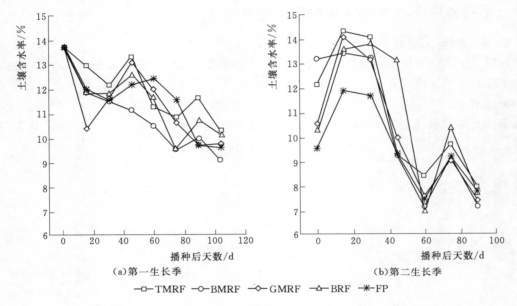

图 8.2　两个不同生长季不同处理 40cm 处土壤含水率变化

8.1.3　40～60cm 土层水分动态变化

从图 8.3 可以看到，60cm 处土壤水分变化趋势基本和 40cm 处一致，而第二生长季随着玉米生育期的推进，这种变化更加显著。初始阶段含水率基本一致，第一生长季从播前的 15.5% 左右降至收获期的 11.0%，且 BMRF 处理对水分的消耗最高，较其他处理，降低到了最低。而第二生长季在 40 天之前垄沟覆盖处理要高于其他处理，总体趋势为 GMRF＞TMRF＞BMRF，而此阶段作物的繁殖生长优势突出，也对土壤水分提出了更高的需求。而 40 天之后，各处理的水分含量差异不再显著。与第一生长季一致的是，BMRF 处理的土壤水分在收获期也降到了最低。两个生长季的实验结果表明，垄沟黑膜覆盖的各项生长指标都要高于其他处理，尤其与对照组之间差异更大。

8.1.4　60～80cm 土层水分动态变化

从图 8.4 可以看出，80cm 处土壤水分受外界环境影响变化逐渐减弱。较 40～60cm 土层，玉米收获期两个生长季剖面的最低含水率分别提高到了 11%、8%，第一生长季 BMRF 处理的含水率在各个生育期都比较低，而该处理各个生育期地上生物量都要高于其他处理。因此为了满足作物的生长需求，开始逐渐消耗下层水分。由于垄沟覆膜系统造成的土层之间温度梯度也加速了水分向表层运移。而第二生长季在苗期之后各处理的水分变化开始趋于一

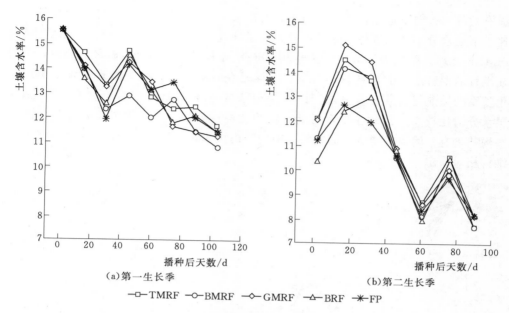

（a）第一生长季　　　　　（b）第二生长季

━□━ TMRF ━○━ BMRF ━◇━ GMRF ━△━ BRF ━＊━ FP

图 8.3　两个不同生长季不同处理 60cm 处土壤含水率变化

致，受作物生长调节的影响进一步减弱。但总体而言，垄沟覆盖处理在保持土壤水分上依然具有优势，这可能是由于该系统的集雨性和抑蒸性将有限的降雨尽可能地转化成了有效的土壤水，提高了对自然降雨的利用效率。

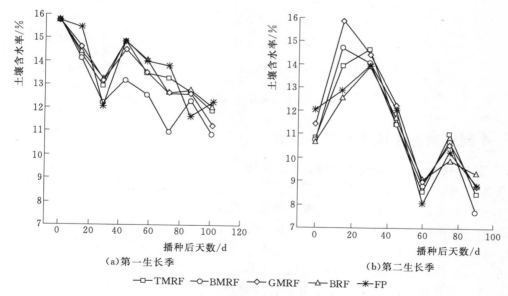

（a）第一生长季　　　　　（b）第二生长季

━□━ TMRF ━○━ BMRF ━◇━ GMRF ━△━ BRF ━＊━ FP

图 8.4　两个不同生长季不同处理 80cm 处土壤含水率变化

8.1.5　80～100cm 土层水分动态变化

从图 8.5 可以看出，由于土壤下渗受到了抑制，第一生长季，80～100cm 土层土壤水分几乎没有得到降雨的补给，且在玉米拔节期水分出现了一次较大的消耗，尽管之后有短暂的恢复，但相对值一直降低。推测可能是该生长季全生育期降雨偏少，无效降雨到达地面无法汇集成有效的水分向下运输。而作物对水分的需求、覆膜近地面温度与下层温度的差异进一步加速了下层水分不断向近地面输送，导致覆膜处理组在该层发生了较为严重的水分损耗，尤其 BMRF 处理。第二生长季，该层与 60～80cm 土层的土壤水分变化较为相似，垄沟覆盖处理在生育前期对水分的消耗较为严重。同样是在收获期，BMRF 处理的含水率最低，且两个生长季的播前与收获后水分之间的差异都基本一致。FP 处理由于生长繁殖受到抑制，对下层水分消耗较少，因此在生育后期，较垄沟覆草处理、垄沟无覆盖处理高，但总体而言，垄沟栽培有一明显的特点，即能将有限的降雨快速转化为土壤水，能够促使各剖面土壤水分维持相对稳定。

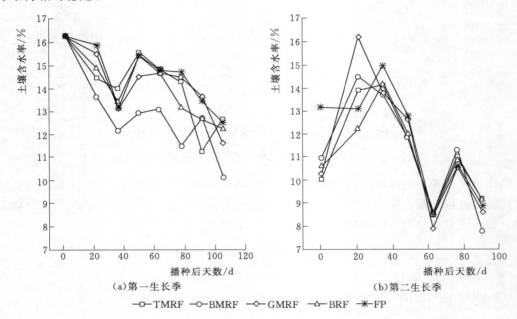

(a)第一生长季　　　(b)第二生长季

—□— TMRF —○— BMRF —◇— GMRF —△— BRF —＊— FP

图 8.5　两个不同生长季不同处理 100cm 处土壤含水率变化

8.2 不同生育期土壤水分垂直变化

8.2.1 苗期 100cm 土层深度不同剖面水分变化

玉米苗期土壤水分对作物的生长十分关键，土壤底墒是关系出苗率的主要指标，适宜的水分能够保证作物种子及时萌发、建苗。当水分无法供应时，会延缓出苗，甚至会出现死苗，直接影响出苗率，使作物产量受损。从图 8.6 可以看出，两个生长季的变化分两部分：第一部分是 0～60cm 土层土壤水分增加，第二部分是 60～100cm 土层土壤水分减小。由于苗期水分的消耗相对较低，且作物根系主要集中在表层，各处理之间的差异不明显。垄沟覆膜处理由于其抑制了表面的蒸发，表现为 TMRF＞BMRF＞GMRF＞BRF＞FP，因此，垄沟微集雨覆盖栽培技术较常规平作能够显著增加耕作层土壤含水率，其中垄沟覆膜处理的优势更为凸显。

8.2.2 拔节期 100cm 土层深度不同剖面水分变化

从图 8.7 可以看，拔节期随着玉米植株增高，叶面积指数增大，作物对水分的需求逐渐增加。受到降雨的影响，第一生长季各剖面的下层水分开始被消耗，40cm 以下的水分被迫

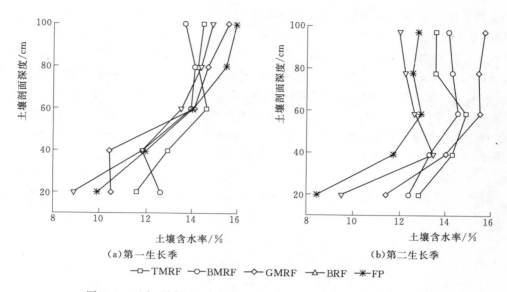

图 8.6　两个不同生长季苗期 100cm 深不同剖面土壤含水率变化

向表层输送，供给该阶段作物的需求。从 60～100cm 土层土壤含水率曲线变化几乎没有出现拐点，含水率为 12%～14%，各剖面的平均含水率表现为：TMRF＞GMRF＞BMRF＞BRF＞FP，其值分别为 13.09%、12.04%、12.77%、12.74%、12.18%，说明垄沟覆盖处理土壤含水率要高于传统平种，膜覆盖处理对水分消耗尤为严重。第二生长季各处理的各剖面平均含水率依次为 13.69%、13.52%、13.49%、12.70%、12.36%，与上一生长季趋势相似。较上一生长季，总体土壤含水率有所提高，这与该生长季在拔节期的降雨要好于上一个生长季有关，且第二生长季拔节期随着水分消耗的加大，各处理之间水分差异不显著。

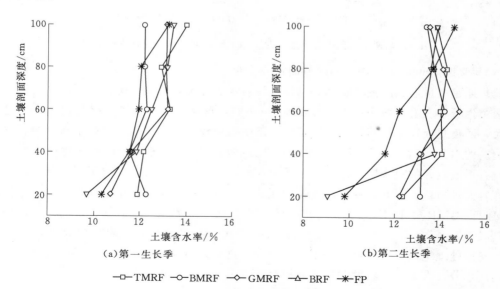

图 8.7　两个不同生长季拔节期 100cm 深不同剖面土壤含水率变化

8.2.3 抽雄期 100cm 土层深度不同剖面水分变化

从图 8.8 可以看出,玉米抽雄期两个生长季土壤水分变化趋势较为相似。从表层向下逐渐增高,0~40cm 土层土壤水分下降比较快,该层第一生长季处理 TMRF、GMRF、BMRF、BRF、FP 平均土壤含水率分别为 10.74%、9.97%、10.60%、11.96%、10.31%;较上一生长季,第二生长季处理 TMRF、GMRF、BMRF、BRF、FP 平均土壤含水率分别降低到了 7.9%、8.6%、8.1%、7%、7.16%。第一生长季对 BMRF 处理的水分消耗较为严重,但总的两个生长季垄沟覆盖处理的水分都要高于垄沟无覆盖和传统平种处理。而两个生长季上述处理 40~60cm 土层的平均土壤含水率依次为 13.69%、12.55%、13.87%、13.74%、13.96%;11.28%、11.20%、11.82%、11.33%、11.72%。覆膜处理要低于其他处理,也证明了覆膜处理加速了对下层水分的摄取,以满足该阶段作物生长发育对水分的需求。

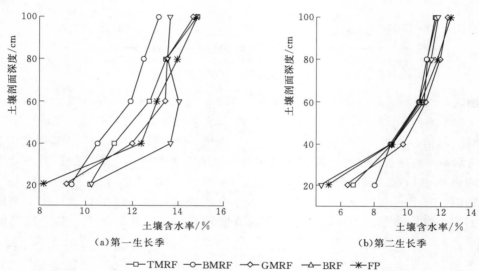

(a)第一生长季 　　　　　　　　　(b)第二生长季

—□— TMRF —○— BMRF —◇— GMRF —△— BRF —✳— FP

图 8.8　两个不同生长季抽雄期 100cm 深不同剖面土壤含水率变化

8.2.4 灌浆期 100cm 土层深度不同剖面水分变化

灌浆期是产量形成的关键时期,也是作物需水的关键阶段。从图 8.9 可以看出,玉米灌浆期两个生长季表层土壤含水率平均降到 7% 左右,这是由于地表耕作层受到外界环境的影响较大,而覆膜处理由于其作物生长茂盛,遮阴效果较好,同时地膜抑制了水分的蒸发始终保持较高的水分,尤其是 TMRF 处理优势更为突出。传统平种由于地上作物长势差,整个小区没有形成较好的冠幅层,地表直接暴露在外,近地面蒸发大,同时深层水分也逐渐以无效的蒸发而被损耗。因此,在该阶段各剖面的水分都要低于垄沟栽培处理组。两个生长季处理 TMRF、GMRF、BMRF、BRF、FP 平均的含水率分别为 11.61%、10.8%、10.91%、11.19%、10.61%;10.01%、9.35%、9.46%、9.95%、9.19%,较其他处理,黑膜覆盖和传统平种处理组最低。前者反映了该处理的生物量繁殖优势,后者反映了传统播种无法有效地利用水分,大部分以蒸发的形式被损耗。

8.2.5 成熟期 100cm 土层深度不同剖面水分变化

从图 8.10 可以看出,成熟期玉米营养繁殖和生殖繁殖基本都已经停止,地上生物量基

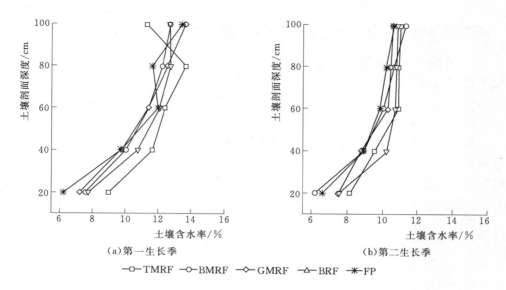

(a)第一生长季   (b)第二生长季

—□— TMRF   —○— BMRF   —◇— GMRF   —△— BRF   —✳— FP

图 8.9   两个不同生长季灌浆期 100cm 深不同剖面土壤含水率变化

本稳定，地下根系不再增加。各个剖面的土壤水分相对稳定，不再有大的起伏，两个生长季的土壤含水率曲线一致，自上而下略有增加，该阶段作物对水分的调节作用逐渐的弱化，转而受到大气温度、降雨、蒸发的影响较大。同时，该阶段表层土壤水分含量为各阶段的最低值，各处理之间的差异较小，首先是由于没有降雨补给，其次是成熟期作物叶片干枯、脱落遮阴减小。在第一生长季，TMRF、GMRF、BMRF、BRF、FP 处理 0~100cm 整个剖面的平均土壤含水率分别为 10.80%、9.58%、10.04%、10.36%、10.42%；第二生长季其值分别降低到了 7.49%、6.87%、7.38%、7.54%、7.32%。而两个生长季收获期水分在各剖面上变化趋势一致，但垄沟黑膜覆盖对水分的消耗严重，显著低于其他处理，也为休耕期水分恢复带来了潜在的困难。

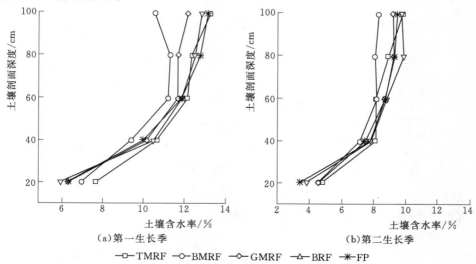

(a)第一生长季   (b)第二生长季

—□— TMRF   —○— BMRF   —◇— GMRF   —△— BRF   —✳— FP

图 8.10   两个不同生长季成熟期 100cm 深不同剖面土壤含水率变化

8.3   两个生长季不同处理贮水量随时间的变化

8.3.1   第一生长季不同处理对全生育期贮水量的影响

如图 8.11 所示，玉米全生育期除去裸地外各处理土壤水分的变化经历以下变化阶段：减小—增长—减小—增长—减小。但就整个生育期总体贮水量而言，从播种期到收获期水分一直降低。第一个降低阶段，种子萌发开始消耗水分，垄沟覆膜处理要高于垄沟覆草和垄沟无覆盖，而平种和裸地相对较高，到拔节期平地由于其蒸发较大，降至最低，而 TMRF 处理仍然为最高。第二阶段受降雨入渗的影响，土壤贮水量出现了一次短暂的回升，相比于垄沟黑膜处理，其他垄沟处理贮水量有了一定的恢复，而贮水量最高的 TMRF 处理与最低的 BMRF 处理之间的差值达到了将近 40mm。这是由于前期垄沟黑膜覆盖导致水分亏缺较为严重，极少量的降雨很难提供有效土壤水分补给。第三个阶段水分持续下降，到 65 天左右，裸地处理和传统平种处理要高于其他垄沟栽培处理，表明随着生育期的推进，高效的垄沟集雨栽培逐渐加速作物对各剖面土壤水分的摄取。第四个阶段，由于降雨存在，土壤贮水量再次出现了短暂恢复，垄沟覆盖处理贮水量又高于 FP 处理，也表明当降雨发生时，垄沟覆盖微集雨技术能够发挥其产流快、抑制蒸发、减少径流的特点，将更多近地面的降雨汇集、向下渗流，转化为土壤水。最后一个阶段，贮水量持续降低，到收获期时各处理土壤贮水量均值降低到了 50mm 左右。在全生育期内，垄沟黑膜和白膜出现了两个峰值点，垄沟黑膜覆盖表现为水分的高消耗，而垄沟白膜覆盖更能集雨，抑制蒸发。

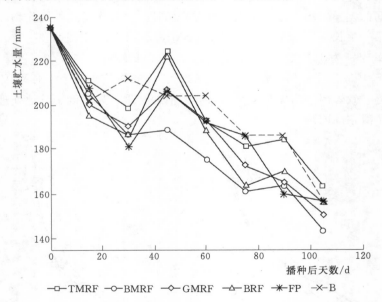

图 8.11   第一生长季全生育期不同处理 1m 深土壤贮水量变化

8.3.2   第二生长季不同处理全生育期贮水量变化

如图 8.12 所示，玉米第二生长季土壤贮水量呈双峰型变化趋势，分 4 个变化阶段，分别是增加—减小—增加—减小。与第一生长季相比，由于休耕期较短，表层土壤水分没有得到及时的恢复，整体贮水量较低，但较其他处理，两个垄沟覆膜处理土壤贮水量还是相对较高。在第一阶段，3 个垄沟覆盖处理 TMRF、GMRF、BMRF 贮水量增加，但是仅仅持续了苗期的几天，而 BRF 处理和 FP 处理的贮水量从播种持续增加。在 20 天左右，达到了全生育期的最高值 185mm，但显著低于覆盖处理。在第二阶段，各处理土壤贮水量大幅下降，该阶段由于降雨很少，蒸发大，加之作物对水分的需求高，因此到 60 天左右，贮水量降低至 105mm 左右。但较其他处理而言，TMRF 处理贮水量仍然最高。在第三个阶段，随着生育后期降雨的发生，土壤水分得到了补给，贮水量开始回升，此时垄沟栽培 TMRF、GM-RF、BMRF 处理由于产流快、集雨特性，贮水量要高于 FP 处理。在第四个阶段，从灌浆期到收获期水分再次下降，水分消耗最严重的垄沟黑膜覆盖从播前的 170mm 降低至收获期的 100mm。B 处理由于降雨少、蒸发大，无种植在全生育期的贮水量反倒是低于有种植的处理。而第二生长季受上一个季节的水分消耗亏缺和降雨补给的影响，初始含水量较低，导致整体生育期总体贮水量都要低于第一生长季。

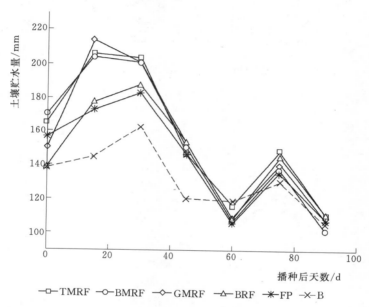

图 8.12　第二生长季全生育期不同处理 1m 深土壤贮水量变化

8.4　不同处理对两个不同生长季作物耗水的影响

图 8.13 所示为两个生长季全生育期不同处理玉米耗水量。在第一生长季，除去裸地，TMRF、GMRF、BMRF、BRF、FP 处理的耗水量都要高于第二生长季。第一个生长季的降雨为 89.9mm，要显著低于第二生长季的 138mm。且从多年的降雨平均值来看，长雨季和短雨季都要低于多年的平均值，因此，降雨越是偏少，就越是加速了作物进一步对土壤深层土壤贮水的消耗。在第一生长季，垄沟覆盖处理 TMRF、BMRF 之间土壤耗水量没有显著差异，但 BMRF 处理显著性高于其他处理。而 GRFM、BRF、FP、B 处理之间也不存在显著性差异，也表明了垄沟地膜覆盖栽培方式的高生物量繁殖、高耗水的特点。在第二生长季，BMRF 处理耗水量更高，显著高于其他处理，而传统种植处理 FP 由于第二生长季的蒸发大，耗水量相对较高。B 处理土壤水分仅仅只通过土壤表层蒸发损耗，不存在棵间蒸发，因此耗水量相对较低。

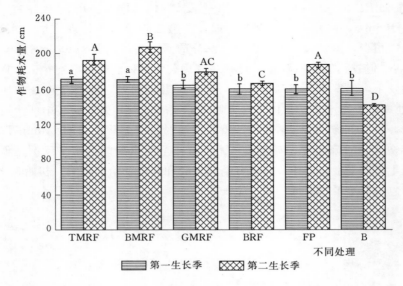

图 8.13 两个生长季全生育期不同处理耗水量

第9章 垄沟覆盖微集雨技术对土壤温度和土壤养分的影响

9.1 两个雨季不同处理玉米全生育期土壤温度变化

9.1.1 第一生长季不同处理 10cm 处土壤温度变化

图9.1所示为玉米第一生长季不同处理 5—9 月 10cm 土壤温度变化。整个生育期土壤温度呈 V 形变化。分以下两个阶段：

第一个阶段（5—7 月）为温度持续降低阶段。5 月作物主要处于苗期阶段，地上冠幅差异较小，各处理间温差不大。但 TMRF 处理却能显著提高地表 10cm 处温度，达到了 27.5℃。到 7 月各处理的温度表现为 B>FP>TMRF>BMRF>BRF>GMRF，裸地由于其无种植，地面直接暴露在空气中，温度较高，TMRF、BMRF、BRF、GMRF 处理垄沟栽培土壤温度都要低于 B 处理。尤其是 GMRF 处理显著降低了 10cm 土壤温度，导致温度低至 20℃以下。然而玉米生育后期，在大气温度总体降低情况下，TMRF 处理仍然表现出增温效应并维持较高土壤温度，这对玉米吐丝期的生长发育起到了很好的促进作用。

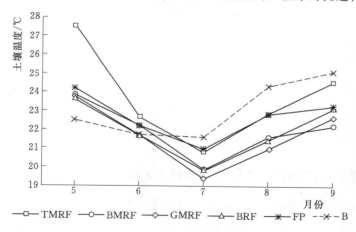

图 9.1 玉米第一生长季不同处理 10cm 土壤温度变化

第二阶段（7—9 月）为温度回升阶段。受大气温度回升影响，土壤温度逐步回升，这一阶段 B 处理温度回升幅度最快。这可能由于受太阳直射，地表吸温快而导致这一结果。FP 处理种植由于地上有效叶面积覆盖较低，增大了太阳近地面的直射，土壤温度也高于 TMRF、BMRF 处理组。但综合整个生育期，TMRF 处理一直维持在较高的土壤温度，相反 GMRF 处理土壤温度最低。

9.1.2 第二生长季不同处理 10cm 处土壤温度变化

如图9.2所示，受肯尼亚当地气候变化的影响，玉米第二生长季土壤温度较上一个生长

季普遍升高。从 11 月到翌年 3 月, 经历了以下 3 个主要的变化阶段:

第一阶段, 与第一生长季相同。温度首先开始降低, 但是各处理出现的土壤温度拐点出现了差异, TMRF、BMRF 处理在 1 月降到了最低, 拐点出现在 1 月。B、FP、BRF、GMRF 处理拐点在 12 月, 滞后了 1 个月。平均土壤温度两个垄沟覆膜处理最高, 尤其是 TMRF 处理, GMRF 处理最低。但相比于上一个生长季的最低值 18℃ 却要高出 5℃。因此, 垄沟覆膜在大气温度降低的情况下仍然能够保持较高的土壤温度。

第二阶段, 土壤温度回升阶段。该阶段除 TMRF 处理外, 所有的种植处理组由于叶面积覆盖, 阻挡了太阳直射地面, 普遍低于 B 处理。

第三个阶段, 土壤温度再次回落阶段。收获期地上生物量干枯, 叶片脱落, 表现出 B、FP、BRF、BMRF 处理土壤温度几乎没有差异, 而 TMRF 处理仍然较为各处理中最高。从两个生长季可以看出, GMRF 处理从播种期到收获期, 土壤温度一直低于其他处理, 这可能是禾草的存在, 一方面增加了光能的近地面反射; 另一方面光热被地表覆盖层禾草吸收, 导致土壤温度较低。

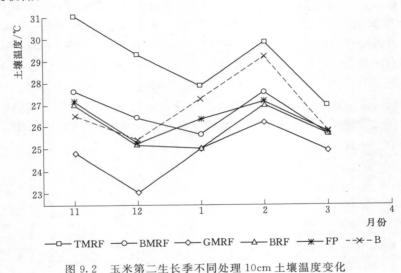

图 9.2 玉米第二生长季不同处理 10cm 土壤温度变化

9.2 不同处理玉米关键生育期土壤温度变化

9.2.1 第一生长季播种至苗期表层 10cm 土壤温度日变化

图 9.3 所示为玉米第一生长季不同处理 10cm 土壤温度日变化。土壤温度日变化也主要存在以下 3 个过程:

第一阶段, 00:00—8:00 土壤温度持续降低, 到 8:00 降低至全天候最低。各处理中两个垄沟覆膜处理的土壤温度最高, B 处理和 FP 处理的最低。GMRF 处理在该阶段可能由于禾草起到了保暖的作用, 温度变化较小, 相对稳定。

第二阶段, 8:00—16:00 土壤温度持续上升, TMRF 处理的最高日土壤温度出现在 16:00 左右, 高达 33℃, 其他处理表现为 FP>B>BRF>BMRF>GMRF。该阶段土壤温度变化受到大气日气温、覆盖材料、作物叶片的冠幅综合影响, 出现了土壤温度高低与作物生长呈相反的变化趋势。

第三阶段，16：00 过后开始降温，而垄沟地膜覆盖降温幅度较小，其他处理在 24：00 土壤温度都降低到 22℃左右。

从全天日平均土壤温度来看，TMRF 处理最高，且在各个时间点都处于最高点。GMRF 处理平均土壤温度一直处于最低值，且各个时间点的土壤温度变幅较小，在 20～24℃之内摆动。

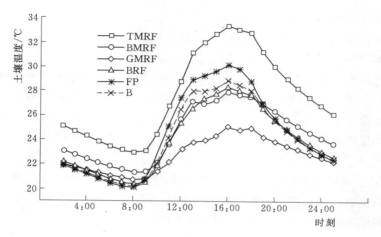

图 9.3　玉米第一生长季不同处理 10cm 土壤温度日变化

9.2.2　第二生长季播种至苗期表层 10cm 土壤温度日变化

如图 9.4 所示，玉米第二生长季土壤温度总体变化规律与上一季基本相同，也呈单峰曲线变化。但是第二生长季各处理平均值在各时间点都要略高于第一生长季。这与进入 11 月以来当地整体气温上升有关。在气温第一个下降阶段，TMRF、BMRF 处理更能维持土壤温度的恒定性，高于其他处理。8：00—16：00 这个时间段升温更快，由于 TMRF 处理能够吸收光照，迅速地将热量向地表以下传输，提高土壤温度。当在第三阶段开始降温时，又能将积温缓慢释放，使土壤温度不至于降得太低。总之，垄沟栽培方式由于其垄沟的存在，增加了近地面的受光面积，且在两垄之间光发生交叉，实现了土壤温度的叠加，使沟侧的土壤温度得到了加强。从两个生长季的土壤温度变化可以看出，GMRF 处理最大的特点就是

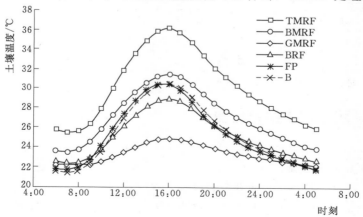

图 9.4　玉米第二生长季不同处理 10cm 土壤温度日变化

受大气温度变化影响较小，能保持土壤温度的恒定，尤其在整体温度较高的第二生长季，除去在 12：00—20：00 温度波动较大（平均在 2℃ 以内）外，其他时间点温度变化很小，基本在 22℃ 上下波动。

9.3 不同处理土壤温度变幅

从表 9.1 可以看出，将各处理土壤温度月变化与 B 处理进行对照，即可看出各处理间的土壤温度差异。两个生长季从玉米播种到出苗，也就是播种后的第一个月内，土壤温度都高于 B 处理。且 TMRF 处理提高温度的幅度较其他处理存在显著的差异。而垄沟覆盖处理与无覆盖处理之间也存在显著性差异。随着生育期的推进，作物生长逐渐茂盛，作物叶片的遮阴效果阻挡了太阳对地面的直射，各处理土壤温度逐渐回落，因此，从苗期以后，各处理的土壤温度都要低于 B 处理，一直持续到收获。但是 TMRF 处理在两个生长季的初始阶段土壤温度分别比裸地处理高出 5.06℃、4.52℃。而在第二生长季整个生育期都要高于 B 处理，两个生长季内月平均温度比 B 处理分别增加 0.63℃、2.17℃。从表 9.1 可以看出，GMRF 处理使得土壤温度变幅较小，而 FP 处理的土壤温度变化较为接近裸地处理。其共同存在升温快、降温也快的缺陷，很难保持一定的土壤积温，当作物需要较高的土壤温度促进生殖发育时，温度很难补给；当大气温度较高时会灼伤叶片。

表 9.1 两个生长季不同处理土壤温度的月变化幅度

生长季	月份	TMRF /℃	BMRF /℃	GMRF /℃	BRF /℃	FP /℃	B /℃	比 B（CK）高/℃				
								TMRF	BMRF	GMRF	BRF	FP
第一生长季	5	27.57	23.86	23.77	23.58	24.21	22.51	5.06a	1.35cb	1.26b	1.07b	1.70c
	6	22.66	22.23	21.65	21.67	22.21	21.74	0.92a	0.49b	−0.09c	−0.07c	0.47b
	7	20.78	19.89	19.41	19.85	20.97	21.57	−0.79a	−1.69b	−2.17b	−1.73b	−0.61a
	8	22.82	21.61	21.00	21.46	22.82	24.30	−1.47a	−2.69b	−3.3b	−2.84b	−1.48a
	9	24.55	22.19	22.61	23.12	23.27	25.13	−0.58a	−2.94b	−2.53b	−2.01c	−1.86c
第二生长季	11	31.04	27.63	24.86	27.01	27.17	26.52	4.52a	1.10b	−1.66c	0.49c	0.64c
	12	29.31	26.41	23.05	25.27	25.27	25.41	3.91a	1.00b	−2.36c	−0.23d	−0.14d
	1	27.87	25.62	25.00	25.02	26.35	27.26	0.60a	−1.64b	−2.27b	−2.25b	−0.91a
	2	29.83	27.60	26.23	27.04	27.20	29.19	0.64a	−1.59b	−2.96c	−2.15d	−1.99d
	3	27.00	25.68	24.92	25.67	25.75	25.84	1.16a	−0.17b	−0.92b	−0.18b	−0.10b

注：同一列中不同字母表示不同处理间达到 0.05 水平显著差异（$p < 0.05$）。

9.4 不同处理耕作层土壤养分变化

从表 9.2 可以看出，第一生长季玉米收获后各处理土壤有机碳（SOC）较播种前降低，其中 TMRF 处理降低最显著（$p < 0.05$），其次是 BMRF、GMRF 处理，受影响较小的为 BRF、FP 处理。第二生长季玉米收获后各处理 SOC 持续降低，各处理之间没有显著性差异（$p > 0.05$），较播前相比，FP 处理降低值最高，达到了 7.1g/kg。TN 处理较播种前相比，除 FP 处理降低外，两个生长季收获后其他处理都没有发生显著性的变化。且覆膜处理 BMRF、GMRF 较播前略有提高，两个生长季分别提高了 0.05g/kg、0.02g/kg；0.01g/kg、−0.02g/kg，体现了垄沟覆膜处理的优势。

表 9.2 两个生长季不同处理下土壤养分变化

养分指标	生 长 季	TMRF	BMRF	GMRF	BRF	FP
有机碳（SOC）/（g/kg）	播种前	13.8	13.8	13.8	13.8	13.8
	第一生长季收获后	9.7a	11.6b	11.4b	12.6c	12.3bc
	第二生长季收获后	7.9a	7.2a	7.8a	7.0a	6.7a
全氮（TN）/（g/kg）	播种前	0.6	0.6	0.6	0.6	0.6
	第一生长季收获后	0.65a	0.62a	0.56b	0.58ab	0.57b
	第二生长季收获后	0.61a	0.58a	0.50b	0.52a	0.48b
碳氮比（C/N）	播种前	23.0	23.0	23.0	23.0	23.0
	第一生长季收获后	14.9a	18.7b	20.4c	21.7c	21.6c
	第二生长季收获后	13.0a	12.4a	15.6b	13.5ca	14.0c

注：同一行中不同字母表示不同处理间达到 0.05 水平显著差异（$p<0.05$）。

碳氮比（C/N）反映土壤有机质的质量和数量，氮素的富瘠和有效程度及土壤熟化程度为土壤养分指标之一。较播前相比，第一生长季后各处理 C/N 显著降低（$p<0.05$），其中 TMRF 处理下降最显著，而 BRF 处理和 FP 处理受影响最小（表 9.2）。第二生长季收获后，各处理持续降低，而 GMRF 处理能维持较高的值。

第10章 垄沟覆盖微集雨技术对玉米生长发育的影响

10.1 垄沟覆盖微集雨栽培玉米出苗率

出苗率的高低直接关系到单位面积作物植株数量，是提高群体生物量和产量的保证。从图 10.1 可看出，玉米在两个生长季各处理出苗率均较为稳定。在第一生长季，TMRF 处理可能因温度较高造成一部分烧苗，而垄沟无覆盖处理由于起垄使播种行沟内水分暴露在外边，反而加大了蒸发，影响了出苗率，显著（$p<0.05$）低于其他处理。BMRF、GMRF、FP 处理间出苗率没有显著差异（$p>0.05$），均在 85% 左右。在第二生长季，由于上一季玉米对土壤水分的消耗导致各处理播前水分出现差异，直接影响到出苗率的高低。因此，TMRF、BMRF 处理组的出苗率要显著高于其他处理，但 GMRF、BRF、FP 处理间没有显著性差异。

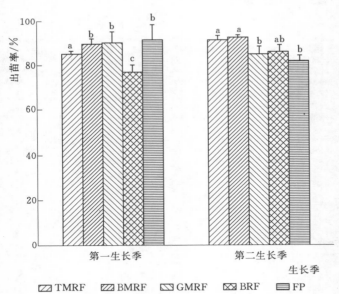

图 10.1　两个生长季不同处理的出苗率

［注：不同字母表示不同处理间达到 0.05 水平显著差异（$p<0.05$）］

10.2 垄沟覆盖微集雨栽培玉米播种至"三叶一心"持续时间

作物出苗受多种因素的影响，主要包括播前土壤积温、水分以及种子的本的质量，出苗持续时间的长短对成功育苗、建苗有着重要的意义，同时也是反映播前土壤贮水量高低的一个关键指标。在第一生长季，出苗持续的时间各处理都要低于第二生长季，而垄沟白膜覆盖需要时间最短，仅需要 6 天时间，所需要时间 TMRF、BMRF、GMRF、BRF、FP 处理依次延长，这与试验地两年的撂荒有关系，播前土壤水分较为充足，而处理之间的差异可能由于不同覆盖材料所致。

从图 10.2 可以看出，在第二生长季，TMRF、BMRF 处理组所需要时间最短，这与休耕期土壤水分的恢复有关，垄沟地膜覆盖囤积了更多的播前土壤水分，加速了玉米出苗的时间，缩短了出苗周期。第二生长季各处理垄沟覆膜处理要比其他处理早，为 8 天左右，时间最短。FP 处理所需要的时间仍然最长，达到了 11 天。总之，各处理玉米出苗所需时间均不同程度地要高于第一生长季。

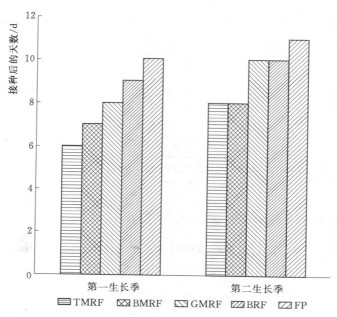

图 10.2　两个生长季不同处理的出苗持续的时间

10.3　垄沟覆盖微集雨栽培玉米生育进程

从表 10.1 可以看出，第一生长季的苗期到拔节期时间要长于第二生长季，在第一生长季平均为 35 天左右，比第二生长季的 24 天普遍拖长了 10 天时间。这是由于该阶段的降雨造成了时间上的差异，第一生长季该阶段水分相对充足，玉米的拔节生长没有受到抑制，而第二生长季该阶段几乎没有形成有效的自然降雨，土壤无法提供足够的水分供给作物生长，再加之地面的蒸发较大，可利用的土壤水分非常有限。同时作物的根系还没到达土壤下层，无法利用深层土壤贮水，导致第二生长季作物没有完整地度过该生育阶段，只有通过缩短时间缓解水分胁迫。从拔节期到抽雄期所需要的时间在两个生长季基本一致，需要 15 天左右时间，而达到吐丝期的时间在两个生育期也基本相同。各处理间相比，TMRF、BMRF 处理进入下一个生育期需要的时间要短，生长繁育的进程要快。在第一生长季，BMRF 处理和 GMRF 处理生育期最长，而 BMRF 处理是由于土壤水分相对较好，延长了玉米灌浆的时间，而 GMRF 处理是由于前期发育较为缓慢，延长了生育期，但与传统 FP 处理相比 TMRF 处理还使作物提早成熟。在第二生长季，由于后期基本几乎没有有效的降雨，作物没有完全成熟，水分胁迫导致作物提前干死。而垄沟地膜覆盖处理由于抑制蒸发优势，为作物后期的需水提供了一定的保证，较其他处理生育期相对延长。

表 10.1   不同处理的玉米生育进程

生长季	处理	苗期 /（月-日）	拔节期 /（月-日）	抽雄期 /（月-日）	吐丝期 /（月-日）	收获期 /（月-日）	总生育期 /d
第一生长季	TMRF	5－20	6－24	7－6	7－18	8－28	104a
	BMRF	5－21	6－25	7－10	7－19	9－5	111b
	GMRF	5－22	6－29	7－13	7－21	9－7	113b
	BRF	5－23	6－30	7－12	7－19	8－29	105a
	FP	5－24	7－3	7－14	7－20	9－1	107a
第二生长季	TMRF	12－5	12－27	1－7	1－16	2－28	94ab
	BMRF	12－5	12－27	1－11	1－19	3－3	99b
	GMRF	12－6	12－30	1－16	1－24	2－21	87a
	BRF	12－5	12－29	1－11	1－21	2－24	90a
	FP	12－6	12－31	1－16	1－25	2－23	89a

注：1. 表中所列日期为各处理一半以上的玉米达到生育期特征的时间（见 7.4.5）。

    2. 同一列中不同字母表示不同处理间达到 0.05 水平显著差异（$p < 0.05$）。

10.4   垄沟覆盖微集雨栽培玉米叶片数变化

叶片数是作物发育的直观标指，而绿色叶片是作物进行光合作用的场所。从图 10.3 可以看出，玉米在两个生长季叶片增长过程较为一致，在第 7 周叶片数为 13～14 片，达到全生育最大数。生育后期部分叶子干枯、掉落，数量开始减小。在第二生长季，在第八周出现

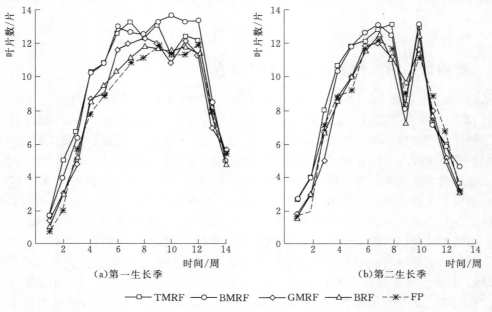

（a）第一生长季   （b）第二生长季

—□— TMRF —○— BMRF —◇— GMRF —△— BRF -*- FP

图 10.3   两个生长季不同处理单株叶片数随时间的变化

了向下的拐点，干旱使一些叶片暂时干枯，当受短暂的降雨影响，到第 9 周部分叶子又开始返青。到收获期第二生长季由于干旱叶片数基本都已干枯，而第一生长季还能保持 6 片左右青叶。但就整个生育期叶片数而言，各处理之间表现为 BMRF＞TMRF＞GMRF＞BRF＞FP，传统平种 FP 处理的叶片数最少。

10.5 垄沟覆盖微集雨栽培玉米株高及其增长速率

从图 10.4 和图 10.5 可以看出，玉米株高呈单峰曲线变化，且不同处理之间存在明显的趋势，即 BMRF、TMRF 处理组均高于 FP 处理，同时 GMRF、BRF 处理也要高于 FP 处理。在玉米开始发育阶段，各处理之间存在的差异较小，但随着生育期的逐渐推进，各处理之间的差异开始凸显。就整个生育期而言，BMRF 处理的株高最高，其次是 TMRF 处理，GMRF 处理株高也要高于 BRF 处理和 FP 处理。同一阶段 BMRF 处理最大株高与 FP 处理的最大值相差达到了 80cm，水分可能是导致这一差异的主要原因。但就两个生长季来看，覆膜处理 BMRF、TMRF 都要高于其他处理，尤其显著高于 FP 处理。

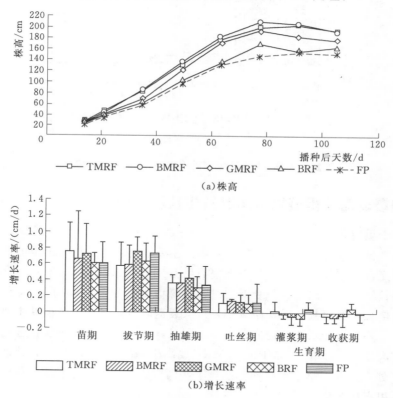

（a）株高

（b）增长速率

图 10.4 第一生长季不同处理株高和增长速率的变化

玉米株高增长速率变现为前期快、中后期慢的特点。整个生育过程中前期株高增加较多，然后逐渐减慢，到后期的灌浆期和收获期出现负增长。前期 BMRF、TMRF 处理增长较快，FP 处理较慢，到了中后期 GMRF、BRF、FP 处理的增长逐步提高，而 BMRF、TMRF 处理的速率开始减慢。到收获期垄沟地膜覆盖处理已经基本停止增长，而平种处理还表现出较小的增长趋势，这可能是水分补给导致了作物生长的补偿效应。

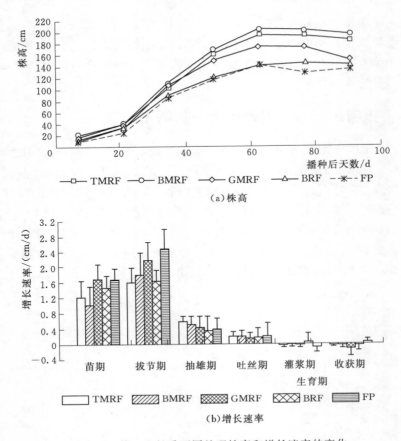

图 10.5 第二生长季不同处理株高和增长速率的变化

10.6 垄沟覆盖微集雨栽培玉米叶片生长发育动态

10.6.1 叶片干重变化

叶片是玉米植株进行光合作用、制造营养的主要器官，也是产量形成的重要部分和活跃部位，所有的光合作用和呼吸作用几乎都要有叶片的参与。从图 10.6 可以看出，在全生育期，叶片的生长经历上升—稳定—衰退的过程，峰值出现在播种后的 40 天左右。从拔节期开始叶片迅速增长，到灌浆期后开始减小，进入衰退阶段，这是由于前期主要是茎叶的繁殖生长，同化物主要为光合系统的建成做准备。同时，从两个生长季来看，各处理之间的差异较为显著，垄沟地膜覆盖处理 BMRF、TMRF 要高于 GMRF、BRF、FP 处理，而平种处理最低，BMRF 处理最高，整个生育期都凸显了垄沟覆膜处理生物量积累的优势。

10.6.2 叶面积指数变化

叶面积指数是作物群体光合指数的重要标志。从图 10.7 可以看出，两个生长季玉米叶面积指数都呈单峰曲线变化。在全生育前期随着作物发育的推进，叶面积指数迅速升高，达到峰值，出现的时间略有差异，这主要由于受到水分亏缺的调控。不同是第一生长季能够维持一段时间的峰值，而第二生长季达到峰值后快速衰退减少，且达到的峰值要高于第一生长季，叶面积指数为 5.5 左右。而各处理之间两个生长季的差异基本一致，表现趋势为 BMRF＞TMRF＞GMRF＞BRF＞FP，垄沟地膜覆盖处理要明显高于传统平种。

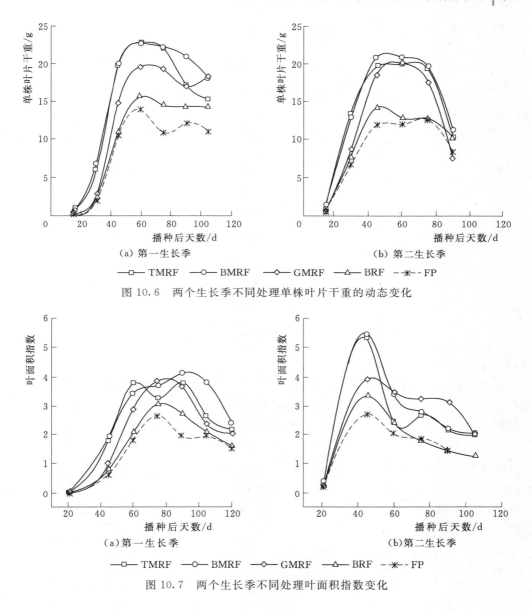

图 10.6　两个生长季不同处理单株叶片干重的动态变化

图 10.7　两个生长季不同处理叶面积指数变化

10.7　垄沟覆盖微集雨栽培玉米茎生长动态

10.7.1　茎干重变化

玉米地上茎一方面用于支撑整个植株分枝和叶片,更重要的是将根系吸收来的无机营养物质和水分运送到叶片,再把叶片光合作用制造的有机物质运输到玉米果穗中。从图 10.8 可以看出,与叶片干重一样,各处理间玉米茎干重生育前期差异较小。这是由于前期主要是叶片的增长占优势,后期叶片达到稳定,茎重开始增加,而随着玉米生育期的推进,各处理之间的差异逐渐变大。前期水分需求较少,当随着生物量的增加,增加茎重需要的水分越来越高,这时 BMRF、TMRF 处理体现了集雨、抑制蒸发的优势,能够为作物提供一定的水分,补偿了一定的土壤水分亏缺。因此,在整个生育期有覆盖 BMRF、TMRF 处理和 GMRF 处理都要显著高于 BRF 处理和 FP 处理,而两个覆膜处理中 BMRF 处理优势最明显。

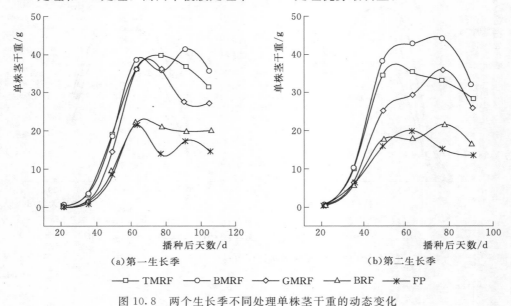

(a)第一生长季 (b)第二生长季

━□━ TMRF ━○━ BMRF ━◇━ GMRF ━△━ BRF ━✳━ FP

图 10.8 两个生长季不同处理单株茎干重的动态变化

10.7.2 茎粗变化

茎粗对作物后期的营养繁殖起到很关键的作用,只有保持一定的茎粗,能最大限度地为作物吸取养分提供支撑,才能将通过根系吸收的水分和养分向各个器官输送,不断地满足地上生物量的生长需求。从图 10.9 可以看出,两个生长季玉米单株茎粗在抽雄前期基本达到

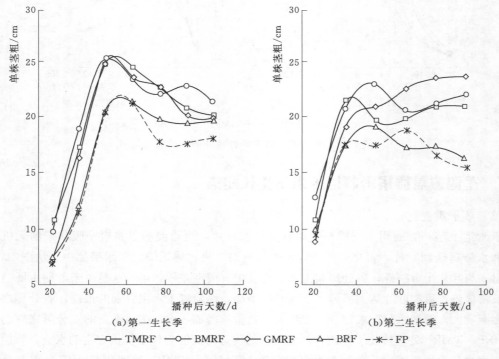

(a)第一生长季 (b)第二生长季

━□━ TMRF ━○━ BMRF ━◇━ GMRF ━△━ BRF ─✳─ FP

图 10.9 两个生长季不同处理单株茎粗的动态变化

稳定，且在生育前期增速很快，后期基本不再增长，而到收获期茎干枯，茎粗缩小。因为它将尽可能多的水分转移用于作物的营养繁殖，减小自身生殖繁殖对水分的无效损耗。从处理之间的差异看到，垄沟覆盖处理 BMRF、TMRF 要显著高于其他处理，尤其是显著高于传统 FP 处理（对照处理）。而 BMRF 处理更为突出，这为作物后期玉米籽粒的发育和产量形成提供了基础保证。

10.8　垄沟覆盖微集雨栽培玉米雄穗生长动态

雄穗作为玉米的一个器官，具有很明显的阶段作用。它出现在拔节期的后期，起到传花授粉的作用，当授粉结束后，它的作用基本结束。如果发育茂盛，会增加水分的消耗，与其他关键器官形成对水分的竞争，反而不利于后期光合有机物的积累。然而雄穗的发育也是作物生殖繁殖的标志，作物具有生长上的优势，才会促使雄穗的健壮发育，才能为玉米授粉提供足够的花粉，提高传花授粉的成功率。从图 10.10 可以看出，雄穗干重在整个生育期逐渐减小，而 BMRF、TMRF 处理在整个生育期都要高于 GMRF、BRF、FP 处理。当授粉结束后，作物通过自身调节，不再向雄穗供应水分，以储存水分应对干旱对其带来的挑战。

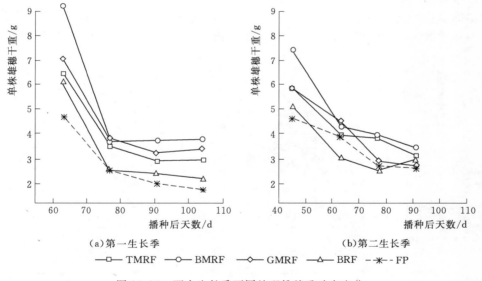

（a）第一生长季　　　　　　　（b）第二生长季

—□— TMRF　—○— BMRF　—◇— GMRF　—△— BRF　--*-- FP

图 10.10　两个生长季不同处理雄穗重动态变化

第 11 章 垄沟覆盖微集雨技术对玉米产量和水分利用效率的影响

11.1 花丝数和节数

花丝数是由作物特定的遗传决定的，同样节数也受遗传决定，特定的品种具有一定的花丝数和节数。因此，玉米雌穗小花生长发育状况、吐丝小花能否完成正常的授粉、受精过程，直接决定着玉米果穗的结实潜力，对玉米产量具有重要影响。但是花丝数和节数在特定农田气候中会受到环境的影响，抑制其遗传潜力的发挥。从图 11.1 可以看出，垄沟地膜覆盖处理组 TMRF、BMRF 同其他处理之间存在显著性差异，以上两个指标传统平种处理的最低，这可能是在生长环境受到抑制时，作物发育潜能受到了影响。而垄沟地膜覆盖通处理改变土壤的水热环境，使其遗传特性在环境中得到了最优的表达，有利于花丝授粉、受精、结实，而花丝数和节数的提高也为高产打下了基础。

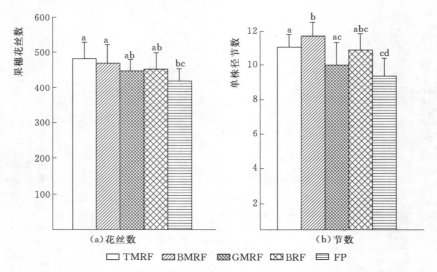

图 11.1 不同处理玉米果穗的花丝数和单株茎的节数
注：不同字母表示不同处理间达到 0.05 水平显著差异（$p < 0.05$）。

11.2 果穗干重

从图 11.2 可以看出，两个生长季单株的果穗干重一直处于增加的过程，第一个阶段从玉米吐丝期到灌浆期增速较慢，第二阶段从灌浆期到成熟期直线斜率增大，单株果穗干重增加速度变快。且不同的栽培模式之间存在着较为明显的差异，在果穗形成初期各处理之间的差别很小，随着玉米灌浆的持续推进，各处理之间的差异逐渐变大。纵观整个玉米生育期，

TMRF、BMRF 处理的单株穗重干重要显著高于其他处理，而在两个地膜覆盖处理中，BMRF 处理又具有一定的优势，两个生长季 BF 处理的单株果穗干重都是最低。在第二生长季，由于在关键的灌浆期降雨匮乏，土壤水分没有得到及时补给，对玉米的灌浆造成了很大的影响，因此，第二生长季的单株果穗干重低于第一生长季，但是 TMRF、BMRF 处理仍然具有促进玉米灌浆的优势。

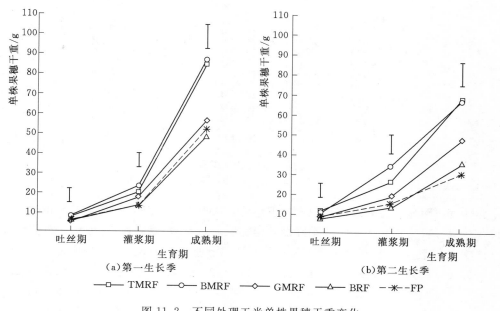

图 11.2　不同处理玉米单株果穗干重变化

11.3　百粒重

百粒重是产量构成因子的关键指标，产量的提高最终要通过粒重的改变来实现。从图 11.3 可以看出，垄沟地膜覆盖处理、GMRF 处理、BRF 处理和 FP 处理之间存在显著性差异（$p < 0.05$）。TMRF、BMRF 处理之间没有显著差异（$p > 0.05$），同样 BRF 处理和 FP 处理也没有差异，而 GMRF 处理的百粒重最低，这与其覆草可能降低土壤表面温度，反而不利于对籽粒的灌浆，因为在适宜的水热环境中玉米才能充分完成灌浆，充实籽粒。而从图 11.3 可以看出，不同处理籽粒干重的波动性较大，不利于产量的形成。因此，TMRF、BMRF 处理组能够显著提高玉米的百粒重。

11.4　产量构成因子

从表 11.1 可以看出，第一生长季各处理玉米果穗长度、行粒数、穗行数、穗粗、单穗粒数、穗轴粗、穗重、穗粒重、穗轴重都要高于第二生长季。而在第一生长季垄沟地膜覆盖处理的各项产量构成因子指标都与其他处理之间存在显著性差异（$p < 0.05$），第一生长季尤其是 BMRF、TMRF 处理以上两个指标分别比 FP 处理提高 29.54%、12.80%、42.03%、14.49%、62.02%、22.43%、91.11%、85.02% 和 119.25%；32.72%、11.83%、38.80%、14.72%、56.15%、21.30%、85.17%、77.93%和118.72%。基本形成垄沟地膜覆盖处理、GMRF 处理、BRF 处理和 FP 处理 4 个数值型的差异梯度。第二生

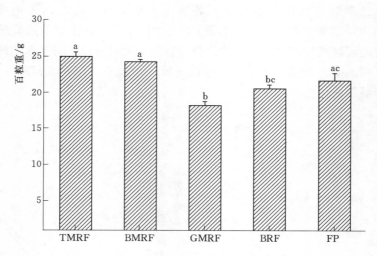

图 11.3 不同处理玉米百粒重

注：不同字母表示不同处理间达到 0.05 水平显著差异（$p < 0.05$）。

长季差异梯度更明显，各处理间表现出如下趋势：BMRF＞TMRF＞GMRF＞BRF＞FP。第二生长季尽管各项指标较上一生长季降低，但穗长、行粒数、穗行数、穗粗、单穗粒数、穗轴粗、穗重、穗粒数、穗轴重，TMRF、BMRF 处理仍然能够 FP 处理提高 328.67％、349.22％、360.30％、878.99％、483.13％、337.73％、611.21％、627.18％ 和 551.52％；383.96％、377.34％、383.30％、965.06％、536.07％、332.97％、648.96％、667.94％ 和 578.18％。第二生长季后期干旱对玉米产量的形成造成了极大的影响，尤其 FP 处理在干旱胁迫下，各个产量构成因子受到了不同程度的抑制，干旱环境致使玉米基因型表达没有完全完成，各产量因子构件没有发育完全。但是较 FP 处理，垄沟地膜覆盖处理还是能够维持较高的收获指数，但就两种地膜比较而言，降雨量是决定二者谁更具有优势的一个参考。

表 11.1　　　　　　　　　不同处理对玉米产量和产量构成要素的影响

年份	处理	穗长/cm	行粒数	穗行数	穗粗/cm	单穗粒数	穗轴粗/cm	穗重/g	穗粒重/g	穗轴重/g
第一生长季	TMRF	14.69a	12.78a	26.83a	45.27a	342.39a	29.37a	100.39a	79.89a	20.50a
	BMRF	15.05a	12.67a	26.22a	45.36a	330.00a	29.10a	97.27a	76.83a	20.45a
	GMRF	12.52b	12.50a	21.72b	41.64b	270.56b	26.89b	59.87b	45.96b	13.91b
	BRF	11.77b	11.28b	20.22b	40.91b	227.89c	26.55b	58.43b	46.16b	12.28b
	FP	11.34b	11.33b	18.89b	39.54b	211.33c	23.99c	52.53c	43.18b	9.35c
第二生长季	TMRF	12.56a	11.50a	21.22a	38.67a	247.83a	23.90a	58.39a	47.63a	10.75a
	BMRF	14.18b	12.22a	22.28a	42.07a	270.33a	23.64a	61.49a	50.30a	11.19a
	GMRF	9.00c	7.89b	13.89b	25.07b	167.78b	13.50b	31.36b	25.39b	5.97b
	BRF	4.80d	5.17c	8.17b	16.03c	94.50c	9.87c	14.06c	11.18c	2.88c
	FP	2.93d	2.56c	4.61c	3.95d	42.50d	5.46d	8.21d	6.55d	1.65c

注：同一列中不同字母表示不同处理间达到 0.05 水平显著差异（$p < 0.05$）。

11.5 地上部生物量、籽粒产量及水分利用效率

从表 11.2 可以看出，就降全生育期降雨而言，两个生长季存在显著性差异（$p<0.05$）。但是与肯尼亚当地多年的平均降雨量相比，两个生长季降雨量均有所减少。尽管第一生长季的降雨要少于第二生长季，但是产量却好于第二生长季，同样处理之间对比，第二生长季各处理产量都显著降低，尤其是 FP 处理，第二生长季仅为 378.63kg/hm^2，比前一季降低了 559.24%，这与第二生长季在作物两个高耗水阶段拔节期、灌浆期没有有效的自然降雨有关。但就 TMRF、BMRF 处理而言，两个生长季都要高于其他处理且存在显著性差异。同样地上生物量，土壤耗水量都与其他处理也存在显著性的差异，其中 BMRF 处理在作物后期干旱的情况下，较 TMRF 处理更具有优势。总之，与 FP 处理相比较，两个生长季 TMRF、BMRF、GMRF 处理和 BRF 处理分别提高产量和地上生物量 85.02%、77.93%、6.44%、6.90%、74.48%、82.71%、34.09%、6.90%；627.18%、667.94%、287.63%、70.69%、115.34%、128.29%、62.07%、21.92%。而水分利用效率在降雨更少的第一生长季更高，两个垄沟地膜覆盖处理分别达到了 30.22kg/(hm^2 · mm)，26.03kg/(hm^2 · mm)，与 FP 处理相比提高了 92.24%、65.59%，而在第二生长季尽管各处理的值都明显降低，但 TMRF、BMRF、GMRF、BRF 处理比 FP 处理提高 603.94%、591.13%、302.96% 和 92.12%，且 TMRF 处理在两个生长季水分利用效率最高。

表 11.2　　　　两个生长季不同处理玉米耗水量、产量和水分利用效率

年份	处理	降雨/mm	产量/ (kg/hm^2)	地上生物量 /(kg/hm^2)	收获指数	土壤耗水量 /mm	总耗水量 /mm	水分利用效率 /[kg/(hm^2 · mm)]
第一生长季	TMRF	89.9	4618.175a	11397.43bc	0.41a	62.94a	152.84c	30.22c
	BMRF	89.9	4441.286a	11934.84c	0.37a	80.75b	170.65b	26.03b
	GMRF	89.9	2656.794b	8758.89ab	0.30b	74.33ab	164.23ab	16.18a
	BRF	89.9	2668.356b	6982.62a	0.38a	69.75a	159.65ac	16.71a
	FP	89.9	2496.092b	6532.22a	0.38a	68.91a	158.81ac	15.72a
第二生长季	TMRF	138.3	2753.332a	8386.52b	0.33b	54.41a	192.71a	14.29c
	BMRF	138.3	2907.675a	8891.02b	0.33b	68.89d	207.19c	14.03c
	GMRF	138.3	1467.711b	6311.82ab	0.23b	41.14c	179.44ab	8.18b
	BRF	138.3	646.2785c	4748.35a	0.14a	27.51b	165.81b	3.90a
	FP	138.3	378.6337c	3894.57a	0.10a	48.52ac	186.82a	2.03a

注：同一列中不同字母表示不同处理间达到 0.05 水平显著差异（$p<0.05$）。

第 12 章 讨 论 与 结 论

12.1 讨论

在肯尼亚 Katumani 试验站通过两个生长季旱地玉米大田试验，并结合不同的垄沟覆盖微集雨栽培模式，即垄沟白膜全覆盖（TMRF），垄沟黑膜全覆盖（BMRF），垄沟禾草全覆盖（GMRF），垄沟无覆盖（BRF）与传统平种（FP）做对比，同时一个裸地无种植处理（B），系统地分析了不同垄沟微集雨技术对东非高原半干旱区玉米生长过程中表层温度、土壤水分变化、植株生长发育、干物质积累、产量形成、水分利用效率的影响研究。

12.1.1 垄沟覆盖微集雨技术对土壤水分的影响

在两个生长季，各剖面的水分含量随着生育期的推进持续降低，而在生育期降雨为 89.9mm 的第一生长季，0～60cm 的土壤水分消耗最大，而就时间尺度来说，土壤剖面水分的下降主要集中在生育前期。而第二生长季降雨发生在中后期，这由于第二生长季后期降雨少，土壤水分一直存在供需矛盾，因此，导致第二生长季各剖面的水分含量都要低于第一生长季。但是就不同处理而言，TMRF 含水率要高于其他处理，尽管某个时段低于其他处理，但整个生育期的平均值含水率为各处理中最高。而第一生长季 60～80cm 水分含量在 FP 处理要高于垄沟覆盖处理组，这是因为生育期内降雨少，能够入渗到下层的水分非常有限，而垄沟地膜覆盖作物高耗水加速了根系对深层土壤水的摄取，尤其是生长优势更突出的 BMRF 处理，整个生育期含水率最低，研究指出，垄沟地膜覆盖燕麦种植导致了 30～90cm 剖面水分的极大消耗。第二生长季前期降雨较好，因此前 40 天左右，垄沟地膜覆盖处理组由于其集雨抑蒸、快速产流、入渗的特性，覆膜处理要略高平种处理和其他处理。这些研究结论同前人在干旱、半干旱区试验结论相似，但是生育后期，同样干旱导致了深层水分的消耗，FP 处理要高于其他处理。说明了垄作覆盖无论在降水较多与偏少年份均有作用，而当降水较多时这种技术效果影响的土层水分较浅。

研究表明，玉米起垄沟播全生育期各层次土壤含水率都明显得到改善，高于垄作和平作，平均 0～100cm 土壤含水率沟播比垄作和平作分别高 2.00% 和 5.40%。从本研究玉米各个生育期垂直剖面的水分变化来看，两个生长季各处理在苗期水分变化趋势一致，随着剖面的加深水分含量逐渐增高，且各处理之间表现出一定的差异，各层平均含水率不同处理表现为 TMRF＞BMRF＞GMRF＞BRF＞FP，随着生育期的推进，各处理在垂直方向上的水分差异逐渐缩小，且 BMRF 处理对水分的消耗越来越高，到收获期为各处理最低，TMRF 处理含水率最高，其结果与相关研究报道相似。

有研究指出，全膜双垄沟播方式以消耗 120～200cm 深层土壤贮水量为代价维持了 20～120cm 土壤贮水量。本研究中不同处理的土壤贮水量，第一个生长季在全生育期始终处于逐渐减小趋势，从播种前 220cm 降至收获期的 140cm 左右，水分亏缺较为严重，而 BMRF 处理耗水最高，TMRF 处理的贮水量在全生育期最高，由于降雨少，蒸发大，使得垄沟无覆盖的贮水量低于 FP 处理，这是因为 BMRF 处理在抑蒸、集雨和膜下毛细管"提墒"的共同作用下，增加深层土壤水分消耗增来满足作物生长。而在降雨量较少的第二生长季，垄沟覆盖栽培的贮水效果在全生育都要高于 FP 处理，同样 BMRF 处理在收获期水分贮水量最低，这与其地上生物量繁殖、叶面积指数要高于其他处理有关，尽管其相对高产，但在整个生育期对水分的消耗严重，增加了深层土壤干燥化的风险。但是在两个生长季 TMRF 处理在生育期平均贮水量较其他 5 个处理 BMRF、GMRF、FBR、FP、B 分别高出 14.4cm、8.4cm、8.2cm、7.3cm、0.5cm；3.4cm、3.1cm、10.8cm、12.7cm、25.3cm，因此就地膜选择来看，白膜覆盖更具有优势。有相关研究指出，垄沟地膜覆盖耕作层（0～30cm）生长季贮水量最高，在两个生长季后，比 FP 处理分别增加了 26.45% 和 28.02%。

12.1.2 垄沟覆盖微集雨技术对土壤温度的影响

地膜覆盖对土壤耕层温度影响类似于温室作用，研究表明，垄沟地膜覆盖耕层 5～25cm 温度较 FP 处理增高 2.51～3.77℃。由于覆盖的存在，隔绝了土壤与外界的水交换，同时也抑制了潜在的热交换，因此在两个生长季，TMRF 处理的温度都要显著高于其他处理，而 BMRF 处理的增温效果并不明显。受大气温度的调节，各处理的温度会出现起伏变化，但是 TMRF 处理能够在全生育期维持较高温度，这种高温可维持特性尤其对玉米吐丝有促进作用，尽管当地大气温度较高，但在此阶段却存在温度供需矛盾。而 GMRF 处理在两个生长季温度随季节的变幅较小，为各处理最低，在玉米阶段性高温的需求下，反倒会抑制作物的生长发育。同时也能看到，地膜覆盖的增温效应与作物生长期有关：生长前期，如苗期因地面覆盖度低，土壤增温显著；生长中期，在成株期植物覆盖度增加，增温作用减弱；生长后期，叶片干枯，地面覆盖度减小，增温效果增加。

全地面起垄地膜覆盖使覆膜面积增大，较大幅度地提高了苗期土壤温度，促进生长发育，保证了作物的正常成熟。研究指出，地膜覆盖能有效地提高作物苗期土壤温度，超出 FP 处理 6.1℃，从本研究播种到苗期土壤温度日变化来看，最高土壤温度出现在 16：00 左右，最低土壤温度出现在 8：00 左右，而从升温的速度来看，第一生长季各处理呈现趋势为 TMRF>FP>B>BMRF>BRF>GMRF；第二生长季各处理呈现趋势为 TMRF>BMRF>FP>B>BRF>GMRF，这与前人结论一致。而两个生长季各处理降温速度一致，即 TMRF<BMRF<BRF<FP<GMRF，因此垄沟地膜升温快、降温慢的优点，有利于夜间维持较高温度，为作物生长提供较好的水温条件，而禾草覆盖受大气温度变化的影响较小，这与相关研究结果一致，干草覆盖处理在每个层次的土壤温度均低于 FP 处理。

12.1.3 垄沟覆盖微集雨技术对耕作层土壤养分的影响

土壤有机碳是植物可利用的养分来源，是土壤养分循环转化的核心。土壤有机碳的含量及其动态平衡与微生物活性是评价土壤质量的重要指标，容易受到耕作方式的影响。连续两个生长季后，各处理有机碳含量持续降低，与播前的 13.8g/kg 相比，到第二生长季收获后 TMRF、BMRF、GMRF、MRF 处理和 FP 处理分别降了 5.9g/kg、6.6g/kg、6g/kg、6.8g/kg、7.1g/kg，这可能是垄沟集雨种植高产与生物量的提高加速了土壤碳的消耗。两个膜垄处理垄上覆盖的地膜和土垄垄面的结皮层使得土壤表面结构发生改变，能够显著减少风蚀和地表径流给土壤养分带来的损失，在一定程度上抑制了土壤有机碳的降低，降低的幅度略低于其他处理。有研究表明，经过 3 年的小麦垄沟地膜覆盖定位实验，土壤 SOC 以不同的速率降低。

土壤全氮是标志土壤氮素总量和供应给植物有效氮的源和库，综合反映了土壤的氮素水平，也是各种生态系统生产力高低的主要限制因子。两个生长季的实验后，覆膜处理 BM-RF 和 GMRF 较播前略有提高，分别提高了 0.05g/kg、0.02g/kg；0.01g/kg、−0.02g/kg。有研究指出，连续的垄沟覆膜苜蓿、小麦种植后 TN 增加。因此，垄沟覆膜集雨种植能够平衡土壤氮磷等养分状况，改善土壤肥力。

12.1.4　垄沟覆盖微集雨技术对作物生长发育的影响

由于第一生长季的播前土壤水分较为充足，出苗率在各处理间没有显著性差异，而第二生长季垄沟地膜覆盖处理出苗率要高于其他处理，地膜栽培优势在播前干旱条件下得到了体现。同时垄沟地膜覆盖处理能够拉近出苗需要的时间，这在两个生长季都体现了出来。

有研究表明，普通地膜使玉米提前 4 天出苗，而秸秆覆盖由于降低土壤温度而使出苗期推迟 2~3 天，且相关小麦、马铃薯的研究也表明了地膜覆盖能不同程度地使作物提前出苗。本研究玉米生育期进程，第一生长季在前少后多的降雨背景下，TMRF 处理能够提早成熟，而 BMRF 处理两个生长季都长于其他处理，这也为后期产量的形成保证了足够的时间，而 GMRF 处理由于其地表温度较低，生育期相对滞后。在第二生长季后期降雨极少的背景下，各处理提早干死，没有完成生育期，而 BMRF 处理由于其集雨、保墒、抑制蒸发优势较为突出，生育期延长，其拉长作物物候的特性在两个生长季都得到了验证。

研究表明，全膜双垄沟播优势体现在干物质向籽粒的相对转移上，尤以叶鞘、苞叶及茎秆的转移量最多，促进雌穗分化发育和提高结实率，使玉米后期粒重增加。本研究表明玉米株高变化各处理间的差异较为明显，两个生长垄沟地膜覆盖处理的株高没有受到太大的影响，这与生殖繁殖主要集中在前期有关，两个生长季不同处理表现为 BMRF＞TMRF＞GMRF＞BRF＞FP，FP 处理表现最差。叶面积指数与株高表现为相似的变化趋势，而在中后期比较干旱的第二生长季，垄沟地膜覆盖处理与其他处理在拔节期的差异更为突出。而从全生育期的玉米叶片数的变化趋势来看，垄沟地膜覆盖处理叶片数能够较早地达到稳定数量，完成生殖繁殖，为作物后期光合有机物的积累打下基础，FP 处理在生物量繁殖达到稳定需要的时间最长，并且收获期干物质数量上最低。

玉米干物质的积累在全生育期的变化两个生长季一致，且单株的茎叶变化趋势也相同，在水分后期更缺乏的第二生长季，垄沟地膜覆盖处理与其他处理之间的差异较大。而在收获期，FP 处理这种耕作方式地上生物量最低，仅为 3894.57kg/hm^2，而 TMRF、BMRF 处理分别能够达到 8386.52kg/hm^2、8891.02kg/hm^2；在第一生长季，BMRF 处理达到了 11934.84kg/hm^2，只有在营养繁殖阶段有足够的生物量，才能为最终高产打下基础，这与许多研究一致。垄沟地膜覆盖改变了作物耗水模式，即减少前期蒸发、增加后期蒸腾，促进了地上生物量的积累。

12.1.5　垄沟覆膜微集雨技术对作物产量和水分利用效率的影响

垄沟覆膜微集雨技术大幅度提高生物量的积累和提升作物产量，已经成为雨养农业区生产力跃升和稳定的主要强动力。该技术能明显减除玉米"卡脖子旱"现象，通过增加穗粒数和千粒重等穗部相关系数，以及单位面积的分蘖数而达到增产目标。本研究表明两个生长季的产量构成因子，垄沟覆膜处理组各项指标都要显著高于其他处理组，而两个覆膜处理之间没有显著性差异，且覆膜处理表现出极好的果穗长度、行粒数、穗行数、单穗粒数、穗重和穗粒数，且在前期降雨较好的第一生长季，以上各项指标要好于第二生长季，这也表明前期的降雨对玉米产量形成起到了很重要的作用，而第一生长季 GMRF、BRF 处理与 FP 处理之间没有显著性的差异，但是在降雨很少的第二生长季后期，GMRF 处理要好于 FP 处理，说明当降雨受到一定的限制时，GMRF 处理还是表现出一定的优势，这与相关研究一致，垄沟处理相对丰裕的水分条件促进了玉米的生殖生长，使玉米的株高、穗粒数、千粒重、后期粒重均增加。

垄沟覆盖微集雨技术对我国半干旱地区旱作物高产和稳产起到了巨大的推动作用。然而，因垄沟覆盖技术在不同气候条件下对作物微环境改善的幅度各异，从而导致了水分利用效率、产量效应明显的地区差异。有研究表明，在黄土高原干旱区的甘肃省榆中县、陕西省长武县等，因该技术能够很好地提升苗期积温和土壤水分的有效性，从而带来相对其他地区较高的增产幅度。而对于半干旱地区中降雨量相对充足，播前气温较高的地区，垄沟覆盖技术的增产效应不及前者，而全膜双垄沟栽培产量和水分利用效率较 FP 处理分别增加 333.1% 和 290.6%。类似研究指出，垄沟覆盖栽培在 230mm、340mm 和 440mm 雨量下分别可使春茬玉米产量提高 82.8%、43.4%、11.2%，水分利用效率分别提高 77.4%、43.1%、9.5%。因此只有在适度范围的降雨内，垄沟覆盖微集雨栽培才能够提高产量。垄沟覆盖栽培条件下，春小麦产量可提高 17.6%~72.8%；水分利用效率平均可提高 3.05kg/(hm^2 · mm)，垄覆膜沟覆秸秆的产量比常规栽培增产 49.1%。本研究表明，各处理之间的产量和水分利用效存在显著性差异，尽管第一生长季降雨仅为 89.8mm，TMRF、BMRF 处理的产量分别达到了 4618.18kg/hm^2、4441.28kg/hm^2，较 FP 处理的 2496.092kg/hm^2 相比，分别提高了 85.02%、77.93%。而在第二生长季，各处理之间的差异更为凸显，表明了从垄沟地膜覆盖处理到禾草覆盖处理与 FP 处理相比都具有突出的产量效应，尽管相关研究对秸秆、禾草等覆盖有增产、减产的争论。水分利用效率也表现出与产量相同的优势，在降雨更少的第一生长季，两个垄沟地膜覆盖分别达到了 30.22kg/(hm^2 · mm)，26.03kg/(hm^2 · mm)，与 FP 处理相比分别提高了 92.24%、65.59%。同时也可以看到，在降雨更高的第二生长季，产量与土壤水分利用效率都明显低于第一生长季，一方面，第一生长季消耗了过多的土壤水分与肥力，休耕期的恢复时间较短，导致了下一季作物的减产；另一方面，在作物需水的关键期发生了严重干旱。

垄沟覆膜微集雨技术的优势是在反方向温度梯度的驱动下实现了对土壤水分迁移和耗散的调节，降低无效蒸发，最大限度地调控水分的合理分配与利用，促进玉米生殖生长阶段高效用水，尤其是玉米灌浆期，促进干物质向籽粒转移，显著增产，但大量耗散了土壤水分，如果休闲期降水少，耗散的水分得不到补给，多年连续种植易造成土壤干燥。为此，在肯尼亚旱作农业区，可以通过采用休耕、免耕和草田轮作等方法恢复土壤水分，实现土壤水的可持续发展，同时也使垄沟覆膜微集雨技术走上可持续发展的道路。

12.2 结论

（1）研究表明，在水热资源较好的肯尼亚半干旱地区，无论降雨多的季节还少的季节，垄沟覆膜微集雨技术可以有效保持土壤水分，显著地影响耕作层土壤水分交换。尽管在生育期内水分消耗严重，然而在短暂的休耕期内，有效地促进了土壤贮水量回升，增加了玉米翌年生长季播期和苗期的土壤含水率。

（2）垄沟覆膜微集雨技术能够在时空尺度上优化水热组合，以相对更具优势的出苗特征和生物量积累保证了玉米籽粒的形成，通过优化玉米果穗结构，降低了干旱对玉米生长的抑制。

（3）垄沟覆膜显著改变了耕作层的土壤温度，提高了全天候土壤温度的稳定性，维持作物夜间的水热环境，明显了缩短了玉米出苗所需要时间。特别在第二生长季，其增温效应在玉米产量形成关键期（灌浆期）很好地弥补了大气降温给带来的影响。

（4）垄沟无覆盖、禾草覆盖，尤其是地膜覆盖，通过提高降雨到土壤水的转化效率。较传统种植方式显著地提高了两个生长季大田玉米的产量输出和水分利用效率。

（5）垄沟覆膜微集雨玉米栽培技术在肯尼亚的首试成功，将提升肯尼亚半干旱地区，乃至整个非洲国家的粮食生产能力，并在很大程度上为该区粮食安全问题提供有利屏障。此外，中国西北地区推广的垄沟覆膜微集雨技术在非洲地区的拓展研究应用，将促进世界旱地农事技术的研发和推广。

参 考 文 献

［1］ 任杨俊，李建牢，赵俊侠. 国内外雨水资源利用研究综述 ［J］. 水土保持学报，2000，14（1）：88－92.

［2］ Cartera D C，Millerb S. Three years'experience with an on－farm micro－catchment water harvesting system in Botswana ［J］. Agricultural Water Management，1991，19（3）：191－203.

［3］ 黄占斌. 旱区集雨农业与新技术革命 ［J］. 农业现代化研究，1998，19（6）：384－387.

［4］ 赵松岭. 集水农业引论 ［M］. 西安：陕西科学技术出版社，1996.

［5］ 张建新，郑大玮. 国内外集雨农业研究进展与展望 ［J］. 干旱地区农业研究，2005，23（2）：223－229.

［6］ Wesemael B V. Collection and storage of run off from hill slopes in a semi－arid environment：geomorphic and hydrologic aspects of the aljibe system in Almeria Province，Spain ［J］. Journal of Arid Environments，1998，40（1）：1－14.

［7］ Scott C A，Silva－Ochoa P. Collective action for water harvesting irrigation in the Lerma－Chapala Basin，Mexico ［J］. Water Policy，2001（3）：555－572.

［8］ Myers L E. Recent advances in water harvesting ［J］. Journal of Soil Water Conservation，1967（22）：95－97.

［9］ 谭妍青，潘英华. 微集水种植技术研究进展 ［J］. 鲁东大学学报（自然科学版），2012，28（3）：266－275.

［10］ Dong H Z，Li W J，Tang W，et al. Early plastic mulching increases stand establishment and lint yield of cotton in saline fields ［J］. Field Crops Research，2009，111（3）：269－275.

［11］ 黄占斌，程积民，赵世伟，等. 半干旱地区集雨利用模式及其评价 ［J］. 农业工程学报，2004，20（2）：301－304.

［12］ 张恒嘉. 旱地集雨技术的基本特点与研究进展 ［J］. 灌溉排水学报，2008，27（2）：119－121.

［13］ Bruins H J，Evener M，Nasser U. Rainwater－harvesting agriculture for food production in arid zones：the challenge of the African famine ［J］. Applied Geography，1986，6（1）：13－32.

［14］ 王琦，张恩和，李凤民，等. 半干旱地区沟垄微型集雨种植马铃薯最优沟垄比的确定 ［J］. 农业工程学报，2005，21（1）：38－41.

［15］ 李永平，刘世新，贾志宽，等. 垄沟集水种植对土壤有效蓄水量及谷子生长、光合特性的影响 ［J］. 西北农林科技大学学报（自然科学版），2007，35（10）：163－167.

［16］ 强生才，张恒嘉，莫非，等. 微集雨模式与降雨变律对燕麦大田水生态过程的影响 ［J］. 生态学报，2011，31（9）：2365－2373.

［17］ 寇江涛，师尚礼. 旱地垄沟集雨种植紫花苜蓿最佳沟垄宽比的确定 ［J］. 草地学报，2011，19（2）：247－252.

［18］ 秦舒浩，张俊莲，王蒂，等. 覆膜与沟垄种植模式对旱作马铃薯产量形成及水分运移的影响 ［J］. 应用生态学报，2011，22（2）：389－394.

［19］ 王晓凌，陈明灿，李凤民，等. 垄沟覆膜集雨系统膜垄保墒增温对马铃薯产量的影响 ［J］. 干旱地区农业研究，2007，25（3）：1－16.

［20］ 聂战声，谢延林，王耀，等. 寒旱区不同覆膜栽培模式对马铃薯产量的影响 ［J］. 中国马铃薯，2011，25（4）：213－217.

［21］ Li X Y，Gong J D，Gao Q Z，et al. Incorporation of ridge and furrow method of rainfall harvesting with mulching for crop production under semiarid conditions [J]. Agriculture Water Management, 2001, 50 (3): 173 - 183.

[22] Li X Y, Gong J D. Effects of different ridge: furrow ratios and supplemental irrigation on crop production in ridge and furrow rainfall harvesting system with mulches [J]. Agriculture Water Management, 2002, 54 (3): 243 - 254.

[23] Li X Y, Gong J D, We X H. In - situ rainwater harvesting and gravel mulch combination for corn production in the dry semi - arid region of China [J]. Arid Environment, 2000, 46 (4): 371 - 382.

[24] Zhang S, Li P, Yang X, et al. Effects of tillage and plastic mulch on soil water growth and yield of spring - sown maize [J]. Soil Tillage Research, 2011, 112 (1): 92 - 97.

[25] Dong H Z, Li W J, Tang W, Zhang D M. Early plastic mulching increases stand establishment and lint yield of cotton in saline fields [J]. Field Crops Research, 2009 (111): 269 - 275.

[26] 杨海迪, 海江波, 贾志宽, 等. 不同地膜周年覆盖对冬小麦土壤水分及利用效率的影响 [J]. 干旱地区农业研究, 2011, 29 (2): 27 - 34.

[27] 卜玉山, 邵海林, 王建程, 等. 秸秆与地膜覆盖春玉米和春小麦耕层土壤碳氮动态 [J]. 中国生态农业学报, 2010, 18 (2): 322 - 326.

[28] 王拴庄, 徐淑贞. 农田秸秆覆盖节水效应及节水机理研究 [J]. 灌溉排水, 1991, 10 (4): 9 - 25.

[29] 周凑云, 周刘宗. 农田秸秆覆盖节水效应砰究 [J]. 生态农业研究, 1996, 4 (3): 49 - 52.

[30] 王改兰, 黄学芳. 油毡覆盖玉米的水温效应及其对产量的影响 [J]. 干旱地区农业研究, 2000 (18): 25 - 30.

[31] 孟玉平, 横田清. 针叶树废材覆盖控制苹果园和越橘园杂草发生的研究 [J]. 山西农业科学, 2002 (30): 66 - 69.

[32] 夏自强, 赵胜领. 地膜覆盖对土壤温度水分的影响及节水效益 [J]. 河海大学学报: 自然科学版, 1997 (25): 39 - 45.

[33] 王彩绒, 田霄鸿, 李生秀. 沟垄覆膜集雨栽培对冬小麦水分利用效率及产量的影响 [J]. 中国农业科, 2004, 37 (2): 208 - 214.

[34] Zhang S I, Li P R, Yang X Y, et al. Effects of tillage and plastic mulch on soil water, growth and yield of spring - sown maize [J]. Soil Tillage Research, 2011, 112 (1): 92 - 97.

[35] Wang X L, Li F M, Jia Y, et al. Increasing potato yields with additional water and increased soil temperature [J]. Agricultural Water Management, 2005, 78 (3): 181 - 194.

[36] 张惠, 李娟, 贾志宽, 等. 渭北旱塬不同覆盖材料对旱作农田土壤水分及春玉米产量的影响. 干旱地区农业研究 [J]. 2012, 30 (2): 93 - 100.

[37] 张杰, 贾志宽, 李国领, 等. 不同材料地膜覆盖对玉米生物学性状的影响 [J]. 西北农林科技大学学报, 2010, 38 (12): 134 - 140.

[38] Han J, Jin Z K, Han Q F, et al. Application of mulching materials of rainfall harvesting system for improving soil water and corn growth in northwest of China [J]. Journal of Integrative Agriculture, 2013, 12 (10): 1712 - 1721.

[39] Li R, Hou X Q, Jia Z K, et al. Effects of rainfall harvesting and mulching technologies on soil water, temperature, and maize yield in Loess Plateau region of China [J]. Soil, Land Care & Environmental Research, 2012, 50 (2): 105 - 113.

[40] 吴荣美, 王永鹏, 李凤民, 等. 秸秆还田与全膜双垄集雨沟播耦合对半干旱黄土高原玉米产量和土壤有机碳库的影响 [J]. 生态学报, 2012, 32 (9): 2855 - 2862.

[41] 赵凤霞, 温晓霞, 杜世平, 等. 渭北地区残茬 (秸秆) 覆盖农田生态效应及应用技术实例 [J]. 干旱地区农业研究, 2005 (23): 90 - 95.

[42] 廖允成, 温晓霞, 韩思明, 等. 黄土高原旱地小麦覆盖保水技术效果研究 [J]. 中国农业科学, 2003, 36 (5): 548 - 552.

[43] Du Y J，Li Z Z，Li W L. Effect of different water supply regimes on growth and size hierarchy in spring wheat populations under mulched with clear plastic film [J]. Agriculture Water Management，2006（79）：265 - 279.

[44] 李壁成，安韶山，黄占斌，等. 宁夏南部山区生态环境建设与科技扶贫战略研究 [J]. 干旱地区农业研，2002，20（1）：107 - 115.

[45] Li X L，Sub D，Yuan Q H. Ridge - furrow planting of alfalfa（*Medic ago sativa L.*）for improved rainwater harvest in rainfed semiarid areas in Northwest China [J]. Soil and Tillage Research，2007，93（1）：117 - 125.

[46] Wang Y J，Xie Z K，Sukhdev S，et al. Effects of gravel - sand mulch，plastic mulch and ridge and furrow rainfall harvesting system combinations on water use efficiency，soil temperature and watermel-on yield in a semi - arid Loess Plateau of northwestern China [J]. Agricultural Water Management，2011，101（1）：88 - 92.

[47] 中国农业协会. 中国农业可持续发展研究 [M]. 北京：中国农业科技出版社，1997.

[48] 何启明. 旱作沟垄地膜覆盖农田气候工程集水率的计算及其效应评价 [J]. 干旱地区农业研究，1992，10（4）：62 - 68.

[49] 李小雁，张瑞玲. 旱作农田沟垄微型集雨结合覆盖玉米种植试验研究 [J]. 水土保持学报，2009，15（2）：45 - 52.

[50] 刘晓伟，何宝林，郭天文. 全膜双垄沟不同覆膜时期对玉米土壤水分和产量的影响 [J]. 核农学报，2012，26（3）：602 - 609.

[51] 李毅，邵明安，王文焰，等. 玉米田地温的时空变化特征及其预报 [J]. 水利学报，2003（1）：103 - 107.

[52] 任小龙，贾志宽，陈小莉，等. 模拟降雨量下沟垄微型集雨种植玉米的水温效应 [J]. 中国农业科学，2008，41（1）：70 - 77.

[53] 员学锋. 保墒灌溉的节水增产机理及其效应研究 [D]. 杨凌：西北农林科技大学，2006.

[54] 金胜利，周丽敏，李凤民，等. 黄土高原地区玉米双垄全膜覆盖沟播栽培技术土壤水温条件及其产量效应 [J]. 干旱地区农业研究，2010，28（2）：28 - 33.

[55] 张雷，金胜利，张光全，等. 双垄全膜覆盖沟播栽培对甘肃中部坡耕地水土流失和作物产量的影响 [J]. 干旱地区农业研究，2012，30（1）：113 - 118.

[56] 李荣，张睿，贾志宽. 不同覆盖材料对耕层土壤温度及玉米出苗的影响 [J]. 干旱地区农业研究，2009（27）：13 - 16.

[57] 何峰，王堃，李向林，等. 垄沟集雨对干旱半干旱区土壤水热条件及老芒麦产草量的影响 [J]. 农业工程学报，2012，28（12）：122 - 126.

[58] 王晓凌，陈明灿，李凤民，等. 垄沟覆膜集雨系统膜垄保墒增温对马铃薯产量的影响 [J]. 干旱地区农业研究，2007，25（3）：11 - 16.

[59] 宋秋华，李凤民，王俊，等. 覆膜对春小麦农田微生物数量和土壤养分的影响 [J]. 生态学报，2002，22（12）：2125 - 2132.

[60] Wang X L，Li F M，Jia Y，et al. Increasing potato yields with additional water and increased soil tem-perature [J]. Agriculture Water Management，2005，78（3）：181 - 194.

[61] 李法云，郑良，宋丽. 辽西半干旱区水肥耦合作用对土壤水分动态变化的影响 [J]. 辽宁大学学报（自然科学版），2003，30（1）：7 - 12.

[62] 莫非，周宏，王建永，等. 田间微集雨技术研究和应用综述 [J]. 农业工程学报，2013，29（8）：1 - 17.

[63] IPCC. Climate Change2007 [R]. Cambridge University Press，2007.

[64] 陈春梅，谢祖彬，朱建国. 大气 CO_2 浓度升高对土壤碳库的影响 [J]. 中国生态农业学报，2008，16（1）：217 - 222.

[65] Zhou L M，Jin S L，Liu C A，et al. Ridge - furrow and plastic - mulching tillage enhances maize - soil interaction：opportunities and challenges in a semiarid agro - ecosystem [J]. Field crops research，2012 (126)：181 - 188.

[66] Liu C A，Jin S L，Zhou L M，et al. Effects of plastic film mulch and tillage on maize productivity and soil parameters [J]. Europe Journal Agronomy，2009，31 (4)：241 - 249.

[67] Liu C A，b，Li F R，Z L M，et al. Effects of water management with plastic film in a semi - arid agricultural system on available soil carbon fractions [J]. European Journal of Soil Biology，2013 (57)：9 - 12.

[68] 沈裕琥，黄相国，王海庆. 秸秆覆盖的农田效应 [J]. 干旱地区农业研究，1998，16 (1)：45 - 50.

[69] Wood C W，Edwards J H. Agro - ecosystem management effects on soil carbon and nitrogen [J]. Agricultural Encamp and Environment，1992 (39)：123 - 138.

[70] 方彦杰，黄高宝，李玲玲，等. 旱地全膜双垄沟播玉米生长发育动态及产量形成规律研究 [J]. 干旱区农业研究，2010，28 (4)：128 - 134.

[71] 丁世成，刘世海，张雷. 马铃薯双垄面全膜覆盖沟播和大垄膜侧栽培试验初报 [J]. 甘肃农业科技，2006 (8)：3 - 5.

[72] 王俊，李凤民，宋秋华，等. 地膜覆盖对土壤水温和春小麦产量形成的影响 [J]. 应用生态学报，2003，14 (2)：205 - 210.

[73] 蒋树怀，王鹏科，高小丽，等. 利旱作农田绿豆微集水技术及其效应研究 [J]. 干旱地区农业研究，2011，29 (5)：33 - 37.

[74] 张德奇，廖允成，贾志宽，等. 宁南旱区谷子集水保水技术效应研究 [J]. 中国生态农业学报，2006，14 (4)：51 - 53.

[75] 赵红. 黄土高原（定西）旱作农田垄沟覆膜对马铃薯产量和水分利用效率影响 [D]. 兰州：兰州大学，2012.

[76] Richards R A，Rebetzke G J，Condon A G，et al. Breeding opportunities for increasing the efficiency of water use and crop yield in temperate cereals [J]. Crop Science，2002，42 (1)：111 - 121.

[77] 宋秉海. 旱地地膜玉米"贫水富集"种植模式研究 [J]. 中国生态农业学报，2006，14 (3)：93 - 95.

[78] 王彩绒，田霄鸿，李生秀. 夏玉米沟垄覆盖集水效果及生态效应研究 [J]. 灌溉排水学报，2004，23 (3)：28 - 30.

[79] 寇江涛，师尚礼. 旱地垄沟集雨种植紫花苜蓿最佳沟垄宽比的确定 [J]. 草地学报，2011，19 (2)：247 - 252.

[80] 吴荣美，王永鹏，李凤民，等. 秸秆还田与全膜双垄集雨沟播耦合对半干旱黄土高原玉米产量和土壤有机碳库的影响 [J]. 生态学报，2012，32 (9)：2855 - 2862.

[81] 刘晓伟，何宝林，郭天文. 全膜双垄沟不同覆膜时期对玉米土壤水分和产量的影响 [J]. 核农学报，2012，26 (3)：602 - 609.

[82] Xie Z K，Wang Y J，Li F M. Effect of plastic mulching on soil water use and spring wheat yield in arid region of northwest China [J]. Agricultural Water Management，2005 (75)：71 - 83.

[83] 李尚中，王勇，樊廷录，等. 旱地玉米不同覆膜方式的水温及增产效应 [J]. 中国农业科学，2010，43 (5)：922 - 931.

[84] 秦舒浩，张俊莲，王蒂，等. 覆膜与沟垄种植模式对旱作马铃薯产量形成及水分运移的影响 [J]. 应用生态学报，2011，22 (2)：389 - 394.

[85] 丁瑞霞，贾志宽，韩清芳，等. 宁南旱区微集水种植条件下谷子边际效应和生理特性的响 [J]. 中国农业科学，2006，39 (3)：494 - 501.

[86] 寇江涛，师尚礼. 旱地垄沟集雨种植紫花苜蓿最佳沟垄宽比的确定 [J]. 草地学报，2011，19 (2)：247 - 252.

［87］ 杜志鹏，赵媛. 非洲粮食问题的时空演化研究［J］. 世界地理研究，2012，21（2）：47-54.

［88］ 李亚贞，焦念元，尹飞，等. 垄沟种植对土壤水分变化及夏玉米生育的影响［J］. 中国农学通报，2010，26（13）：140-143.

［89］ 王同朝，卫丽，田原，等. 冬小麦-夏玉米一体化垄作覆盖下农田土壤呼吸变化研究［J］. 农业环境科学学报，2009，28（9）：1970-1974.

［90］ 徐成忠，孔晓民，王超，等. 垄作栽培对夏玉米根系和叶片生长发育及产量性状的影响研究［J］. 玉米科学，2008，16（1）：101-103.

［91］ 吴巍，陈雨海，周勋波，等. 沟垄集雨栽培对夏玉米生长发育及其产量的影响［J］. 中国农学通报，2005，29（8）：101-104.

［92］ 黄明斌，党廷辉，李玉山. 黄土区旱塬农田生产力提高对土壤水分循环的影响［J］. 农业工程学报，2002，18（6）：50-54.

［93］ 王树森，邓根之. 地膜覆盖增温机制的研究［J］. 中国农业科学，1991，24（3）：74-78.

［94］ Hu W, Duan S, Sui Q. High yield technology for groundnut［J］. Inarches Newsletter, 1995, 15 (Supplement): 1-22.

［95］ 马养仓. 宁南山区马铃薯不同栽培方式试验比较［J］. 中国马铃薯，2006，20（4）：217-219.

［96］ 薛少平，朱琳，姚万生，等. 麦草覆盖与地膜覆盖对旱地可持续利用的影响［J］. 农业工程学报，2002，18（6）：71-73.

［97］ Doran J W, Jones A J, Arshad M A. Determinants of soil quality and health//Lal R, ed. Soil Quality and Soil Erosion Boca Raton［R］. CRC Press, 1999.

［98］ 胡斌. 黄土高原旱作农田地膜覆盖下土壤磷素转化、有机质矿化及土壤生态化学计量学特征［D］. 兰州：兰州大学，2013.

［99］ 李菊梅，王朝辉，李生秀. 有机质、全氮和可矿化氮在反映土壤供氮能力方面的意义［J］. 土壤学报，2003，40（2）：232-238.

［100］ 邰继承，杨恒山，范富，等. 播种方式对紫花苜蓿＋无芒雀麦草地土壤碳密度和组分的影响［J］. 草业科学，2010，27（6）：102-107.

［101］ 寇江涛，师尚礼，周万海，等. 垄覆膜集雨种植对二年龄苜蓿草地土壤养分的影响［J］. 草业学报，2011，20（5）：207-216.

［102］ Martin S, Chambers B J. Effects of long-term straw management and fertilizer nitrogen addition son soil nitrogen supply and crop yields at two sites in eastern England［J］. Journal Agriculture Science, 2002 (139): 115-127.

［103］ 刘荣乐，金继运，吴荣贵，等. 我国北方土壤-作物系统内钾素平衡及钾肥肥效研究Ⅰ. 主要种植制下的土壤钾素平衡与调控［J］. 土壤肥料，1999（6）：3-5.

［104］ Li F M, Guo A H, Wei H. Effects of clear plastic film mulch on yield of spring wheat［J］. Field Crops Research, 1999 (63): 79-86.

［105］ 王殿武，程东娟，刘树庆，等. 高寒半干旱区马铃薯聚垄集肥覆膜技术效应［J］. 干旱地区农业研究，2001，19（1）：14-19.

［106］ 朱自玺，赵国强，邓天宏，等. 秸秆覆盖麦田水分动态及水分利用效率研究［J］. 生态农业研究，2000，8（1）：34-37.

［107］ 方文松，朱自玺，刘荣花，等. 秸秆覆盖农田的小气候特征和增产机理研究［J］. 干旱地区农业研究，2009，27（6）：123-128.

［108］ 钟良平，邵明安，李玉山. 农田生态系统生产力演变及驱动力［J］. 中国农业科学，2004，37（4）：510-515.

［109］ 师日鹏，上官宇先，马巧荣，等. 密度与氮肥配合对垄沟覆膜栽培冬小麦干物质累积及产量的影响［J］. 植物营养与肥料学报，2011，17（4）：823-830.

［110］ Zhao H, You C X, Li F M, et al. Plastic film mulch for half growing-season maximized WUE and yield of potato via moisture – temperature improvement in a semi – arid agro – ecosystem [J]. Agricultural Water Management，2012（104）：68 – 78.

[111] 李巧珍，李玉中，郭家选，等. 覆膜集雨与限量补灌对土壤水分及冬小麦产量的影响 [J]. 农业工程学报，2010，26（2）：25 – 30.

[112] 王鑫，胥国宾，任志刚，等. 无公害可降解地膜对玉米生长及土壤环境的影响 [J]. 中国农业生态学报，2007，15（1）：78 – 81.

[113] 李尚中，樊廷录，王勇，等. 旱地玉米抗旱覆膜方式研究 [J]. 核农学报，2009，23（1）：165 – 169.

[114] 王红丽，张绪成，宋尚有，等. 旱地全膜双垄沟播玉米的土壤水热效应及其对产量的影响 [J]. 应用生态学报，2011，22（10）：2609 – 2614.

[115] 任小龙，贾志宽，陈小莉. 不同模拟雨量下微集水种植对农田水肥利用效率的影响 [J]. 农业工程学报，2010，26（3）：75 – 81.

[116] 朱国庆，史学贵，李巧珍. 定西半干旱地区春小麦抑蒸集水抗旱技术研究 [J]. 中国农业气象，2002，23（2）：17 – 21.

[117] 方日尧，赵惠青，方娟. 渭北旱原冬小麦不同覆盖栽培模式的节水效益 [J]. 农业工程学报，2006，22（2）：46 – 49.

[118] 高亚军，李生秀. 旱地秸秆覆盖条件下作物减产的原因及作用机制分析 [J]. 农业工程学报，2005，21（7）：15 – 20.

[119] 李凤民，赵松岭. 黄土高原半干旱区春小麦农田有限灌溉对策初探 [J]. 应用生态学报，1995，6（3）：259 – 264.

[120] 郭清毅，黄高宝. 保护性耕作对旱地麦-豆双序列轮作农田土壤水分及利用效率的影响 [J]. 水土保持学报，2009，19（3）：165 – 169.

[121] 王红丽，张绪成，宋尚有，等. 西北黄土高原旱地全膜双垄沟播种植对玉米季节性耗水和产量的调节机制 [J]. 中国农业科学，2013，46（5）：917 – 926.

第 3 篇

不同灌溉节律对黄土高原半干旱区春小麦根系吸水特征及水生产力的影响

第 13 章　概　　述

13.1　研究背景及意义

　　我国水资源十分紧缺，尤其是在我国北方干旱、半干旱地区，水资源严重匮乏，极大地影响了我国农业发展和国民经济的建设。其中，地处干旱、半干旱带的黄土高原雨养农业区在我国旱作农业生产中占有举足轻重地位。然而该区人均径流占有量仅为全国平均水平的18%，如此加深了该区农业对降水的依赖，但降水量却较稀少，且季节性明显，降雨高峰期经常与作物需水期错位，更加重了作物水分亏缺程度。再加之长期以来人们对自然资源的不合理开发利用，导致干旱和水土流失，成为限制黄土高原地区农业和经济的发展的两大瓶颈。

　　水生产力概念的提出作为一种全新的思路帮助解决农业用水短缺问题，通过合理的灌溉缓解水资源供需矛盾将是我国农业生产的必然选择。但目前我国农业灌溉水利用系数仅有0.3~0.4，$1m^3$ 水粮食生产力只有1.0kg 左右，还不及发达国家的一半，所以我国在农业节水方面还具备很大的潜力。其中，根据作物不同生育阶段的需水特性实施调控灌溉，是有效利用水资源、缓解农业灌溉用水短缺矛盾、提高作物水生产力的主要途径之一。因此，寻找一种既不至作物减产甚至可以增产，又能减少灌溉定额，提高灌溉的好办法，是目前亟待解决的问题。

　　以作物为中心的田间节水调控措施对解决缺水问题，实现粮食增产十分有效。早在20世纪20年代 Weaver J E 就提出了"要科学地理解作物生产，就必须全面地了解作物根系发育、根系分布、不同时期根系吸收水分、养分的特性，以及不同环境下的根系变化等"这样的问题。根系作为地上部分与地下部分物质及信息交换的重要器官，在作物生命活动中起着关键作用，特别是在干旱缺水的情况下，根系更是与作物生长休戚相关。同时，作物根系在决定作物的吸水区域、吸水持续时间，控制吸水速率在土壤剖面上的相对强度等方面起着决定性作用。根系吸水能力的强弱对作物产生的影响能够间接影响下垫面气候特征的改变，可对土壤水分动态产生重大影响，影响到作物对有效土壤水分的吸收利用情况。对作物根系进行系统性和深入性的研究，不仅有助于了解作物生长区的大气降水、湿度、温度、蒸散发等气象信息，对未来气象要素的精确预报提供有价值的参考，还可以准确掌握土壤水分动态，对制定合理的灌溉制度、进行科学的灌水管理、提高水生产力等具有指导意义。而植物根系吸水模型作为根系吸水定量化的数学工具，引起了国内外植物生理、土壤物理、农业水利、水文水资源等众多领域科研工作者的极高兴趣和重视。在实际生产应用中，通过选择或建立合理有效的根系吸水模型，对土壤水分进行动态模拟和预测，并结合干旱、半干旱地区农田节水灌溉基本理论与方法，可为农业节水增产提供科学的理论支持和指导。

　　众所周知，小麦是我国西北黄土高原地区主要的粮食作物之一，播种面积高达430万 hm^2 左右，占农作物总播种面积的32%。但长期以来，黄土高原地区平均小麦单产量仅有

$2845kg/hm^2$，形势不容乐观，严重制约黄土高原地区乃至全国的农业、经济发展。故本篇以黄土高原半干旱区春小麦优势品种为研究对象有着重要的意义。

13.2　国内外研究进展

13.2.1　灌溉条件对作物水生产力的影响

面临日益严峻的水资源危机，Kijne 等曾指出解决该问题的出路关键在于通过有效的管理方式，在有限的水资源下产出更多粮食，即提高水生产力。Viets、Jensen 等众多学者也从不同角度定义了水生产力的概念，其在农业生产中着重强调用同样的水资源产出更多的粮食，或用更少的水分投入产出同样多的粮食，简单说就是单方水所能获得的粮食产量。通常采用生理学意义上的水分利用效率（WUE）作为衡量水生产力的重要指标。

目前合理有效的灌溉是解决农业用水短缺、提高水生产力的主要途径。因此学者们提出了多种类型的灌水方案，以期让灌溉水发挥最大效用，切实提高作物水分利用效率。张忠学、郑厚贵、王劲松等在不同作物不同灌水量情况下水分利用效率的研究中发现，水分利用效率并不同灌水量成正比，灌水量多反而不易于提高作物水分利用效率，甚至导致水分利用效率的降低。从不同灌水定额和灌水频率角度切入，研究作物水分利用效率得到许多成果。汪丙国等认为，灌溉定额多时，增加灌水频率有助于提高棉花产量，增大水分利用效率，而灌溉定额少时，增加灌水频率，产量和水分利用效率反而高；蒋桂英等认为，灌水频率过大或过小均不利于小麦对水分的吸收和产量的提高，只有中频灌溉才能保证产量和水分利用效率都达到最大；但桂林国等对玉米研究却发现，少次适量灌溉和多次少量灌溉对产量、水分利用效率的影响差异均不显著。张喜英、冯广龙等认为，一般而言，控制好作物需水关键期灌溉比其他时期灌溉收效更高。在选择作物需水临界期的研究过程中，有人提倡拔节水＋开花水的灌水模式，有人认为拔节期与孕穗期灌水相结合为最佳，也有研究强调灌浆水的重要性；武继承、李建民等认为丰水年以拔节期灌水为宜；彭世彰等研究得到，在作物生长过程中，节水灌溉方式下的作物需水量呈现由小变大，再由大变小的趋势。前人的努力为今后农业节水灌溉研究奠定了基础，所以应从实际出发，寻求合理有效的灌溉机制，尝试探索出高产高效节水的灌溉农业新道路。

13.2.2　灌溉条件对作物根系的影响

土-根系统的研究对于定量分析土壤植物-大气连续体（SPAC）系统中的水分、物质能量传输，指导农业节水等有着不可忽视的作用。多项研究也已证明土壤水分条件是影响根系生长发育的关键因素，严重影响着根系在土壤中的生长和分布情况，特别是深层根系（李凤民、冯广龙、张喜英等）。大量研究还表明，在一定的土壤水分范围内，根系生长与吸水之间存在非线性正相关关系（刘殿英等）。当土壤水分不足或过多时，会使根系生长受到抑制或导致根系生长异常，正如干旱条件会减少表层根量在土壤中的比例，但同时引起深层土壤根量比重的增大，反而有利于作物对土壤深层水分的吸收（刘昌明、张喜英等）。李运生等研究表明灌水量的差异直接造成作物根系生长、分布的差异，进而形成地上部分生长发育的差异。大量灌水试验研究表明，在灌水量多、土壤良好的供水条件下，根系主要集中在表层；灌水量少、土壤轻度干旱情况下，中下层根系的数量显著增加；当土壤严重干旱时，加速了根系生长，深层根系对土壤水分的吸收明显增加（李运生、赵俊芳、王淑芬、薛丽华等）。同时干旱条件使根冠比增大，根系生物量相对比例提高，但绝对量仍然显著减少。这在一定程度上说明节水灌溉虽在量上抑制根生长，但在形态和功能上却有补偿作用（郭相平等）。

此外，灌溉方式对同一灌水量下的根系总长度、总体积、总干重等的影响也不同。例如，在少量多次的灌溉方式下，根系主要分布在表层；而多量少次的灌溉方式则会使中、下层根系的绝对量或相对比例增大（Proffitt A P B、Kätterer T、刘兴海、赵俊芳、薛丽华等）。从灌溉试验中发现，根系侧根发生的部位、侧根生长及分级状况等主要受土壤含水率的影响。有研究认为灌水条件对侧根的分生和生长影响大于对深根的影响；土壤干旱能够增加根系分枝级数，促进根系伸长和根毛密度的增加，有利于作物利用土壤水分，抵御干旱逆境。也有试验表明，初生根的生长发育不易受表层水分亏缺的影响，但对初生根生长影响最大的二级侧根及三级侧根却受表层水分的影响较大（马瑞昆等）。在次生根的研究中，Bjrk-man 等发现，小麦次生根数量与土壤含水率呈显著正相关，次生根发生的适宜土壤相对含水率范围为 $60\%\sim80\%$，当土壤相对含水率低于 60% 时，次生根数量显著减少，且发根停滞的临界土壤相对含水率为 30%。

灌水时期同样也影响着根系生长发育。从根系调控角度看，前期适当控水，有利于早期根系发育、根系深扎和提高根系吸水能力，同时显著增强了根系对深层底墒的利用，加强了抗旱和抗倒伏能力，为高产提供可能性（王晨阳、马瑞坤、刘庚山等）；反之，若生育前期水分过多，不仅易造成小麦地上部分冗余而消耗过多水分，更会影响根系下扎，最后将引起生育后期水分供应不足（王晨阳等）。1993 年，刘殿英在小麦不同生育期的灌水试验中发现，小麦拔节期和孕穗期灌水至关重要，能使开花期根系活性最旺盛，且持续到灌浆期；相反，冬前和返青期灌水提前了根系活性的高峰期，易造成根系过快衰老，导致产量下降。也有类似试验证明较冬前至孕穗期灌水，返青期和拔节期灌水更能促进单株次生根分生（Anderson J M 等）。相比苗期和灌浆期，拔节期是水分亏缺的敏感期，拔节期复水对根重有显著的促进作用，而返青期灌水则会抑制表层根系的生长（杨培岭、陈晓远、刘坤等）。

13.2.3 根系生长与分布对作物产量的影响

植物的生长所依赖的绝大部分水分和养分来源于根系的吸收，根系的数量、构型、分布等特征与植株的生长发育、生理功能以及产量紧密相关。为此，国内外一些学者就土壤中作物根系的活力、分布，以及根系对作物生长发育和产量形成的影响等一系列相关问题开展了研究。研究大多借助不同的灌溉条件、不同的供水方式，从根系对水分的吸收入手，研究作物根系相关特征与水分利用、产量等之间的关系，从而调节根、冠结构，最终达到水分与产量的最佳平衡状态。大量研究发现高产作物根系发达，根系活力强，能够长时间维持对作物地上部分所需物质的供给，促进了物质生产。尤其在籽粒充实期，根系生命力越旺盛，衰败进程越缓慢，越有助于维持促进植株正常生理代谢进程，越有助于形成较高的生物产量和经济产量。霍中洋等也认为根系在产量形成过程中有着不可替代的作用，特别是那些大库容量的品种，在"鞘源"和"叶源"的基础上，强大的"根"才是保证实现高产、超高产的关键。2003 年，孙庆泉等对玉米进行研究，发现气生根条数同千粒重、单位面积粒数、籽粒产量呈显著正相关。杨方人等在大豆的研究中发现，大豆亩产不足 200kg 时，表层土壤的根量与产量正相关性显著，当亩产超过 200kg 时，表层土壤的表层根量与产量相关性不显著。但车京玉等认为，根量并非越多越好，株高与根长呈显著负相关，穗长与根数、根长呈显著负相关，千粒重与根数呈显著负相关关系，因此只有建立协调的根、冠结构，才能保证高产。连艳鲜等研究发现，从萌芽期到拔节期根的活力强，产量与初生胚根、吐丝后 30 天的根系活力有极强的正相关关系，产量还与吐丝 30 天后的根活力，同吐丝时的根活力的比值的正相关关系显著。还有许多研究从作物株型角度出发，揭示根系与产量的关系。刘培利、宋日等研究玉米根系时发现，紧凑型根系相对平展型根系而言，地下营养面积大，根系在土壤深层发育较多，气生根多，水平分布紧凑时，作物受种植密度变化的影响较小，更易实现高产。但就玉米根干重与籽粒产量的关系还没有一致结论。凌启鸿等认为，在具备较高的栽培技术条件时，培植水稻的深而多纵向型的根系有利于提高产量。在 1995 年，张大勇等提出了旱地高产作物选育应该是向小根系、优化繁殖分配的方向发展的新理论，这与传统认为的大根系更有利于作物实现高产的研究结果相互矛盾，其小根系育种理论具有深远的研究意义。

13.2.4　根系研究方法概况

根系作为植物体的一个重要器官，其研究很早就得到人们的重视。但相对于地上部分的研究，根系的研究存在着取样、观察、测定等一系列困难，表现出严重的滞后性。随着根系研究体系的逐渐成熟，根系研究方法也在不断地改进和发展，根系研究方法经历了最早的用水冲洗土壤剖面法（Schuban），到玻璃壁观测根系生长法（Sachs），再到正规的根系取样（Weaver）的漫长发展过程。特别是随着计算机、影像分析等高新技术在根系研究中的应用，根系研究方法有了突飞猛进的发展，运用而生了许多如微根管法、同位素示踪法、核磁共振成像法、探地雷达法等现代化根系研究方法，为更快更准确地获得根系信息、进行根系研究提供了可能。现有的根系研究方法大致可分为：田间直接取根观测法、间接模拟观测法、现代根系研究方法三大类，见表 13.1。

表 13.1　　　　　　　　　　　　　根 系 研 究 方 法 分 类

研究方法分类		原 理 与 方 法	优 缺 点
田间直接取根观测法	挖掘法	直接挖取根系进行测定的方法，分为干式挖掘法、湿式挖掘法、气压挖掘法等	最为传统，虽简单、易操作，但破坏性较大，很难进行全周期动态跟踪观测
	土钻法	利用人力或机械采集不同深度土样，经清洗筛选后，测量得到根长等一系列指标的方法	简单、破坏相对较小，但工作量较大，不适于根系密度较小的作物和石质土壤取样
	剖面法	利用框架定位，由外到内开挖根系剖面，暴露、获取根系的方法	有较高的精确，但工程量大、可实施范围较小
	土柱法	采用挖土柱和埋土柱两种途径实现根系取样的方法	可用于硬实土层取样，但不便于重复采样
	网袋法	利用套尼龙网袋种植，将网袋连同根系带土取出，以获得完整根系的方法	可操作性强，根系样本具有普遍性和代表性，但工作量比较繁重
间接模拟观测法	容器法	通过控制栽培容器实现试验目标环境以方便植株根系研究的方法	便于重复性操作，但因不能模拟大田生长环境，而影响根系生长
	水培法	利用营养液对植株进行无土栽培获得完整根系的方法	取样简单，常用于水稻等作物的研究，但需要严格的灭菌消毒过程
	雾培法	利用高压气体培养系统对植物进行无土栽培，取得根系的方法	通气性好，同水培法一样，因生长环境与实际情况相差较大而影响观测结果
	分根移位法	将不同类型根或不同节位根与其他根分开种植，以研究不同生长条件对植物根系影响的方法	可清楚地、分期分时地观察分离出的根系的变化，但操作费时费力，缺乏自然环境的试验条件

续表

研究方法分类		原理与方法	优缺点
现代根系研究方法	微根管法	借助微根管系统和观测软件观测根系的方法	非破坏性的，可进行定点、连续、周期性的动态观测，但较为昂贵，对安装角度、深度等不易把握
	同位素^{14}C研究根系法	在密闭空间内为植物叶片提供$^{14}CO_2$，经过一段时间后取原状土样，将得到的根系样品进行X光放射性显影，获得完整的根系分布影像的方法	费用低、简单可靠、灵敏度高，也可方便区分活根与死根，但不宜操作
	放射性示踪法	利用放射性核素，标记跟踪被研究对象，进行微量分析的方法，分为根部标记法、植株地上部标记法、放射自显影法和中子照相法	方便、灵敏，但都要用到放射性粒子，操作不当就会对环境造成污染，需要谨慎处理
	核磁共振成像法	采用核磁共振成像技术对植物根系进行重复原位观测获得三维影像的方法	根系损伤小、整体性好，观测精确度高，且能对根部周围的微域环境进行研究
	探地雷达法	利用电磁波在地下媒介电磁特性的差异，实现浅层成像，从而进行根系观测的方法	高清晰度，高速度，高分辨率，可以用来描述地下目标的几何和物理性能，但成本高

长期以来，很多对作物根系的研究都是基于自然生长环境下的直接监测，以获取最贴近作物真实生长状况的根系发育、分布、生长动态等指标。在此情形下田间直接取根观测法表现出其优势，除上述方法外，田间直接取根观测法还包括玻璃壁法、整段标本法、框架法等，但目前土钻法和挖掘法仍是野外植物根系调查首选的两大技术。

考虑到田间直接取根观测法在根系研究时存在烦琐的土壤与根系分离过程，很多科研工作者推荐使用对根系水分、矿物质营养输导及吸收研究较为理想的模拟观测法，即间接模拟观测法。但常因其模拟的生长环境与实际田间生长环境相差较大，引起一些土壤学家、植物生理学家、微生物学家的质疑，所以该研究方法随着人们的不断探索也在改进和完善。

现代科学技术的成就正在为根系研究提供着新的可能的途径。那些凭借先进的仪器设备及高端的观测技术的植物根系研究方法，在弥补传统方法在根系观测中的不足时表现出突出的优势。除典型方法外，像X光扫描系统、三维坐标容器法、微速摄影法等现代根系研究方法，也在现代根系研究中得到了广泛应用。

13.2.5 根系吸水模型的研究进展

SPAC系统中的一个重要组成部分便是土-根系统。以SPAC系统为基础的土-根系统的研究，是深入探讨土壤与根系空间的水分运移规律的必然途径，对土壤、植物系统，乃至整个SPAC系统中的水分传输机制、能量转化规律、土壤水分对植物的有效性等领域的探索都具有重要的意义。根系吸水作为土壤水分动态模型的汇函数，在农田水利、节水农业等众多领域，以及一系列国际合作计划中突显出其核心研究价值。根系吸水模型就是在考虑植物根系吸水的物理机理、生理机理及环境等其他影响因素的基础上而建立的数学模型。从20世纪40年代末开始，一批学者便已投入到了植物根系吸水模型的研究中，至今已取得了一系列喜人的成果。通常可将根系吸水模型分为经验模型、理论模型和半经验半理论模型三类，见表13.2。

表 13.2   典型的根系吸水模型

模型类型	经验模型	理论模型	半理论半经验模型	
			第一类模型	第二类模型
模型种类	（1）Gardner 模型。 （2）Novak 模型。 （3）姚建文冬小麦、玉米根系吸水模型。 （4）罗远培冬小麦、玉米根系吸水模型	（1）Hillel 模型。 （2）Rose 模型。 （3）郭庆荣模型	（1）Gardner 模型。 （2）Whisler 模型。 （3）Nimah - Hanks 模型。 （4）Feddes 模型。 （5）Herklrath 模型。 （6）Rowes 模型	（1）Molz 模型。 （2）Prasad 模型。 （3）Molz - Remson 模型。 （4）Raats 模型。 （5）Selim and Lskandar 模型。 （6）Chandra，Shekhar and Amaresh 模型。 （7）邵明安模型。 （8）改进 Feddes 模型

以 Van den Honert 假定和单根径向流理论为基础的经验模型，在描述根区微域内土壤水分和溶质运移规律方面体现出优越性。这类模型有正确的物理学和生理学意义，但参数获取复杂，不便于实际应用。根据参数获取和考虑因素的不同，半经验半理论模型可以分为两类。其中一类模型主要考虑有效根长密度和土壤水分物理参数这两个主导因子而建立。此类模型在考虑了土壤、水分状况、气象等因素的同时，还对作物体内水分的传输过程、根系阻力等因素加以研究，但因涉及诸多难以确定的参数，实际应用较困难。另一类是将根系吸水强度在根系剖面上按比例分配的模型。由于就土壤、作物和大气等因素对根系吸水的影响做了更全面的考虑，同时加深了对有效根长密度的研究，拓宽了该类模型的应用范围。但其大多没有考虑根际微域的水势梯度，且根系密度的水平分布与土壤水分环境的关系研究还不完善，因此限制了这类模型的应用。基于电路原理建立的理论模型具有机理清晰和物理过程明确的特点。它形式简单，比经验模型、半经验模型更能很好地描述根系吸水的过程和机理，但由于设备条件限制，目前该类模型实际应用相对较少。随着对植物生理机理及其影响因素研究的不断深入，和对 SPAC 系统的理解、运用的逐步加深，以及计算机技术的飞速发展，使植物根系吸水模型的研究也得到突飞猛进的发展。根系吸水模型在其发展和改进过程中，大致经历了 3 个主要阶段，本研究将列举一些典型的吸水模型。

最初，学者们将植物根系吸水问题的研究重点放在土-根系统上，多针对大田作物，以一维模型为主。

1. Gardner 模型

$$S(z,t)=B(\varphi_r-\varphi_m-z)k(\theta)L(z,t) \tag{13.1}$$

式中：S 为根系吸水项；B 为常数；φ_r 为植物根水势；φ_m 为土壤基质势；z 为离地表的距离；$k(\theta)$ 为土壤导水率；$L(z,t)$ 为单位土壤体积中的根长。

2. Whisler 模型 （1968）

$$S=(\varphi_r-\varphi_s)k(\theta)L(z) \tag{13.2}$$

式中：$L(z)$ 为根长密度函数；φ_s 为土水势；其他符号意义同前。

Whisler 模型与 Gardner 模型形式一致，都涉及植物根水势、土水势和根长密度，但实用性有所加强。

3. Nimah - Hanks 模型 （1973）

$$S(z,t)=\frac{[H_\tau+H_Rz-h_m(z,t)-h_0(z,t)]k(\theta)L_{DF}(z)}{\Delta x\Delta z} \tag{13.3}$$

其中
$$R_R = 1 + C_v$$

式中：H_r 为土壤表面根内有效水头；R_R 为根阻力项；C_v 为流速因数（植物体内假设为 0.05）；$h_m(z,t)$ 为土壤基模水头；$h_0(z,t)$ 为考虑含盐量的渗透水头；$L_{DF}(z)$ 为有效根密度函数；Δx 为根表面到土壤中测量 $h_m(z,t)$ 和 $h_0(z,t)$ 点的距离；Δz 为土壤深度增量；其他符号意义同前。

Nimah-Hanks 模型考虑了溶质的影响和植物根导管传导水分的内摩擦力，且有效根密度函数能更客观地反映根系吸水的分配特性，但没有考虑到根系吸水和蒸腾之间的关系。

4. Feddes 模型

$$S = \frac{-k(\theta)\left[h_r(z) - h_m(z)\right]}{b(z)} \tag{13.4}$$

式中：$h_r(z)$ 为土-根系统接触面的压力水头；$h_m(z)$ 为土壤基质水头；$b(z)$ 为描述水流特性的经验函数；其他符号意义同前。

Feddes 在 Gardner 和 Whisler 等人的研究基础上建立了形式简单的模型，意义较明确，但 $h_r(z)$ 的精确测定困难，且 $b(z)$ 的经验成分也较大。

Feddes 又建立了不同土壤含水率条件下根系吸水的分段模型，即

$$S = \begin{cases} 0 & (0 \leqslant \theta \leqslant \theta_\omega) \\ S_{\max} \dfrac{\theta - \theta_\omega}{\theta_d - \theta_\omega} & (\theta_\omega \leqslant \theta \leqslant \theta_d) \\ S_{\max} & (\theta_d \leqslant \theta \leqslant \theta_{an}) \\ 0 & (\theta_{an} \leqslant \theta \leqslant \theta_s) \end{cases} \tag{13.5}$$

式中：θ_ω 为凋萎含水率；θ_d 为 $S = S_{\max}$ 时的最低含水率；θ_{an} 为 $S = S_{\max}$ 时的最高含水率；θ_s 为饱和含水率；$S_{\max}$ 为根系最大吸水速率。

5. Hillel 模型

$$S = \frac{H_s - H_p}{(R_s - R_r)^{-1}} \tag{13.6}$$

式中：H_s 为深度函数的土壤总水头；H_p 为植物体内的水头；R_s 为土壤内的水流阻力；R_r 为根的水力阻力。

Hillel 模型与 Van den Honert 的稳态 SPAC 通量方程一致，虽有明确的意义但却忽略了同化和水容作用的影响，且阻力难以求出。

6. Raats 模型

$$S = T\delta^{-1}e^{-\frac{z}{\delta}} \tag{13.7}$$

式中：T 为单位土壤面积的蒸腾速率；δ 为使 S 在整个根区的积分等于 T 的参数。

之后，随着 SPAC 系统概念的出现和对根系吸水过程认识的不断深入，人们侧重了对作物蒸腾量在深度上按比例分配的研究，应运而生了大量半理论半经验模型。此时，模型仍以大田作物为主，且以一维模型最为广泛。

7. Feddes 模型

$$S = \frac{T}{z_r} \tag{13.8}$$

式中：z_r 为植物根系层深度；其他符号意义同前。

Feddes 模型认为吸水速率在深度上恒定的，不能同时在根系上下边界满足条件。

8. Molz – Remson 模型

$$S(z,t) = \frac{T(t)L_{DF}(z,t)D(\theta)}{\int_0^{z_r} L_{DF}(z,t)D(\theta)\,\mathrm{d}z} \tag{13.9}$$

式中：$D(\theta)$ 为土壤水分扩散率；其他符号意义同前。

Molz – Remson 模型中有效根密度是通过计算得到的，因此预报能力较强，但只有在较低的土壤含水率下，有效根密度才与实际根密度有良好的相关性，故模型的实际应用受到局限。

9. Selim and Iskandar 模型

$$S = \frac{TK_s(\varphi)L(z)}{\int_0^{z_r} K_s(\varphi)L(z)\,\mathrm{d}z} \tag{13.10}$$

式中：$K_s(\varphi)$ 为非饱和土壤导水率；φ 为土壤水势；其他符号意义同前。

10. Chanardra，Shekhar and Amaresh 模型

$$S = \frac{T}{z_r}(\beta+1)\left(1 - \frac{z}{z_r}\right)^{\beta} \quad (0 \leqslant z \leqslant z_r) \tag{13.11}$$

式中：β 为模型参数；其他符号意义同前。

Chanardra，Shekhar and Amaresh 模型是 Feddes 模型和 Prasad 模型的发展。当 $\beta = 0$ 时，即为 Feddes 模型；当 $\beta = 1$ 时，即为 Prasad 模型。且此模型有很好的边界条件，即当 $z = 0$ 时，$S = S_{\max}$；当 $z = z_r$ 时，$S = 0$。

11. 邵明安模型

邵明安提出了基于 Molz 模型的以下模型（1987）

$$S(z,t) = \frac{T(t)\lambda(\theta)L^{1/n}(z,t)[\varphi_s(z,t) - \varphi_x(z,t)]/R_{sr}}{\int \{\lambda(\theta)L^{1/n}(z,t)[\varphi_s(z,t) - \varphi_x(z,t)]/R_{sr}\}\,\mathrm{d}z} \tag{13.12}$$

式中：R_{sr} 为根系吸水过程中所遇到的阻力之和；$\varphi_x(z,t)$ 为根木质部水势；n 为土壤质地因子；$\lambda(\theta)$ 为土壤水分限制因子；其他符号意义同前。

邵明安模型较全面地考虑了土壤、植物、大气等因素中的主导因子，同时修正了以往模型中根系吸水速率与根密度成正比的假定，但是土壤质地因子 n 对于同一种土壤并不是一定的，$\lambda(\theta)$ 也不容易测定，这就影响了模型的应用。

12. 姚建文模型

$$S(z,t) = E_t(t)A(t_r)\exp[-61.9136(z_r - 0.5194)] \tag{13.13}$$

式中：$E_t(t)$ 为蒸发蒸腾量；A 经验系数；t_r 为相对时间；其他符号同前。

姚建文模型最大的弊端是没有考虑土壤水分分布不均对根系吸水特性的影响。

如今，随着生物学、学数、物理学等向植物根系吸水研究领域的渗透及计算机科技的飞速发展，国内外一些学者提出了能够更全面反映根系吸水的二维模型、三维模型，研究对象也逐渐从大田作物根系转向了树木根系。

13. Prasad 模型

$$S=-\frac{2T}{z_r^2}z+\frac{2T}{z_r}$$ (13.14)

式中符号意义同前。

Prasad 模型虽是在 Feddes 模型的基础上发展起来的，但结果表明，它比 Feddes 模型更优越，可仍不能很好地解决上边界和下边界问题。

14. 改进的 Feddes 模型

罗毅等人评价和改进了几个常用根系吸水模型，发展了 Feddes 模型，具体形式为

$$S_r(z,t)=\frac{\alpha(h)L(z)}{\int_0^{z_r}\alpha(h)L(z)\mathrm{d}z}T_r(t)$$ (13.15)

式中：$\alpha(h)$ 为水势影响函数；h 为土壤水势；其他符号意义同前。

改进的 Feddes 模型不仅考虑了土壤水势状况对根系吸水强度的影响，还充分考虑了根系密度分布对根系吸水的影响，模型客观合理且形式简单，便于应用。

以上模型的共同缺点是缺乏对根系更为细致的描述，没有对影响根系吸水的因素予以更全面的定量考虑。从 20 世纪 90 年代至今，众多科研工作者对根系吸水模型中所涉及的参数的获取和测定方法加以完善，并借助现代先进的设备和试验逐步完善已有模型，同时建立二维模型、三维模型（如 Vrugt J A. 二维模型、三维模型，Somma 三维模型等），从动态角度描述了根系分布及根系对土壤水分的吸收。这些研究对进一步改进和完善根系吸水模型具有深远意义。

13.3 研究目标和研究内容

13.3.1 研究目标

在前人研究成果的基础上，本研究通过大田试验，研究和认识不同灌水条件对黄土高原春小麦生长发育、产量、水分利用效率等的影响；通过研究不同灌水处理下根系时空分布特征及根系对土壤水分的吸收规律，揭示春小麦耗水和根系吸水功能效益的差异，深入挖掘黄土高原地区春小麦的水生产潜力；同时建立正确、可靠的春小麦根系吸水的数学模型，揭示根区水分动态，为合理有效地利用水资源、指导灌溉提供科学的理论依据。

13.3.2 研究内容

本篇以黄土高原定西市当地普种小麦品种为试验材料，采用田间直接取根观测法（根钻法）进行根系研究，对春小麦关键需水期进行灌水差异处理，研究春小麦在不同灌溉条件下的小麦根系分布特征、农艺性状、产量形成、耗水规律、水分利用效率等问题；同时建立了黄土高原春小麦根系吸水的 Feddes 模型，对春小麦的根系吸水特性及土壤水动态等进行研究。

研究内容主要包括以下三大部分：

（1）不同灌溉节律下的春小麦根系分布和吸水特征。

（2）不同灌溉节律对春小麦产量和水分利用效率的影响。

（3）黄土高原春小麦一维垂向根系吸水模型的建立。

13.3.3 技术路线

本研究技术路线见图 13.1。

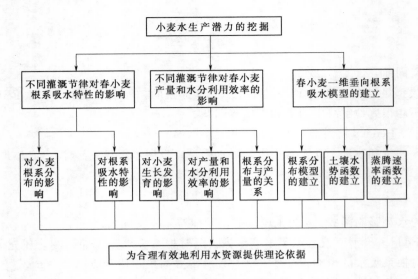

图 13.1　本研究技术路线图

第14章 不同灌水处理对春小麦根系分布和吸水特性的影响

水资源匮缺已严重制约我国农业有效发展，找到切实有效的途径来缓解水资源压力已迫在眉睫。当前，合理有效的灌溉为解决农业用水紧缺提供了可能。而根系作为联系土壤与作物的重要纽带，其分布特征与耗水特性直接影响作物地上部分生长发育，是研究作物生长和水生产力的重要环节。本章特选择不同生育期有限灌溉的方式，对春小麦根系分布特征和耗水特征等进行研究，以期为黄土高原半干旱地区麦田管理和节水灌溉提供科学依据。

14.1 材料与方法

14.1.1 试验区概况

试验于2012年和2013年在中国气象局兰州干旱气象研究所定西干旱气象与生态环境试验基地（35°35′N，104°37′E）进行。该试验区地处欧亚大陆腹地，海拔为1896.2m，属半干旱区，大陆性季风气候明显。该区年平均日照时间为2433h；年平均气温为6.7℃，适于春小麦生长；多年平均降水量为381.7mm，且降水主要集中在7—10月，占年降水量的86.9%；平均无霜期为140天，是典型的黄土高原雨养农业区。试验区表层土壤为重壤土，1m深土壤剖面平均密度为1.39g/cm³，田间持水率为25.5%，凋萎系数为6.8%。

14.1.2 降雨量

2012年和2013年春小麦生长季总降雨量分别为215.4mm和217.5mm。从表14.1可以看出，生育期降雨主要集中在7月份，生育前期降雨量平均仅有57.6mm，4月份的平均降雨量仅有16.8mm，造成小麦出苗困难。因作物需水期与降雨高峰期的错位，使降雨无法满足小麦正常生长发育和实现高产，故需要制定合理的灌溉制度以提高小麦水生产力。

表 14.1　　　　　　　2012年和2013年春小麦生育期降雨量分布

年份	降 雨 量/mm						
	生 育 前 期			生 育 后 期			
	4月（1—30日）	5月（1—31日）	小计	6月（1—30日）	7月（1—31日）	小计	总计
2012	18.1	47.1	65.2	53.2	97.0	150.2	215.4
2013	15.5	34.5	50.0	39.7	127.8	167.5	217.5

14.1.3 试验设计

本试验采用大田种植，以DX40为试验材料，共进行两个生育期的试验。2012年4月1日播种，7月28日收割，生育期共119天；2013年3月27日播种，7月28日收割，生育期共123天。播种前对试验区实施20~30cm的翻耕，同时施入底肥约二铵400kg/hm²，氯化钾150kg/hm²，尿素260kg/hm²。本次试验共设置4个水分梯度，每个处理重复3次，采用随机区组，每个小区面积为 3m×3m，共 12 个小区，为尽量避免水分间的相互影响，各小区间设 1.5m 的保护行。各处理的单次灌水量均达到田间持水量的 80%，具体灌水处理见表 14.2。

表 14.2　　　　　　　　　　　　　　　　春小麦不同生育时期的灌水处理

年份	处理	灌水次数	单次灌水量/mm		
			苗期	拔节期	灌浆期
2012	T_1	3	34	92	83
	T_2	2	33	0	99
	T_3	2	34	84	0
	T_4	1	33	0	0
2013	T_1	3	28	91	68
	T_2	2	29	0	89
	T_3	2	25	85	0
	T_4	1	27	0	0

14.1.4　测定项目

1. 土壤容重的测定

土壤容重采用 Roberston 等（1999）的方法进行。通过环刀取不同深度未经扰动的土样装满整个环刀，在烘箱 108℃中烘 8h 至恒重，得到干土的质量。计算公式为

$$\gamma_s = \frac{m}{V_s} \tag{14.1}$$

式中：γ_s 为土壤容重；m 为环刀内干土重，g；V_s 为环刀体积，cm^3。

2. 土壤含水率的测定

本试验采用烘干法测定土壤含水率。具体操作过程为：将相同土层土样充分混匀后放入铝盒中，立即称取鲜土重＋铝盒重，然后置于烘箱内烘干至恒重后，再称取干土重＋铝盒重及空铝盒重，然后按以下方式进行计算：

（1）以质量百分数表示的土壤含水率为

$$土壤含水率(质量\%) = \frac{水重}{干土重} \times 100\% = \frac{(鲜土重＋铝盒重) - (干土重＋铝盒重)}{(干土重＋铝盒重) - 空铝盒重} \times 100\% \tag{14.2}$$

（2）以体积百分数表示的土壤含水率为

$$土壤含水率(cm^3/cm^3) = \frac{水分容积}{土壤容积} \times 100\% = 土壤含水率(质量\%) \times 土壤容重 \tag{14.3}$$

（3）以水层厚度表示的土壤含水率为

$$水层厚度(mm) = 土壤含水率(cm^3/cm^3) \times 土层厚度(mm) \tag{14.4}$$

播种前和收获后的取样深度为 120cm，生育期期间每隔 20 天取样一次，每 10cm 为一层，取至 100cm。灌水或降雨后加测一次。

3. 田间持水量的测定

本试验选用田间小区灌水法测定田间持水量，即当土壤排除重力水后约 3 天后测定不同

剖面深度的土壤含水率，逐层计算同一层次前后两次测得的土壤湿度差值，若某层差值小于或等于 2%，则第二次测定值即为该层土壤的田间持水量。若同一层次前后两次测定值大于 2%，则继续测定，直到出现前后两次测定值小于或等于 2% 为止。

4. 根长及根干重密度的测定

根系取样分别于春小麦生育期的苗期、拔节期、抽穗期、灌浆期、成熟期这 5 个时期进行。在每个小区内选取 15cm×15cm 的小样方，先割掉植株的地上部分，然后利用内径为 8cm，高为 10cm 的根钻进行取样。从地面起向下每隔 10cm 取样一次，重复 3 次，每个时期取样深度以根系扎根深度为准，5 个时期取样深度分别为 20cm、40cm、60cm、100cm、100cm。将相同处理同一层次的土样混合后，置于网眼直径为 0.5mm 的网筛中用水将土冲洗掉后，置于浓度为 1% 的刚果红溶液中浸泡，用镊子剔除杂质与死根后晾干，用交叉网格法测定根长。Tennant 用此方法测定的根长与实际根长相关系数高达 0.9998，故选用此法。具体操作方法是将方格纸放到用透明玻璃制成的浅盘底部，再将湿根放入呈有少许水的盘中，用镊子将根系分开以致根系互不相交后，计数根与方格纸纵、横线的交叉点数。根长的计算公式为

$$L = \frac{11}{14} Nl \tag{14.5}$$

式中：N 为交叉点数；l 为方格间距，$l = 1\text{cm}$。

同时将相应根系于 105℃ 杀青 30min 后，80℃ 烘干至恒重，再利用万分之一天平测得根干重。根干重（根长）密度指单位土体中的根干重（根长）。根干重密度和根长密度为

$$DRWD = 10000 \frac{M}{V} \tag{14.6}$$

$$RLD = \frac{L}{V}, \quad V = \pi r^2 d \tag{14.7}$$

式中：$DRWD$ 为根干重密度，$10^{-4}\,\text{g/cm}^3$；RLD 为根长密度，cm/cm^3；M 为根干重，g；L 为根长，cm；V 为土体体积，cm^3；r 为钻头直径，$r = 8\text{cm}$；d 为取样深度，$d = 10\text{cm}$。

14.2 结果与分析

本研究采用 Microsoft Excel 处理数据，用 SPSS 17.0 软件进行显著性分析、相关分析、误差分析，利用 Sigma Plot 10.0 软件进行作图。

14.2.1 不同灌水处理对春小麦根系分布的影响

作为衡量作物根系分布状况的主要依据，根长密度反映了单位体积内根的多少，能够充分反映作物根系的发展动态。对 2012 年和 2013 年试验结果综合分析发现，年度间的根系分布状况十分相似。由不同灌水处理春小麦不同生育期根长密度分布（图 14.1 和图 14.2）可以看出，根长密度在不同土壤剖面上的分布呈动态变化，不同灌水处理下春小麦根长密度变化趋势基本一致，在土壤中呈 T 形分布，即越接近表层土壤，根系分布越多，根长密度越大。根系主要集中在土壤表层 0～30cm 范围内，占到总根系的 75% 以上，在此土层范围内，根长密度随土层深度的增加降低幅度较大，而 30cm 以下土层的根长密度随土层深度加深降低幅度较小。随着根系向土壤深层下扎，根长密度随着土层深度的加深而呈指数下降，可用 $RLD = A + Be^{-Cz}$ 曲线拟合，其中：z 为土层深度；A、B 为常数；C 为递减率。

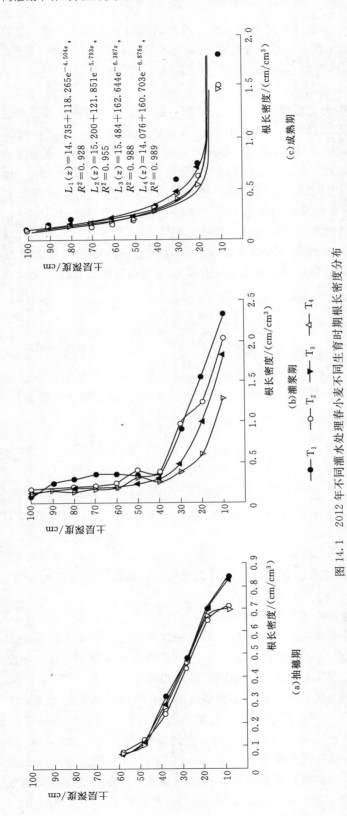

图 14.1 2012 年不同灌水处理春小麦不同生育期时根长密度分布

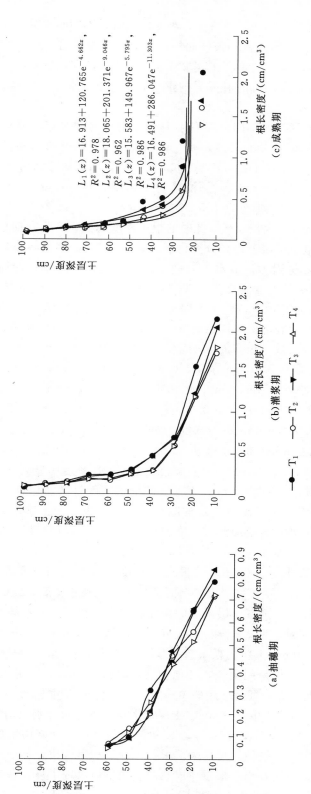

$L_1(z) = 16.913 + 120.765e^{-4.662z}$,
$R^2 = 0.978$
$L_2(z) = 18.065 + 201.371e^{-9.046z}$,
$R^2 = 0.962$
$L_3(z) = 15.583 + 149.967e^{-5.795z}$,
$R^2 = 0.986$
$L_4(z) = 16.491 + 286.047e^{-11.303z}$,
$R^2 = 0.986$

图 14.2 2013 年不同灌水处理春小麦不同生育时期根长密度分布

通过相关分析，相关系数 $R^2 > 0.928$，可见，小麦成熟时，不同灌水处理下根长密度与土层深度间均达 0.05 水平的极显著指数相关。此外，从拟合曲线看出，2012 年不同灌水处理下递减率 C 表现出 $T_4 > T_3 > T_2 > T_1$ 的规律，2013 年递减率 C 存在 $T_4 > T_2 > T_3 > T_1$ 的规律，可见土壤水分的多少是根系分布存在差异的重要原因，土壤水分增加春小麦根系分布有上移趋势。

不同灌水处理下，不同生育时期不同土层春小麦根长密度的分布存在差异。从图 14.3 可以看到，在拔节期 0～100cm 土层范围内，T_1、T_2、T_3、T_4 处理的总根长密度分别为 1.065cm/cm^3、1.031cm/cm^3、1.078cm/cm^3、0.906cm/cm^3，抽穗期分别为 2.566cm/cm^3、2.355cm/cm^3、2.567cm/cm^3、2.284cm/cm^3，灌浆期分别为 6.033cm/cm^3、4.788cm/cm^3、5.630cm/cm^3、4.858cm/cm^3，成熟期分别为 5.200cm/cm^3、4.050cm/cm^3、4.389cm/cm^3、3.414cm/cm^3，可看出灌浆期根系生长旺盛，此时的根长密度最大，到收获期根系存在一定程度的衰减。拔节期后，从整个土层上根系分布情况看，T_1、T_3 处理的各土层根长密度保持了较高的生长水平，这主要是因为拔节水为后期根系生长奠定了基础；在抽穗期和灌浆期，T_1、T_3 处理的各土层的根长密度以及 T_2、T_4 处理的各土层根长密度不存在明显差异，但灌浆期对 T_1、T_2 处理在一定程度上调整了不同土层中根系的分布情况。在春小麦生育前期，由于蒸发和降雨不足，导致表层土壤严重缺水，在生育后期进行及时灌溉，补充了表层土壤水分，减缓了表层根系的衰败，正如灌浆期后，T_1 处理的 0～10cm、10～20cm、20～30cm 土层中的根长密度分别减小 0.103cm/cm^3、0.340cm/cm^3、0.189cm/cm^3，T_2 处理在该土层中的根长密度分别减小 0.101cm/cm^3、0.300cm/cm^3、0.181cm/cm^3，T_3 处理在该土层中的根长密度分别减小 0.337cm/cm^3、0.336cm/cm^3、0.286cm/cm^3，T_4 处理在该土层中的根长密度分别减小 0.303cm/cm^3、0.603cm/cm^3、0.288cm/cm^3，0～30cm 土层中 T_1、T_2、T_3、T_4 处理的总 RLD 值的减少量分别为 0.632cm/cm^3、0.583cm/cm^3、0.959cm/cm^3、1.283cm/cm^3，T_3、T_4 处理的表层根长密度减小程度明显大于 T_1 处理、T_2 处理。同时在成熟期，T_3、T_4 处理的 80cm 以下土层的根长密度呈增加趋势，T_2 处理的增加幅度不明显，T_1 处理的深层根系长度有一定的减小，这也就说明了土壤水分动态变化直接影响根系的分布情况，土壤缺水会增加深层土壤的根长密度，可以增强根系对深层土壤水分的吸收。

不同土层中，不同处理春小麦各生育期的根干重密度分布及所占比重见图 14.4（以 2012 年为例），可以看出根干重密度在整个土壤剖面上呈现出与根长密度一致的 T 形分布规律，表层土壤中的根系干重较大，随着土层深度的加深而减小。在拔节期不同灌水处理的不同土层中根干重密度及所占比例无明显差异，从拔节期到抽穗期，由于 20cm 以下土层根系的生长旺盛，导致各处理 0～20cm 土层的根干重密度比重有下降趋势，但随着生育期的推进，根系不断向下扎深和各土层根系的生长，抽穗期后各处理 0～20cm 土层根干重密度的比重又逐渐恢复；在灌浆期，T_2、T_4 处理的 0～20cm 土层根干重密度比重分别增加 17.59% 和 17.11%，而 T_1、T_3 处理的 0～20cm 土层根干重密度比重分别仅增加了 13.29% 和 8.95%，分析其原因主要是拔节期没有对 T_2、T_4 处理进行灌溉，而降雨增加了表层土壤含水率，促进了表层根系的生长。抽穗期过后表层根系干物质积累较快，各处理的总根干重密度均在灌浆期达到最大值，表明春小麦根系在成熟前就较早地出现了衰亡和腐解。但在成熟期，T_1、T_2 处理的总根干重密度的减小程度明显小于 T_3、T_4 处理，特别是表层根干重

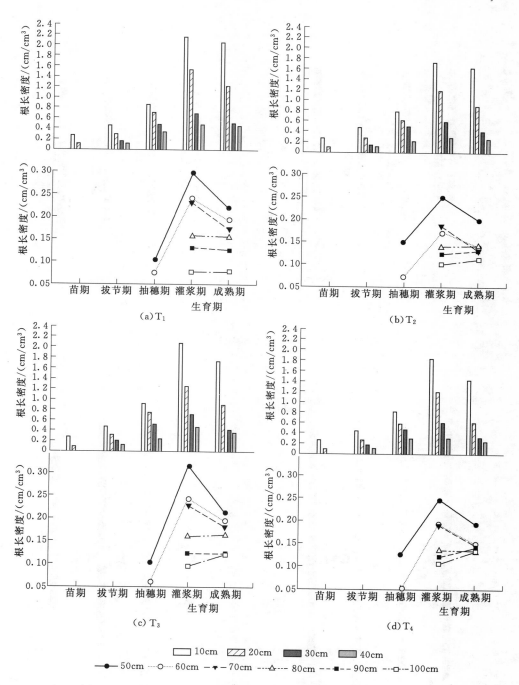

图 14.3 2013 年不同灌水处理春小麦根长密度随生育期的变化情况

密度，这主要是因为在灌浆期对 T_1、T_2 处理进行了灌水，在一定程度上减缓了根系的衰败，这与之前对根长密度的研究结果相符。从整个生育期，特别是灌浆期到成熟期的根干重密度所占比重看，干旱条件使得根干重密度所占比重下移，并有利于减缓下层土壤根系的衰亡。

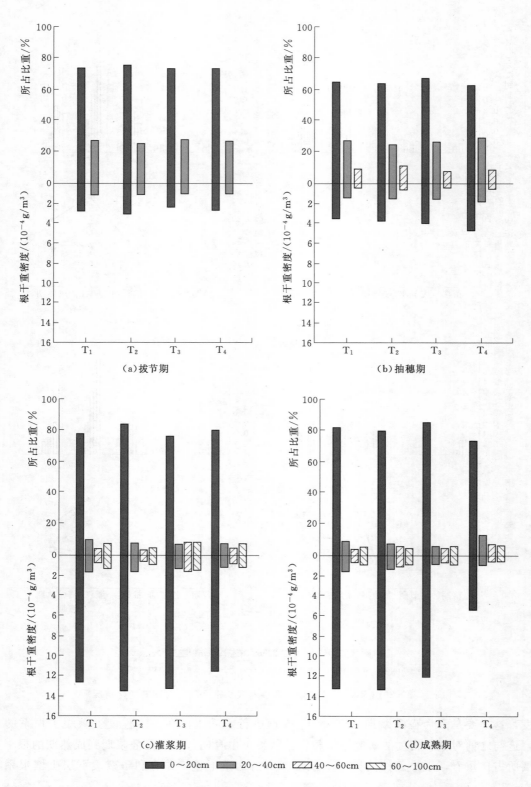

图 14.4　2012 年不同灌水处理下春小麦各生育期的根干重密度分布及所占比重

14.2.2 不同灌水处理对春小麦根层土壤耗水的影响

表14.3是不同处理下春小麦整个生育期内各层土壤耗水情况的分析，可以看出，2012年4个灌水处理下40cm以上土层土壤水分消耗占土壤总耗水的比例分别达到了57.2%、45.1%、43.4%、36.3%；2013年分别达到了58.0%、48.9%、45.2%、36.6%。这说明春小麦在根长密度和根干重密度较大的层位，土壤水的消耗率比较高，特别是在根量占绝对优势的40cm以上土层。但因供水条件和降雨情况的不同，根系吸收利用不同土层水分的情况也表现出差异性。前期降水较少而后期降水较多的2013年与2012年相比，各处理40cm以上土层的土壤水分消耗比例相对较高。从表14.3可以看出，根系对不同土层土壤水吸收情况受灌水次数和灌水量的影响很大。增加灌水次数和灌水量，可促进根系对上层土壤水分的吸收利用；相反，减少灌水次数和灌水量，则可以增加根系对土壤深层土壤水分的利用。以2012年为例，灌水次数较多，灌水量较大的 T_1 处理，消耗的土壤水分的80%全部来自60cm以上土层，而只灌一次水的 T_4 处理对60cm以上土层的水分消耗比例明显低于 T_1、T_2、T_3 处理，但60cm以下深层土壤水分的消耗比例明显增加，其中 T_4 处理对大于80cm深层土壤水分的消耗比例可高达22.1%，而 T_1 处理仅有9%。由而可知，灌水次数和灌水量的适当减少，有助于提高根系对深层土壤水分的吸收率，尤其在黄土高原春小麦生育后期表土干旱的情况下，深层土壤水分的补给对作物产量的形成非常关键。

表14.3 不同灌水处理春小麦整个生育期的各层土壤耗水情况

年份	处理	各层土壤耗水百分比/%				
		0~20cm	20~40cm	40~60cm	60~80cm	>80cm
2012	T_1	29.3	27.9	22.7	11.1	9.0
	T_2	24.4	22.7	20.6	17.5	14.8
	T_3	22.7	20.7	19.3	19.5	17.8
	T_4	19.5	16.8	20.9	20.7	22.1
2013	T_1	29.8	28.2	22.0	13.2	6.8
	T_2	25.6	23.3	21.2	17.3	12.6
	T_3	23.1	22.1	19.7	18.9	16.2
	T_4	19.4	17.2	21.4	21.5	20.5

14.3 讨论

在中国气象局兰州干旱气象研究所定西干旱气象与生态环境试验基地进行两个生长季旱地春小麦不同灌水处理的大田试验，系统地对比分析了不同灌水处理对黄土高原干旱半干旱雨养农业区小麦生长过程中植株根系分布特征和根土界面土壤水分吸收特征的影响，以期帮助制定合理的灌溉制度，提高春小麦水生产力。

根长密度和根干重密度是作物根系研究的重要指标。张淑芬、王翼川等的研究表明，根长密度和根干重密度在土壤剖面上的分布呈负指数递减趋势，王翼川等认为春小麦根系主要集中在表层0~40cm土层中。本研究尽管各处理水分条件存在差异，但春小麦根系分布在整个土壤剖面上呈现出一致规律，即根系呈现出T形分布，0~30cm土层是根系的密集层。在此土层范围内，根长密度和根干重密度随土层深度的增加降低幅度较大，而30cm以下土层的根长密度和干重密度随土层深度的加深降低幅度较小。从对成熟期不同灌水处理的根长密度的拟合结果看，根长密度与土层深度之间有极显著指数相关关系（$p < 0.05$），根长密度随着土壤深度的加深呈指数递减趋势。

小麦根系对环境因素的反应，以水分最敏感。本研究从春小麦各个生育期不同土层根系分布变化来看，T_1、T_3 处理较 T_2、T_4 处理的根长密度和根干重密度在整体土壤剖面上保持着较高的生长水平，说明拔节期灌水至关重要，其原因可能是拔节期是春小麦营养生长的关键时期，促使根系快速生长，以保证对作物水分养分的供给。这也证实了刘殿英、杨培岭、陈晓远等人的研究结果。根系在土层中的分布因土壤含水情况而异。若土壤轻度干旱，则下层土壤中的根系分布明显增多；当土壤严重干旱时，根系绝对量显著减少，但下层根系生物量相对比例增高（Bulm、李鲁华、王晨阳等）。本试验发现灌浆期对 T_1、T_2 处理进行灌溉，使 T_1、T_2 处理的表层根长密度减小程度明显小于 T_3、T_4 处理；而 T_3、T_4 处理的60cm 以下土层的根长密度及根干重密度呈明显增长趋势，可见，灌浆期灌水就减缓表层土壤根系的衰败显得尤为重要，水分胁迫有利于深层根系分布。干旱情况下，深层的土壤水分并未消耗殆尽，根系纵深发育有助于尽可能吸收更多的水分，能更好地满足根系本身和地上部分的需求，这是作物对于干旱环境的一种适应性变化。

随着土壤含水率的改变，根系对不同土层水分的吸收利用情况不同。大量研究表明，干旱条件促使根系深层发育，增加了根系对深层土壤水分的利用，对提高水分利用率起关键作用（刘根山、汤章城、王淑芬等）。本研究与前人研究结果一致，即根长密度、根干重密度相对较大的层位，土壤耗水比例也相对较大，特别在 40cm 以上根量占绝对优势的土层中；灌水次数多，灌水量大，可增加根系对上层土壤水分的吸收利用；灌水次数少，灌水量小，土壤深层贮水的利用率增加。适当减少灌水次数和灌水量，有利于促进根系对深层土壤水分的吸收，是确保半干旱黄土高原地区春小麦高产的关键。

第15章 不同灌水处理对春小麦产量及水分利用效率的影响

水资源危机是21世纪人类面临的重大挑战之一。众所周知，水和粮之间存在相互依存、相互影响、互为因果互动的关系。为切实缓解用水矛盾，需采取一系列措施，如实施严格的灌水管理，选择正确的灌水方式，制定合理的灌溉制度等，以提高旱区作物水生产力，实现灌溉农业的高产高效。本章以产量和水生产力为导向，研究不同灌水处理的春小麦生长发育、产量形成和水分利用效率，为指导灌溉，实现黄土高原半干旱地区春小麦高产高效提供宝贵资料。

15.1 材料与方法

15.1.1 试区概况

试验于2012年和2013年在中国气象局兰州干旱气象研究所定西干旱气象与生态环境试验基地（35°35′N，104°37′E）进行。试验区概况见第14章。

15.1.2 降雨情况与试验设计

本试验以"DX40"为试验材料，本次试验共设置4个水分梯度，每个处理重复3次，采用随机区组，具体降雨和处理情况见表14.1和表14.2。

15.1.3 测定项目

1. 株高测定

在春小麦几个主要生育期，苗期、拔节期、抽穗期、灌浆期和成熟期，用卷尺量取株高，从茎干基部开始量取至穗顶端（不包括麦芒），每个小区随机抽取15株，取其平均值。

2. 叶面积测定

利用长宽法测定单叶叶面积。计算公式为

$$LA = 0.83 L_l B \tag{15.1}$$

式中：LA 为叶面积；L_l 为单叶叶长，cm；B 为单叶叶宽，cm。

3. 地上生物量测定

分别在苗期、拔节期、抽穗期、灌浆期和成熟期在各小区中随机取样15株，经108℃杀青30min，80℃烘至恒重，称取重量。

4. 产量及其构成因子测定

在小麦收获时，在各小区取长势一致的一行小麦进行拷种，包括穗长、穗重、穗粒重、穗粒数和千粒重等。

对各小区单独收获，脱粒、晒干并计产，各处理的实际产量取3个重复小区产量的平均值。

5. 水分利用效率计算

本试验采用土壤贮水量、土壤贮水量变化、灌水量和耗水量4个重要指标对土壤水分状

况进行定量分析，其具体计算公式为

$$土壤贮水量(mm)＝土壤含水率(质量\%)×土壤容重×土层厚度(mm) \tag{15.2}$$

$$耗水量(mm)＝土壤供水量(播种时土壤贮水量－收获时土壤贮水量)$$
$$＋生育期总降雨量＋灌水量 \tag{15.3}$$

水分利用效率表达式为

$$产量水分利用效率(WUE)[kg/(hm^2·mm)]＝\frac{经济产量(kg/hm^2)}{作物耗水(mm)} \tag{15.4}$$

$$灌溉水利用效率(IWUE)＝\frac{经济产量(kg/hm^2)}{灌水量(mm)} \tag{15.5}$$

15.2　结果与分析

本研究采用 Microsoft Excel 处理数据，用 SPSS 17.0 软件进行显著性分析、相关分析、误差分析，利用 Sigma Plot 10.0 软件进行作图。

15.2.1　不同灌水处理对春小麦农艺性状的影响

1. 不同灌水处理对春小麦株高的影响

由图 15.1 可以看出，2012 年不同灌水处理下的株高在整体水平上略高于 2013 年，这主要是由于 2013 年前期降雨量比 2012 年少的缘故。尽管如此，在两个生长季的不同生育期，各处理的株高差异显著性却表现出一致规律。即在苗期和拔节期，各处理的株高并无显著性差异，到抽穗期、灌浆期、成熟期，T_1、T_3 处理的株高显著高于 T_2、T_4 处理，这主要归因于拔节期的灌水；但 T_1、T_3 处理的株高却不存在显著性差异，T_2、T_4 处理也无显著性差异，这就说明灌浆期对春小麦进行灌水对株高的影响不大。正如 T_2、T_3 处理同样是灌两次水，灌水时间不同造成了成熟期株高的显著性差异，也能说明拔节期相比灌浆期对株高的形成更为重要。从株高出现最大值的时期可以看出，T_1、T_3 处理的株高在灌浆期就已达到最大值，而 T_2、T_4 处理株高的最大值却出现在成熟期，这是由于在株高形成关键期拔节期进行灌水使得生长前期水分充足，促进了作物株高迅速生长，为后期合理的株高奠定了

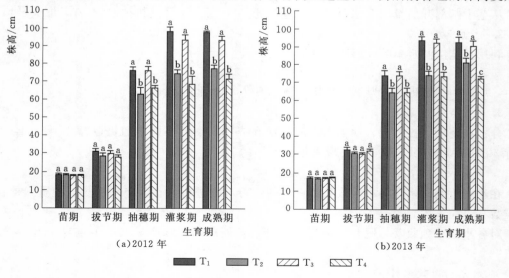

图 15.1　不同灌水处理春小麦全生育株高变化

基础，更加体现出拔节期对增加春小麦株高的重要；在灌浆期对 T_1、T_2 处理进行灌水，促进了 T_2 处理株高的生长却抑制了 T_1 处理株高的生长，分析原因是 T_1 处理土壤水分充足，再加上后期雨量充沛，水量过多反而不利于作物长高。

　　2. 不同灌水处理对春小麦叶面积的影响

　　作物叶面积的大小是决定光合作用的关键因素。从图 15.2 可以看出，各处理叶面积变化趋势基本相同，均呈现单峰型增长且在灌浆期达到最大值，到成熟期，各处理几乎都无有效绿叶。2013 年后期降雨较多，故有效绿叶的凋零相对 2012 年较慢。从各时期叶面积表现出的差异显著性可以看出，拔节期同样是决定叶面积大小的关键时期，而灌浆期灌水则对增大作物有效绿叶叶面积无显著意义。

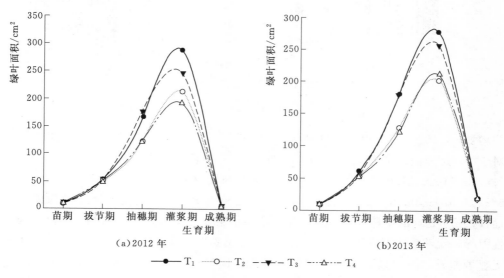

图 15.2　不同灌水处理春小麦全生育期绿叶面积变化

15.2.2　不同灌水处理对春小麦地上部干物质量的影响

　　各处理的地上干物质量在抽穗期出现差异，由图 15.3 可以看出，2012 年，因为拔节期的灌水，使 T_1、T_3 处理的地上干物质量在抽穗期与 T_2、T_4 处理出现显著性差异；在灌浆期，T_2、T_4 处理并无显著性差异，但由于在灌浆期对 T_2 处理进行了灌水，在成熟期干物质量显著高于 T_4 处理，这说明灌浆水可以有效地促进干物质的形成。在 2013 年小麦成熟期，T_2 与 T_3 处理、T_2 与 T_4 处理的地上干物质量差异不显著的主要原因是该年 7 月大量降水，正值小麦抽穗、灌浆的关键时期，降雨在一定程度上弥补了后期 T_3、T_4 处理水分的亏缺。从两年的地上干物质量数据可以看出，在生育后期 T_1 处理的地上干物质量始终保持最大值，可见充足的水分供应是干物质形成必不可少的条件；同时从灌浆期到成熟期，T_2 处理的干物质量积累速率显著高于其他处理，这就说明春小麦干旱缺水状况下及时在灌浆期补灌能够对最终地上干物质量的形成起到很好的补救效果。

15.2.3　不同灌水处理对春小麦产量及产量构成要素的影响

　　从表 15.1 可以看出，2012 年、2013 年各处理的主要产量构成要素除单株成穗数和不孕小穗数外，其他要素的最大值均落在 T_1 处理。在这两个年份内，T_1 处理的主要产量构成要素，如单株成穗数、穗长、结实小穗数、穗粒数、穗粒重、千粒重都显著高于 T_4 处理，依

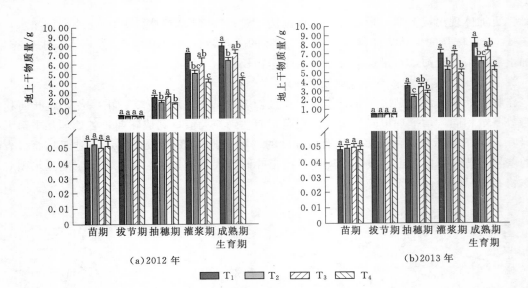

图 15.3　不同灌水处理春小麦全生育地上生物量变化

次平均增加 69.10％、28.09％、23.69％、38.95％、48.14％、17.05％；T_3 处理的上述指标相对于 T_4 处理的增长幅度虽不如 T_1 处理显著，但也分别达到了 60.09％、19.19％、3.64％、14.71％、21.02％、13.25％；T_2 处理的上述指标较 T_4 处理增长了 31.76％、17.05％、1.67％、5.83％、2.37％、0.53％，可见土壤供水充足是保证产量构成要素的前提。而 T_2、T_3 处理的单株成穗数、穗长、结实小穗数、穗粒数、穗粒重、千粒重没有形成显著性差异，说明灌水时期不是导致上述产量构成要素差异的关键因素。T_1、T_3 处理的产量虽无显著差异，但却显著高于其他两种处理，同时 T_2、T_4 处理的产量并未形成显著差异，可见拔节期水较灌浆期水更有利于春小麦获得高产。2013 年各处理的千粒重和产量均比 2012 年低，这主要是由于 2013 年降雨变率呈现出"前少后多"趋势的缘故。

表 15.1　　　　　　　　不同灌水处理对春小麦产量及产量构成要素的影响

年份	处理	单株成穗数 /个	穗长 /cm	结实小穗数 /个	不孕小穗数 /个	穗粒数 /个	穗粒重 /g	千粒重 /g	产量 /(kg/hm²)
2012	T_1	2.07a	10.61*a	15.13*a	1.13a	43.00*a	2.22*a	51.06*a	4914.33*a
	T_2	1.60ab	9.29b	12.13b	2.20b	33.87b	1.50b	43.96b	4022.22b
	T_3	2.13*a	9.91ab	12.27b	0.93a	35.27ab	1.79ab	49.41a	4870.94a
	T_4	1.20b	8.11c	12.60b	2.21*b	30.53b	1.54b	43.64b	3966.04b
2013	T_1	1.87*a	9.68*a	14.47*a	0.87a	38.33*a	2.15*a	50.56*a	4877.93*a
	T_2	1.47ab	9.25a	12.20b	1.27b	28.07b	1.52b	43.32b	3972.56b
	T_3	1.60ab	8.97a	12.53b	2.13b	31.87ab	1.78ab	48.91a	4865.18a
	T_4	1.13b	7.73b	11.33b	2.20*b	28.00b	1.41b	43.18b	3899.48b

注：＊表示最大值；各年同一列中不同字母表示不同处理间达到 0.05 水平显著差异（$p < 0.05$）。

15.2.4　不同灌水处理对春小麦耗水特性及水分利用效率的影响

　　降水、灌溉水和土壤水是小麦耗水的三大组成部分，且各组成部分所占比例均随灌水次数和灌溉量的差异而不同。由表 15.2 可知，2012 年、2013 年这两年的灌水试验中，因为不同灌水处理的灌水量表现为 $T_1 > T_2 > T_3 > T_4$，导致总耗水量均表现为 $T_1 > T_2 > T_3 > T_4$；降水量占总耗水量的百分率表现为 $T_4 > T_3 > T_2 > T_1$；土壤耗水占总耗水量的百分率表现为 $T_4 > T_3 > T_2 > T_1$，这说明降水量及麦田土壤贮水消耗量占总耗水量的百分率均随着灌水量的增大而降低，灌水量少能更好地发挥降水和土壤水的作用。2012 年从 T_4 处理到 T_1 处理的灌水量由 33mm 增加到 209mm，灌水量、降水量和土壤贮水消耗量占总耗水量百分率的变异系数分别为 48.25%、14.76% 和 61.56%；2013 年从 T_4 处理到 T_1 处理的灌水量由 27mm 增加到 187mm，灌水量、降水量和土壤贮水消耗量占总耗水量百分率的变异系数分别为 44.74%、14.81% 和 62.15%。说明土壤贮水消耗量占总耗水量百分率受灌水量的影响较降水量明显，通过控制灌水量可有效调节春小麦对土壤水的吸收利用，达到增产和节水的双重效果。

表 15.2　　　　　　　　春小麦不同灌水处理的耗水组成、产量和水分利用效率

年份	处理	灌溉水		降水		土壤水		总耗水 /mm	产量 /(kg/hm²)	WUE/[kg/(hm²·mm)]	IWUE/[kg/(hm²·mm)]
		水量/mm	占比/%	水量/mm	占比/%	水量/mm	占比/%				
2012	T_1	209	46.3	215.4	47.7	26.9	6.0	451.3	4914.3a	10.89a	23.51a
	T_2	132	34.7	215.4	56.6	32.9	8.7	380.3	4022.2b	10.58a	30.47ab
	T_3	118	32.4	215.4	59.2	30.2	8.3	363.6	4870.9a	13.40*b	41.28b
	T_4	33	10.5	215.4	68.5	65.9	21.0	314.3	3966.0b	12.62ab	120.18c*
2013	T_1	187	43.2	217.5	50.3	28.0	6.5	432.5	4877.9a	12.67a	26.09a
	T_2	118	31.9	217.5	58.8	34.7	9.4	370.1	3972.6b	11.39b	33.67b
	T_3	110	30.6	217.5	60.5	32.2	8.9	359.7	4865.2a	14.64*b	44.23c
	T_4	27	8.4	217.5	68.0	75.2	23.5	319.7	3899.5b	12.20a	144.43d*

注：* 表示最大值；各年同一列中不同字母表示不同处理间达到 0.05 水平显著差异（$p < 0.05$）。

T_2、T_3 处理具有相同的灌溉量水平，2012 年为 125mm（±10mm），2013 年为 110mm（±10mm），T_2 处理的总耗水量及土壤贮水消耗量占总耗水量的百分率高于 T_3 处理，但 T_3 处理的产量显著高于 T_2 处理，由此说明相同灌水量条件下，不同灌水时期对春小麦产量和水分利用情况的影响有所不同。但随着灌水次数和灌水量的增加，灌溉水利用效率显著降低（$T_1 < T_2 < T_3 < T_4$）。两年的灌水试验中，T_3 处理的产量水分利用效率均显著高于其他处理，说明在灌水条件有限的情况下，T_3 处理的灌水组合能获得较高的产量，获得更高的水分利用效率。

15.2.5　根系分布与春小麦产量构成的相关性

将 0～100cm 土层的根系，按 0～30cm、30～60cm、60～100cm 分为上、中、下三层，并将 2012 年、2013 年春小麦上、中、下三层平均根长密度分别与对应的产量及产量构成要素进行相关分析。从表 15.3 可以看出，上、中、下三层根长密度对产量构成要素的相关性不同。上层根平均长密度虽与穗粒数呈显著正相关，但与穗粒重、千粒重和产量无相关关系；中间层根长密度与产量构成要素之间无显著性相关关系；而下层根长密度与穗粒重、穗粒重、千粒重、产量都成正相关关系，其中与千粒重和产量的相关系数达到 0.821 和 0.891，下层根长密度与春小麦高产的关系十分密切。

表 15.3　　　　　春小麦根长密度空间分布与产量及产量构成要素的关系

年　份	不同土层平均根长密度/cm	相　关　系　数			
		穗粒数	穗粒重	千粒重	产量
2012	0～30	0.929*	0.708	0.767	−0.126
	30～60	0.531	0.481	0.335	0.375
	60～100	0.998**	0.921*	0.574	0.891*
2013	0～30	0.792*	0.841	0.664	0.597
	30～60	0.252	0.291	0.004	−0.077
	60～100	0.950*	0.960*	0.821*	0.735

注：* 表示在 0.05 水平上显著相关。

　　** 表示在 0.01 水平上显著相关。

15.3　讨论

通过系统地对春小米株高、绿叶面积、干物质积累、产量形成、水分利用效率的指标的分析，研究不同灌溉节律对黄土高原干旱半干旱雨养农业区春小麦的产量和水生产力的影响，为制定合理的灌水制度提供依据。

不同时期灌溉对春小麦的农艺性状（如株高、叶面积等）及地上生物量积累的影响不同。众多研究表明，土壤缺水，严重影响小麦生长发育，株高、叶面积、地上生物量均随灌水量的减少而减小（梁银丽、李莎等）。小麦株高等性状对土壤水分的敏感期及敏感程度并不相同，有人强调孕穗水，也有人强调拔节水；李晓东等人提出亏水后灌溉对株高、叶面积及干物质累积量的影响不大，但程俊等认为灌浆水对干物质积累、产量形成很重要。本研究发现，随着生育进程的推进，不同处理下春小麦主要农艺性状和地上生物量表现出一致的显著性规律。T_1、T_3 处理的株高、单株绿叶面积和地上干物质显著高于 T_2、T_4 处理，灌浆期后，T_2 处理生物量积累速率显著高于其他处理。这说明拔节期灌水对促进春小麦茎秆的伸长、延缓叶片衰老有显著作用；由于作物的补偿生长效应，后期补灌对春小麦株高和单株绿叶面积的增长无显著影响，却可有效地促进地上生物量的形成，特别是在严重缺水的情况下，及时有效地补灌为最终的生物量积累起到了明显的补救作用。

小麦在生长发育过程中，由于本身生理特点或气候条件的制约，有明显的需水临界期，特别是在有限灌溉条件下，灌水时期对产量的影响很大，为确定其关键生育期前人做了众多研究，但结果不尽相同。正如，Hussein 等认为抽穗期灌水较分蘖期灌水更有利于提高小麦千粒重和产量；孙宏勇、季书勤等研究发现拔节期灌水对冬小麦影响显著，有利于提高穗粒数；张永丽、石岩等试验证明开花期灌水对小麦产量形成十分重要；郑海泽、杨胜利等认为灌浆水是不可缺少的一水。本试验结果表明，T_1 处理的不孕小穗数最少，其他产量构成要素高于另外 3 个处理，最终各处理产量为 $T_1 > T_3 > T_2 > T_4$；T_1、T_3 处理的产量不存在显著性差异，而 T_2、T_4 处理间的产量也没有显著差异，这说明土壤水分充足是确保产量的前提，拔节期灌水是获得高产的关键，灌浆期水分胁迫同样是造成产量较低的原因，但前期充足供水充足比后期供水（灌灌浆水）更有助于产量提高，这可能是生育后期降雨量较充足，在一定程度上缓解了干旱缺水的状态，该结果与李国荣、季书勤等观念如出一辙。

有效降雨量较少及降雨时空分布的不均是制约黄土高原地区农业发展的关键问题。为同时实现节水和高产目标，必须加大自然降水和灌溉水的利用效率。大量研究表明，随着灌水量的增加，春小麦生育期总耗水上升，灌水量与土壤贮水消耗量呈负相关关系，适当的减少灌溉量，则能提高土壤水的利用效率。本试验验证了上述研究结果，各处理灌水量表现为 $T_1 > T_2 > T_3 > T_4$，导致总耗水量各处理表现为 $T_1 > T_2 > T_3 > T_4$，降水量及土壤贮水消耗量占总耗水量的百分率表现为 $T_4 > T_3 > T_2 > T_1$，且各耗水组成占总耗水量百分率的变异系数，土壤贮水消耗量显著高于降水量，表明减少灌水量有利于增加春小麦对降水和土壤水的吸收利用，通过改变灌水量能更有效地调节小麦对土壤贮水的吸收利用，达到节水增产的效果。

水分利用效率受产量和耗水量的共同制约，是植物节水抗旱高产的一个重要指标，是植物利用水分合成生物产量能力的体现。灌水量大并不等同于可得到最高的综合经济效益，从保产节水的角度出发，做好关键生育期灌水对提高小麦产量水分利用效率很重要。王志敏等研究认为增加开花后灌水，有利于增加产量，提高水分利用率；田海燕认为拔节期灌一水为最佳选择；孙宏勇、石岩等发现拔节—灌浆初期水分的有效供给对实现稳产高产、提高水利用效率意义重大。本试验得出灌水次数和灌水量多，使灌溉水利用效率显著下降，且不利于提高春小麦产量水分利用效率；在相同的灌溉水平下（T_2、T_3 处理），拔节期灌水比灌浆期灌水更有利于提高小麦的水分利用效率；灌一水处理（T_4）相比补灌了灌浆水的处理（T_2），产量水分利用效率反而提高，以上结果说明在有限灌溉条件下，一定要保证春小麦拔节期灌水工作的有效进行。

根系分布状况与小麦的生长发育和产量形成关系密切。我国传统农业生产曾一味追求大根系，但大根系并不一定有利于作物地上部分生长和产量的形成。李凤民等认为：麦类作物根系的理想分配型应当是减少根系在表层土中的分布，适当增加深层土中的根量。蔡昆争等对水稻的研究发现，上层根质量与产量之间没有显著的相关关系，而下层根质量与产量之间呈显著正相关关系。同样，李钟燕等也强调下层根系的作用，但也有人认为上层根系才是决定产量的关键。本试验根据土层深度将根系分为上、中、下三层，通过对各层平均根长密度与产量等的相关分析，研究不同层位根系对春小麦产量构成要素及产量的影响。研究发现上层根系根长密度（0～30cm）和中层根系根长密度（30～60cm）与春小麦的穗粒重、千粒重和产量没有显著相关关系；下层根系根长密度（60～100cm）与穗粒数、穗粒重、千粒重和产量呈正相关关系。因上层根系根长密度占到总根系根长密度的 70%，根据不可兼得理论（Hermans 等），上层根系分配较多则会减少分配到地上部分的生物量，最终导致产量下降。土壤深层贮水具有生物有效性高、开发利用的潜力大的特点，作物为寻找更多的水源，增加深层土壤根量，以提高深层土壤水分的利用程度，缓解干旱胁迫，实现高产。

第 16 章 黄土高原半干旱区春小麦根系吸水模型的构建

作物生长发育所需的大部分水分来自根系的供给，在水资源匮乏已严重威胁到农业发展的今天，探究土壤水分动态，研究根系吸水特性具有极高的必要性。根系吸水模型的建立是定量分析根系吸水特性的有效手段。从根系吸水模型出发就可以进行土壤水分的动态模拟，从而可预测蒸散发影响下的土壤水分变化状况，以了解地表水、土壤水和地下水的相互转化规律，进而为黄土高原地区有限水资源的高效利用、改善生态环境、促进经济发展等提供科学的理论依据。本章着重对黄土高原春小麦一维垂向根系吸水模型的建立进行讨论。

16.1 春小麦根系吸水模型的选择

植物根系吸水模型大致分为宏观模型与微观模型两大类。宏观模型较微观模型应用相对广泛，有许多种类型。现有的根系吸水模型，有些形式过于简化，不能正确反映根系吸水实际状况；但又有许多模型由于考虑了太多的因素，以致使用起来十分不便。而建立根系吸水模型的主要目的是要进行土壤水分的动态模拟，根系吸水模型的选择要符合科学、合理而又形式简便的原则。只有科学、合理而又形式简单、使用方便的根系吸水模型，才会具有真正持久的生命力，满足实际应用要求。

Feddes 分别于 1974 年、1976 年和 1978 年提出了 3 个不同形式的根系吸水宏观模型，其中 1974 年提出的模型基本上是属于电学模拟类型的模型，后两个模型则为权重因子类模型。1976 年提出的模型以土壤含水率为权重因子参变量，而 1978 年提出的模型采用根区土壤水势作为参变量，对根系吸水强度与土壤含水率及土水势之间的关系做了深入探讨。他提出的水势影响函数 $\alpha(h)$ 能够比较合理地反映出土壤水分状况与土壤质地对根系吸水的影响，对其他根系吸水模型的研究具有重要的参考价值。Feddes 根系吸水模型虽然考虑了水分亏缺等对根系吸水的影响，但仍没有考虑根系分布对根系吸水的影响，故罗毅等对 Feddes 根系吸水模型进行了改进，在 Feddes 根系吸水模型的权重因子中加入了根长密度分布参数。该模型结构合理、形式简单，且从冬小麦根系试验的验证结果可以看出，其模拟精度较高。本研究则利用改进后的 Feddes 根系吸水模型对黄土高原春小麦根系吸水进行模拟。其具体模型形式如下

$$S(z,t) = \frac{\alpha(h)L(z)}{\int_0^z \alpha(h)L(z)\mathrm{d}z} T_a(t) \tag{16.1}$$

$$其中 \qquad \alpha(h) = \begin{cases} \dfrac{h}{h_1} & (h_1 \leqslant h \leqslant 0) \\ 1 & (h_2 \leqslant h \leqslant h_1) \\ \dfrac{h-h_3}{h_2-h_3} & (h_3 \leqslant h \leqslant h_2) \\ 0 & (h \leqslant h_3) \end{cases} \qquad (16.2)$$

式中：$S(z,t)$ 为根系垂直方向的一维吸水强度，$1/\text{d}$；z 为地面向下的深度，cm；$T_a(t)$ 为植株蒸腾强度，cm/d；$L(z)$ 为垂直方向的一维根长密度分布函数，cm/cm^3；h 为土壤水势，cm；$\alpha(h)$ 为水势影响函数；h_1、h_2、h_3 为影响根系吸水的几个土壤水势阈值。

该模型同时考虑了根长密度和土壤水势状况这两个因素对根系吸水强度最重要的影响，更为合理，且形式简单、方便应用。

16.2 试验材料与方法

本试验于 2012 年在中国气象局兰州干旱气象研究所定西干旱气象与生态环境试验基地进行。研究区概况与降雨量情况见第 14 章。

16.2.1 试验设计

本试验选用旱作小麦品种"DX40"为试验材料，采用大田种植方式。播种前将试验区进行 20～30cm 的翻耕，同时施入底肥二铵约 400kg/hm²、氯化钾约 150kg/hm²、尿素约 260kg/hm²。本次试验对春小麦分别灌苗期水、拔节水和灌浆水，每次灌水均达到田间持水量的 80%，保证小麦正常的生长。共设 3 个重复，每个小区面积为 3m×3m。

16.2.2 试验测定项目

1. 土壤水分特征曲线测定

采用高速台式冷冻离心机（型号为 3-30K）测得土壤水势与相应的土壤含水率，通过回归的方法拟合得到土壤水分特征曲线，并用 WP4 露点水势仪测定的结果进行校正。

2. 饱和含水率和萎蔫含水率测定

采用环刀法测定饱和含水率；萎蔫含水率由水分特征曲线外推得到。

3. 非饱和土壤水扩散率测定

非饱和土壤水扩散率的测定一般采用水平土柱渗吸法（Bruse and Klute）。该法是利用一个半无限长的水平土柱的吸渗试验资料，结合解析法求得的计算式，最后计算出扩散率。该法要求土柱中的土壤质地均一，有均匀的初始含水率，且水平土柱进水端维持一个接近饱和的含水率，并使水分在土柱中作水平吸渗运动，忽略重力作用作一维水平流动，其微分方程和定解条件为

$$\begin{cases} \dfrac{\partial \theta}{\partial t} = \dfrac{\partial}{\partial x}\left[D(\theta)\dfrac{\partial \theta}{\partial x} \right] \\ \theta(x,t) = \theta_a & (x>0, t=0) \\ \theta(x,t) = \theta_b & (x=0, t>0) \end{cases} \qquad (16.3)$$

式中：t 为时间，min；x 为水平距离，cm；θ 为体积含水率，cm^3/cm^3；θ_a 为初始体积含水率；θ_b 为进水端边界体积含水率（其值接近饱和含水率）。

采用 Boltzmann 变换，将方程（16.3）转化为常微分方程求解，得

$$D(\theta) = -\frac{1}{2}\left(\frac{\mathrm{d}\lambda}{\mathrm{d}\theta}\right)\int_{\theta_a}^{\theta}\lambda\,\mathrm{d}\theta \qquad (16.4)$$

式中：λ 为 Boltzmann 变换参数，$\lambda = xt^{-0.5}$；其他参数意义同前。

将式 (16.4) 改写成差分方程形式为

$$D(\theta) = -\frac{1}{2}\frac{\Delta\lambda}{\Delta\theta}\sum\lambda\Delta\theta \qquad (16.5)$$

利用试验测定结果，根据式 (16.5)，即可算出与 θ 对应的土壤水扩散率 $D(\theta)$ 值。

吸渗试验资料通过水平土柱试验获取。在田间土壤剖面取土样，风干并粉碎，过 3mm 的筛后，将土样按田间原状土干容重装入水平土柱中。水平土柱由有机玻璃管制成，总长为 25cm，内径为 5.7cm，分为水室段、滤层段、试样段三部分。滤层段用滤纸代替，试样段由 20 个 1cm 一段的圆环组成，以方便装取土样。测定时，用马氏瓶供水以控制进水端水位不变。非饱和土壤水扩散率试验装置如图 16.1 所示。

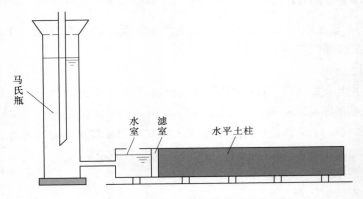

图 16.1 非饱和土壤水扩散率试验装置图

试验过程中，按一定时间间隔记录湿润锋的前进距离，并记录试验总历时。从湿润锋开始，按环取土，测出每个环的土壤含水率，得出土柱的含水率分布。

4. 叶面积指数测定

叶面积指数通过冠层分析仪测定。

5. 棵间地表蒸发测定

棵间地表蒸发是利用内径为 20cm，高为 25cm 的铁质微型蒸渗仪进行测定的。每个处理重复 3 次，每天 7：00 称重，电子天平感应量为 0.1g。微型蒸渗仪中的土，每隔 3～5 天更换一次，具体情况视天气而定。

6. 土壤容重、土壤含水率

土壤容重、土壤含水率的测定方法见第 14 章。

16.3 气象数据与技术路线

在样地外布设 PC-3 型小型自动气象站（绿光电子公司，东莞，中国），观测的气象数据包括太阳辐射强度（MJ/m²）、空气温度（℃）、空气相对湿度（％）、风速（m/s）、降雨量（mm）等。本研究技术路线如图 16.2 所示。

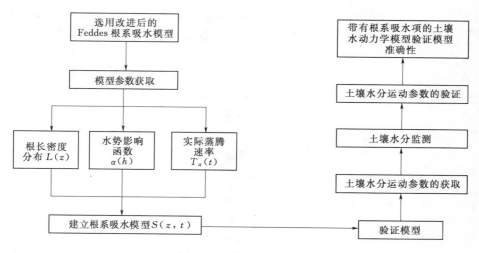

图 16.2　本研究技术路线图

16.4　结果与分析

16.4.1　一维垂向根系吸水模型的建立

1. 根长密度分布模型的建立

根长密度是反映作物根系生长发育状况的重要指标，直接影响着作物对水分、矿质元素等的吸收，是众多根系吸水模型不可缺少的参数。本研究取成熟期根系数据建立一维垂向根长密度分布函数。观察分析图 16.3所示各数据变化规律发现，小麦根长密度在土壤剖面上的分布可以用 e 指数函数来加以描述，即

$$L(z) = aL_{\max} e^{b \cdot z/Z_{\max}} \qquad (16.6)$$

式中：$Z_{\max}$ 为根系在垂直方向的最大伸展长度，cm；$L_{\max}$ 为最大根长密度，cm/cm³；其他参数意义同前。

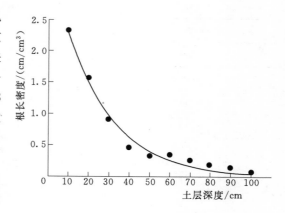

图 16.3　春小麦一维垂向根长密度

本试验 $Z_{\max} = 100$cm，$L_{\max} = 2.330$cm/cm³。

经相关分析可得：$a = 1.562$，$b = -4.449$，相关系数 $R^2 = 0.993$。

因此，建立黄土高原春小麦的根长密度分布函数为

$$L(z) = 1.562 L_{\max} e^{-4.449 z/Z_{\max}} \qquad (16.7)$$

2. 水势函数的确定

Feddes 根系吸水模型中的另一个重要参数是水势影响函数 $\alpha(h)$［见式（16.2）］，其中 h_1 为 80% 田间持水率对应的土壤水势；h_2 为 60% 田间持水率对应的土壤水势；h_3 为凋萎含水率对应的土壤水势。所以，要确定土壤水势影响函数 $\alpha(h)$，必须首先确定试验地土壤水分特征曲线。土壤水分特征曲线是土壤基质势或土壤水吸力随土壤含水率的变化而变化的曲

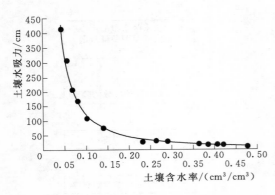

图 16.4　试验地土壤水分特征曲线

线，是反映土壤水的能量与数量之间关系的基本特性曲线。测定土壤水分特征曲线的方法有很多，有张力计法、离心机法、压力膜法和热电偶湿度计法等，本研究利用高速台式冷冻离心机（型号为 3 - 30K）测得结果，用 WP4 露点水势仪测定的结果对其进行校正，最后通过回归的方法拟合得到土壤水分特征曲线，如图 16.4 所示。

通过回归分析得到

$$S = 4.363\theta^{-1.45} (R^2 = 0.996) \quad (16.8)$$

$$S = -h \quad (16.9)$$

式中：S 为土壤水吸力，cm；θ 为土壤含水率，cm³/cm³；h 为土壤水势，cm。

利用拟合式（16.8）和式（16.9）计算得到试验地土壤剖面不同土层平均含水率及对应的土壤水势，见表 16.1。

表 16.1　　　　　　　　不同土层平均含水率及对应的土壤水势

土层深度/cm	平均含水率/(cm³/cm³)	土壤水势/cm
0~10	0.1864	-48.2680
10~20	0.1951	-45.1633
20~30	0.1736	-53.4935
30~40	0.1708	-54.7811
40~50	0.1429	-70.9450
50~60	0.1406	-72.6401
60~70	0.1426	-71.1476
70~80	0.1514	-65.2193
80~90	0.1708	-54.7703
90~100	0.1745	-53.0864

试验地田间持水量为 25.5%，凋萎含水率为 6.8%，由此可确定水势阈值 h_1、h_2、h_3，见表 16.2。

表 16.2　　　　　　　　土壤水势影响函数中的阈值

项目	田间持水率	80%田间持水率（h_1）	60%田间持水率（h_2）	凋萎含水率（h_3）
θ/(cm³/cm³)	0.3545	0.2502	0.2126	0.0945
h/cm	-19.6170	-31.4627	-39.8234	-129.0630

将表 16.1 和表 16.2 的计算结果代入式（16.2）中发现，各层土壤水势均在 $h_3 \leqslant h \leqslant h_2$ 范围内，故得到水势影响函数 $\alpha(h)$ 值，见表 16.3。

表16.3 春小麦根系水势影响函数 $a(h)$ 的确定

土层深度/cm	0~10	10~20	20~30	30~40	40~50	50~60	60~70	70~80	80~90	90~100
$a(h)$	0.91	0.94	0.84	0.83	0.65	0.63	0.64	0.72	0.83	0.85

3. 作物蒸腾量估算

作物蒸腾是农田生态系统水量平衡和能量平衡的重要环节，与农业生产力息息相关，但定量估算蒸腾量并不容易。目前，普遍使用的获取蒸发量的方法主要有蒸渗仪法、茎流计法、同位素法和建模法等，其中建模法最为常用。而对于单一作物的农田，常用的估算模型有 Penman-Monteith 模型（PM 模型）和 Shuttleworth-Wallace 模型（S-W 模型）。其中 PM 模型具有可靠的物理学和生理学基础，能够较好地估算密集冠层的蒸散发量，能够准确地模拟作物蒸腾和土壤蒸发过程，故本研究采用 PM 模型对小麦的蒸腾量进行模拟。

（1）参考作物潜在腾发量的估算。FAO（Food and Agriculture Organization of the United Nation）所推荐的 PM 模型是当前国际上公认的推算参考作物腾发量最准确的模型，本研究引用 FAO 于 1990 年在意大利召开的蒸散量计算专题国际会议推荐的 PM 模型计算参考作物腾发量（ET_0），即

$$ET_0 = \frac{0.408\Delta(R_n - G) + \gamma \dfrac{900}{T+273} U_2 D}{\Delta + \gamma(1 + 0.34 U_2)} \tag{16.10}$$

式中：ET_0 为参考作物腾发量，mm/d；Δ 为饱和水汽压曲线斜率，kPa/℃；R_n 为净辐射，MJ/(m²/d)；G 为土壤热通量，MJ/(m²·d)（在逐日计算公式中，$G \approx 0$）；γ 为干湿计常数；D 为饱和水汽压亏缺，kPa；T 为 2m 处平均气温，℃；U_2 为 2m 处的风速，m/s。

式（16.10）中参数为

$$\Delta = \frac{4098 \times [0.6108\exp(17.27/T + 237.3)]}{(1+237.3)^2} \tag{16.11}$$

$$\gamma = 0.00163 \frac{P}{\sigma} \tag{16.12}$$

$$P = 101.3 \times [(293 - 0.0065 a_l)]^{5.26} \tag{16.13}$$

$$\sigma = 2.501 - (2.361 \times 10^{-3})T \tag{16.14}$$

$$D = e_a - e_d \tag{16.15}$$

$$e_o(T_{max}) = 0.6108\exp\left(\frac{17.27 T_{max}}{237.3} + T_{max}\right) \tag{16.16}$$

$$e_o(T_{min}) = 0.6108\exp\left(\frac{17.27 T_{min}}{237.3} + T_{min}\right) \tag{16.17}$$

$$e_d = e_a\left(\frac{RH_{mean}}{100}\right) \tag{16.18}$$

式中：σ 为汽化潜热，MJ/kg；a_l 为海拔，m；e_a 为空气平均饱和水气压，kPa；e_d 为空气实际水气压，kPa；T_{max} 为月平均最高温度，℃；T_{min} 为月平均最低温度，℃；RH_{mean} 为平均相对湿度，%；其他参数意义同前。

（2）农田实际蒸腾量的估算。首先计算潜在腾发量（ET_c）为

$$ET_c = k_c ET_0 \tag{16.19}$$

式中：ET_c 为作物潜在腾发量，mm/d；k_c 为作物系数，可利用联合国粮农组织（FAO56）

推荐的单作物系数计算方法得到。

在考虑作物系数 k_c 取值时，首先将作物的生长发育划为以下时期：

1) 初期：从播种到覆盖率接近 10%，该阶段的作物系数记为 K_{cini}。

2) 发展期：从覆盖率从 10% 到完全覆盖，该阶段的作物系数从 K_{cini} 提高到 K_{cmid}。

3) 生育中期：从完全覆盖到成熟期开始，该阶段作物系数记为 K_{cmid}。

4) 末期：从叶片开始变黄到生理成熟或收获，该阶段的作物系数从 K_{cmid} 下降到 K_{cend}。

从《联合国粮农组织灌溉排水丛书第 56 分册》（Allen R G，Perrira L S，Smith M，Raes D，联合国粮农组织出版）的表 12 中查出春小麦在标准条件下（指在半湿润气候区，风速约为 $2m/s$，空气湿度约为 45%，管理良好，供水充足，生长正常，大面积高产的作物条件）生育中期和末期的作物系数 $K_{cmid(Tab)}$ 和 $K_{cend(Tab)}$，根据当地气候条件，用风速和相对湿度调整标准条件下的作物系数，计算公式为

$$K_{cmid} = K_{cmid(Tab)} + \left[0.04(U_2 - 2) - 0.04(RH_{min} - 45)\right]\left(\frac{h_p}{3}\right)^{0.3} \tag{16.20}$$

$$\begin{cases} K_{cend} = K_{cend(Tab)} + \left[0.04(U_2 - 2) - 0.04(RH_{min} - 45)\right]\left(\frac{h_p}{3}\right)^{0.3} & (K_{cend(Tab)} \geqslant 0.45) \\ K_{cend} = K_{cend(Tab)} & (K_{cend(Tab)} < 0.45) \end{cases} \tag{16.21}$$

$$RH_{min} = \frac{100 e_o(T_{min})}{e_o(T_{max})} \tag{16.22}$$

$$K_{ci} = K_{cprev} + \left[\frac{i - \sum L_{prev}}{L_{stage}}\right](K_{cnext} - K_{cprev}) \tag{16.23}$$

式中：RH_{min} 为计算时段内最小相对湿度，$\%$；h_p 为计算时段内平均株高，m；K_{ci} 为生育期内第 i 天的作物系数；i 为生长季的天数，d；L_{stage} 为计算日在生长季内所处的天数，d；L_{prev} 为计算日前生长季的总天数，d；K_{cprev} 为上一生长阶段作物系数；K_{cnext} 为下一生长阶段作物系数；其他参数意义同前。

$$T_c = ET_c - E_c \tag{16.24}$$

式中：T_c 为作物潜在蒸腾量，mm/d；E_c 为潜在土壤蒸发量，mm/d。

利用 CERES 模型（Jones，1986）中的经验公式估算 E_c 为

$$\begin{cases} E_c = ET_c(1 - 0.43LAI) & (LAI \leqslant 1) \\ E_c = \dfrac{ET_c}{1.1e^{-0.4LAI}} & (LAI > 1) \end{cases} \tag{16.25}$$

式中：LAI 为叶面积指数，通过实测得到。

农田实际蒸腾量与实际蒸发量计算式为

$$T_a = k_s T_c \tag{16.26}$$

$$E_a = k_s E_c \tag{16.27}$$

式中：T_a 为实际蒸腾量，mm/d；E_a 为实际蒸发量，mm/d；k_s 为土壤水分胁迫系数。

k_s 普遍采用对数形式的詹森公式（雷志栋等，1988），即

$$k_s = \frac{\ln(A_w + 1)}{\ln(101)}$$

其中

$$A_w = \frac{\theta - \theta_{wp}}{\theta_f - \theta_{wp}} \tag{16.28}$$

式中：θ 为土壤含水率，cm^3/cm^3；θ_f 为田间持水率，cm^3/cm^3；θ_{wp} 为萎蔫含水率，cm^3/cm^3。

（3）春小麦蒸腾量的估算。通过式（16.10）～式（16.24），可以得到小麦作物系数、参考作物腾发量及作物潜在腾发量。将春小麦的生长分为 4 个时期，从图 16.5 可以看出，在生长初期（a），作物系数稳定；在生长发育期（b），作物系数激增（0.49～1.32）；在生长中期（c），作物系数保持稳定；在生长末期（d），作物系数开始下降，从 1.32 降到 0.52。同时可见春小麦蒸散量也保持相同的变化趋势。

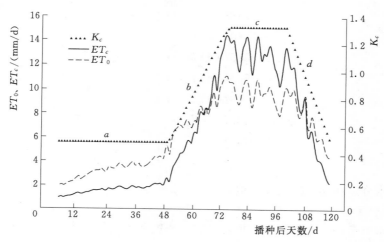

图 16.5　春小麦作物系数曲线、参考作物潜在腾发量曲线和作物潜在腾发量曲线

通过式（16.25）～式（16.28），计算得到春小麦的实际蒸腾量，图 16.6，用来构建根系吸水模型。

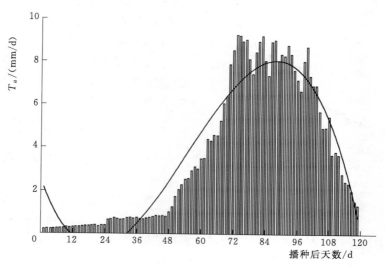

图 16.6　春小麦实际蒸腾速率曲线

对以上数据进行回归分析，拟合得到实际蒸腾速率为

$$T_a(t) = -1.00E - 0.4t^3 + 1.37E - 0.2t^2 - 3.88E - 0.1t + 2.49 \qquad (R^2 = 0.955)$$

$$(16.29)$$

125

式中：t 为时间参数；其他参数意义同前。

4. 春小麦根系一维垂向吸水模型的建立

将上述所得参数 $L(z)$、$\alpha(h)$、$T_a(t)$ 带入到 Feddes 根系吸水模型 [式 (16.1)] 中，通过计算得到春小麦的根系一维垂向吸水模型为

$$S(z,t)=\begin{cases} 0.5242L(z)T_a(t) & (0<z<10) \\ 0.3359L(z)T_a(t) & (10<z<20) \\ 0.2153L(z)T_a(t) & (20<z<30) \\ 0.1380L(z)T_a(t) & (30<z<40) \\ 0.0885L(z)T_a(t) & (40<z<50) \\ 0.0567L(z)T_a(t) & (50<z<60) \\ 0.0363L(z)T_a(t) & (60<z<70) \\ 0.0233L(z)T_a(t) & (70<z<80) \\ 0.0149L(z)T_a(t) & (80<z<90) \\ 0.0096L(z)T_a(t) & (90<z<100) \end{cases} \tag{16.30}$$

16.4.2 土壤水分运动参数的获取与检验

1. 土壤水分运动参数的获取

作为土壤水分运动方程中的一个重要参数，非饱和土壤导水率 $K(\theta)$ 的测定方法主要有瞬时剖面法、垂直下渗通量法、垂直土柱蒸发法和由已知水分特征曲线及扩散率计算的方法。本研究选择已知水分特征曲线和扩散率计算得到非饱和土壤导水率，即

$$K(\theta)=C(\theta)D(\theta) \tag{16.31}$$

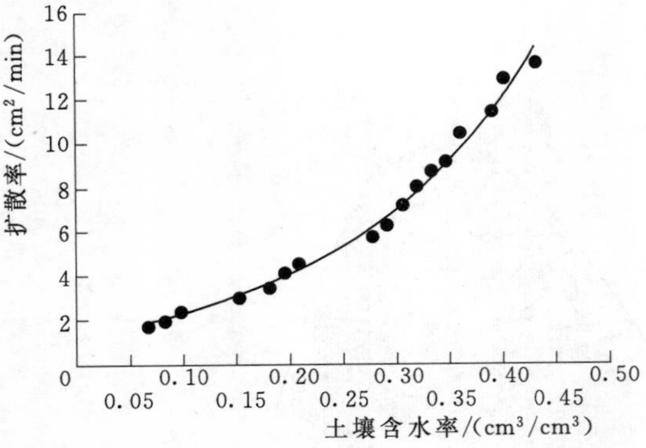

式中：$K(\theta)$ 为非饱和土壤导水率，cm/d；$D(\theta)$ 为非饱和土壤扩散率，cm^2/d；$C(\theta)$ 为比水容量。

比水容量 $C(\theta)$ 是单位基质势的变化引起的含水率变化，即土壤水分特征曲线斜率的倒数。

$$C(\theta)=-\frac{d\theta}{ds} \tag{16.32}$$

由此得到试验地土壤比水容量为

$$C(\theta)=0.1581\theta^{2.3623} \tag{16.33}$$

本研究通过水平土柱渗吸法测定土壤水扩散率 $D(\theta)$，将所测数据 (图 16.7) 进行拟合，得到试验地土壤水扩散率 $D(\theta)$ 的函数表达式为

图 16.7 试验地土壤非饱和扩散率曲线

$$D(\theta)=1.313e^{5.570\theta} \qquad (R^2=0.995) \tag{16.34}$$

式中：$D(\theta)$ 的单位为 cm^2/min，转化为以 cm^2/d 为单位的表达式为

$$D(\theta)=1890.72e^{5.570\theta} \tag{16.35}$$

将 $K(\theta)$、$D(\theta)$ 值带入式 (16.21) 中，可得到非饱和土壤导水率，见表 16.4。

表 16.4 土壤水分运动参数值

土壤水分参数	参数值	土壤水分参数	参数值
水分特征曲线	$s = 4.36\theta^{-1.45}$	土壤水扩散率/(cm²/d)	$D(\theta) = 1890.72\mathrm{e}^{5.570\theta}$
比水容	$C(\theta) = 0.1581\theta^{2.45}$	非饱和土壤导水率/(cm/d)	$K(\theta) = 298.92\theta^{2.45}\mathrm{e}^{5.570\theta}$

2. 土壤水分运动参数的验证

众所周知，土壤水分参数在根系吸水模型的验证过程中起到关键作用，土壤水分参数的准确与否直接关系到模型的验证结果，所以首先必须保证土壤水分参数的准确性，才能更好地对所建的根系吸水模型进行验证。而本研究中土壤水分特征曲线、非饱和土壤扩散率均为实验室测定值，非饱和土壤导水率为计算值，这些参数是否适用于田间土壤水分运动还有待于进一步的验证。

由于作物根区土壤为分层土壤，且土壤含水率变幅不是很大，故本研究选用以土壤水势 h 为变量的一维土壤水分运动方程对裸地土壤水分运移规律进行模拟，方程形式为

$$C(h)\frac{\partial h}{\partial t} = \frac{\partial}{\partial z}\left[K(h)\frac{\partial h}{\partial z}\right] - \frac{\partial K(h)}{\partial z} \tag{16.36}$$

初始条件为

$$h(z,t)\big|_{t=0} = h_0(z) \tag{16.37}$$

上边界条件为

$$\left(-K(h)\frac{\partial h}{\partial z} + K(h)\right)\big|_{z=0} = -E_t(t) \tag{16.38}$$

下边界条件为

$$h(z,t)\big|_{z=d} = h_0(d) \tag{16.39}$$

式中：$E_t(t)$ 为 t 时段表土蒸发速率，cm/d，利用自制微型蒸渗仪进行逐日测定后拟合得到，测定时间从 2012 年 5 月 2 日至 7 月 20 日，共计 79 天，测定结果如图 16.8 所示；其他参数意义同前。

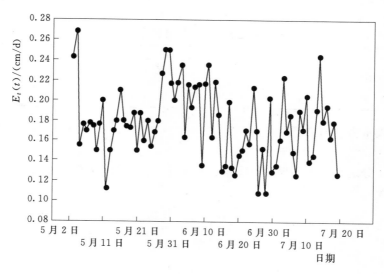

图 16.8 小麦生长季表土蒸发速率

拟合得到小麦裸间表土蒸发速率随时间变化的函数为

$$E_t(t) = -3E-11t^6 + 3E-09t^5 + 2E-07t^4 - 4E-05t^3 + 0.001t^2 - 0.022t + 0.260$$

$$(16.40)$$

将式（16.40）采用隐式差分格式进行离散化处理后，通过迭代追赶法对离散得到的三对角方程组进行线性化处理，具体处理过程同于根系吸水模型的验证过程。本研究对 2012 年 5 月 25 日与 6 月 30 日裸地土壤水分运移规律进行了模拟，模拟值与实测值对比结果见图 16.9。

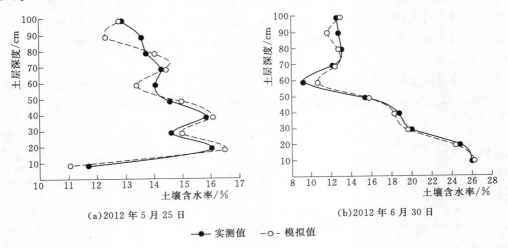

(a)2012 年 5 月 25 日　　　　　　　　　　(b)2012 年 6 月 30 日

—●— 实测值　　–○– 模拟值

图 16.9　裸地土壤水分的模拟结果

模拟所得最大相对误差分别为 9.36%、14.53%，平均相对误差分别为 3.32%、4.04%，相关系数达到 0.863（表 16.5），表明模拟值与实测值基本吻合，同时也说明所选用的土壤水分运移参数基本能反映当地田间土壤水分运移规律，可以用于根系吸水模型的验证。

表 16.5　　　　　　　　　　　模拟裸地土壤水分的误差分析结果

日　　期	平均相对误差/%	最大相对误差/%	R^2
2012 年 5 月 25 日	3.32	9.36	0.863
2012 年 6 月 30 日	4.04	14.53	0.901

16.4.3　根系吸水模型的验证

1. 根系吸水模型的验证原理及方法

根据土壤水分运动基本原理，以土壤含水率 θ 为变量的带有根系吸水项的一维土壤水分运动基本方程为

$$\frac{\partial \theta}{\partial t} = \frac{\partial}{\partial z}\left[D(\theta)\frac{\partial \theta}{\partial z}\right] - \frac{\partial K(\theta)}{\partial z} - S(z,t) \tag{16.41}$$

$$\theta(z,t)\big|_{t=0} = \theta_0(z) \tag{16.42}$$

$$\left(-D(\theta)\frac{\partial \theta}{\partial z} + K(\theta)\right)\bigg|_{z=0} = -E_t(t) \tag{16.43}$$

$$\theta(z,t)\big|_{z=d} = \theta_0(d) \tag{16.44}$$

通过求解上述方程组，得到土壤含水率 θ 的模拟值。将得到的模拟值与土壤含水率的实测值进行对比，以验证本研究所建根系吸水模型 $S(z, t)$ 的合理性。

要对所得根系吸水模型进行验证，第一步就是利用隐式差分格式将土壤水分运动偏微分方程进行离散化处理。这时土壤水分运动方程用各结点的差分方程近似，故土壤水分运动的求解转化成求解代数方程组的问题。然而所得的代数方程组并非简单的线性关系，所以在利用数值方法求解土壤水分运动方程时必须将方程组线性化，使求解方程组成为线性代数方程组。目前常用的线性化方法主要有显式线性化法、预报校正法和迭代法。本研究采用误差可控的、允许选用较大时间步长的迭代法对土壤水分运动非线性方程进行线性化处理。具体过程如下：首先，需假定本时段的土壤水分运动参数的计算值，一般可简单选取时段初的参数值作为预报值；其次，按隐式差分格式解方程组，得到时段末各结点土壤含水率的第一次迭代值，根据此值求得土壤水分运动参数以及根系吸水强度的校正值；最后，以此校正值作为下一次计算的预报值，然后解方程组可得时段末各结点土壤含水率的第二次迭代值；重复上述步骤，直到各结点前后两次迭代计算所得土壤含水率之差，满足所规定的误差要求为止，即应满足

$$\max\left|\frac{\theta_i^{k+1(p)}-\theta_i^{k+1(p-1)}}{\theta_i^{k+1(p-1)}}\right|\leqslant\varepsilon \tag{16.45}$$

式中：p 为迭代计算次数；ε 为允许的相对误差。

此外，在求解方程组时还须考虑结点间参数如何取值的问题。由于差分方程中出现的土壤水分运动参数常常不是节点处的值，而是两节点之间的参数值，同时土壤水分运动参数随土壤含水率的变化较大，且一般不是线性关系，所以必须选取合适的近似取值方法。经常使用的插值方法有取两节点参数的算术平均值法、取两节点参数的调和平均值法、取两节点参数的几何平均值法、取两节点处含水率的算术平均值后算出相应的参数值的方法、"三点式"法等。一般来说，用"三点式"或几何平均值法的效果较好，计算简便。本研究采用几何平均法来确定两结点间的参数取值，即

$$D_{i\pm1/2}^{k+1}=\sqrt{D_i^{k+1}D_{i\pm1}^{k+1}},\ K_i^{k\pm1/2}=\sqrt{K_i^kK_i^{k\pm1}}$$

本研究所有计算利用数学软件 Maple 9.5 编程来完成。Maple 是由加拿大 Waterloo 大学符号计算机研究小组开发、于 1985 年正式发行的具有强大符号运算能力、数值计算能力和图像处理能力的交互式计算机代数系统。经过不断的改进和完善，该软件已成为人们首选的数学软件。

2. 根系一维垂向吸水模型的验证过程

本研究将区域（$0\leqslant z\leqslant Z_{max}$，$0\leqslant t\leqslant T_{max}$）按矩形方式剖分，$\Delta z=10\text{cm}$，$\Delta t=1$ 天。对任一内节点，按隐式差分格式写出式（16.28）的差分方程为

$$\frac{\theta_i^{k+1}-\theta_i^k}{\Delta t}=\frac{D_{i+1/2}^{k+1}(\theta_{i+1}^{k+1}-\theta_i^{k+1})-D_{i-1/2}^{k+1}(\theta_i^{k+1}-\theta_{i-1}^{k+1})}{(\Delta z)^2}-\frac{(K_{i+1}^{k+1}+K_i^{k+1})-(K_i^{k+1}+K_{i-1}^{k+1})}{2(\Delta z)}-S_i^{k+1/2} \tag{16.46}$$

式中：D_i^{k+1}、K_i^{k+1} 分别代表 $D(\theta_i^{k+1})$ 和 $K(\theta_i^{k+1})$。

令 $r_1=\Delta t/(\Delta z)^2$，$r_2=\Delta t/[2(\Delta z)]$，将式（16.30）整理后可得

$$-r_1D_{i-1/2}^{k+1}\theta_{i-1}^{k+1}+[1+r_1(D_{i-1/2}^{k+1}+D_{i+1/2}^{k+1})]\theta_i^{k+1}-r_1D_{i+1/2}^{k+1}\theta_{i+1}^{k+1}$$

$$=\theta_i^k-r_2(K_{i+1}^{k+1}-K_{i-1}^{k+1})-\Delta tS_i^{k+1/2}\qquad(i=0,1,2,\cdots,n-1) \tag{16.47}$$

或可写为

$$a_i\theta_{i-1}^{k+1}+b_i\theta_i^{k+1}+c_i\theta_{i+1}^{k+1}=h_i \tag{16.48}$$

其中

$$a_i=r_1 D_{i-1/2}^{k+1} \quad (i=0,1,2,\cdots,n-1) \tag{16.49}$$

$$b_i=1+r_1(D_{i-1/2}^{k+1}+D_{i+1/2}^{k+1}) \quad (i=0,1,2,\cdots,n-1) \tag{16.50}$$

$$c_i=-r_1 D_{i+1/2}^{k+1} \quad (i=0,1,2,\cdots,n-1) \tag{16.51}$$

$$h_i=\theta_i^k-r_2(K_{i+1}^{k+1}-K_{i-1}^{k+1})-\Delta t S_i^{k+1/2} \quad (i=1,2,\cdots,n-2) \tag{16.52}$$

在地表边界处棵间蒸发速率已知的情况下，在 $z=0$ 的边界，给式（16.43）再补充一个差分方程，即在边界节点 $i=0$ 处列差分方程，$\partial\theta/\partial z$ 取向前差分，则得到

$$-D_0^{k+1}\frac{\theta_1^{k+1}-\theta_0^{k+1}}{\Delta z}+K_0^{k+1}=-E_t^{k+1/2} \tag{16.53}$$

式中：$E_t^{k+1/2}$ 为时段 k 到 $k+1$ 内的平均棵间蒸发速率。

式（16.48）也可写为

$$b_0\theta_0^{k+1}+c_0\theta_1^{k+1}=h_0 \tag{16.54}$$

其中

$$b_0=\frac{D_0^{k+1}}{\Delta z} \tag{16.55}$$

$$c_0=-b_0 \tag{16.56}$$

$$h_0=-E_t^{k+1/2}-K_0^{k+1} \tag{16.57}$$

式（16.55）～式（16.57）即为求解的三对角方程组中的第一个方程。

当 $i=n-1$ 时，差分方程式（16.48）表述为

$$a_{n-1}\theta_{n-2}^{k+1}+b_{n-1}\theta_{n-1}^{k+1}=h_{n-1} \tag{16.58}$$

其中

$$h_{n-1}=[\theta_{n-1}^k-r_2(K_n^{k+1}-K_{n-2}^{k+1})]-c_{n-1}\theta_n-\Delta t S_{n-1}^{k+1/2} \tag{16.59}$$

式中：$S_{n-1}^{k+1/2}$ 为时段内的 $n-1$ 节点处的平均根系吸水速率。

因此，要根据初始时段已知的土壤含水率求时段末各节点的含水率，必须联立求解代数方程组，形式为

$$\begin{bmatrix} b_0 & c_0 & & & & & 0 \\ a_1 & b_1 & c_1 & & & & \\ & a_2 & b_2 & c_2 & & & \\ & & \ddots & \ddots & \ddots & & \\ & & & a_{n-2} & b_{n-2} & c_{n-2} & \\ 0 & & & & a_{n-1} & b_{n-1} \end{bmatrix} \begin{bmatrix} \theta_0^{j+1} \\ \theta_1^{j+1} \\ \theta_2^{j+1} \\ \vdots \\ \theta_{n-2}^{j+1} \\ \theta_{n-1}^{j+1} \end{bmatrix} = \begin{bmatrix} h_0 \\ h_1 \\ h_2 \\ \vdots \\ h_{n-2} \\ h_{n-1} \end{bmatrix} a \tag{16.60}$$

采用追赶法求解该方程组。其中"追"过程为

设

$$y_0=\frac{h_0}{b_0}, \quad \eta_0=\frac{c_0}{b_0} \tag{16.61}$$

$$\begin{cases} y_i=\dfrac{h_i-a_i y_{i-1}}{b_i-a_i\eta_{i-1}} \\ \eta_i=\dfrac{c_i}{b_i-a_i\eta_{i-1}} \end{cases} \quad (i=1,2,\cdots,n-2) \tag{16.62}$$

由求解方程组的第一式解出 $\theta_0=y_0-\eta_0\theta_1$，将此结果代入第二式进行消元，解出 $\theta_1=y_1-\eta_1\theta_2$，直到解出 $\theta_{n-2}=y_{n-2}-\eta_{n-2}\theta_{n-1}$，将此结果代入求解方程组的最后一式，便可解出 θ_{n-1}，依据上述消元过程所得结果为

$$\begin{cases} \theta_0 = y_0 - \eta_0 \theta_1 \\ \theta_1 = y_1 - \eta_1 \theta_2 \\ \theta_i = y_i - \eta_i \theta_{i+1} \\ \theta_{n-2} = y_{n-2} - \eta_{n-2} \theta_{m-1} \\ \theta_{n-1} = \dfrac{h_{n-1} - a_{n-1} y_{n-2}}{b_{n-1} - a_{n-1} \eta_{n-2}} \end{cases} \tag{16.63}$$

"赶"过程则是根据消元所得结果,由式(16.63)计算出 θ_{n-1} 后,自上而下地依次求解出 θ_{n-2}、…、θ_2、θ_1,直至求得 θ_0 为止。此外,需注意在计算 $D(\theta)$ 和 $D(\theta)$ 时,在时间上取其前后两节点的算术平均值,在空间上取上下两节点的几何平均。

3. 春小麦一维垂向根系吸水模型的结果

本研究选取 2012 年 5 月 25 日(拔节期)与 6 月 30 日(灌浆期)的土壤含水率数据对所建立的春小麦一维垂向根系吸水模型进行模拟,模拟值与实测值的对比结果见图 16.10。

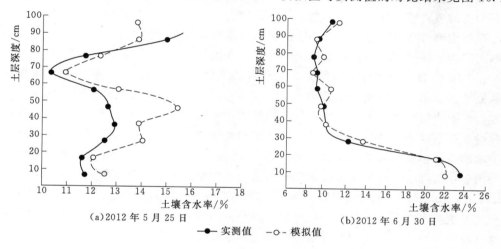

图 16.10 土壤水分分布的模拟结果

模拟所得最大相对误差分别为 22.03%、15.50%,平均相对误差分别为 9.33%、6.59%,相关系数可达到 0.814,模型模拟结果与实测结果相对误差的最大值为 22.03%(表 16.6),表明模拟值与实测值基本吻合,说明本研究所建立的春小麦一维垂向根系吸水数学模型基本能够反映黄土高原春小麦根系吸水的实际状况,0~30cm 土层的根系吸水速率最大,灌浆期根系吸水速率大于拔节期。模型的准确度和功能有待进一步的提高和完善。

表 16.6 土壤水分模拟结果的误差分析

日 期	平均相对误差	最大相对误差	R^2
2012 年 5 月 25 日	9.33%	22.03%	0.814
2012 年 6 月 30 日	6.59%	15.50%	0.862

16.5 讨论

2000 年,罗毅等对常用的几个宏观的权重因子类的根系吸水模型进行了验证和评价后,利用根系密度函数对 Feddes 根系吸水模型进行修正，发现模拟结果与实测值有很好的吻合度，总体偏差降低了 19%。改进后的 Feddes 根系吸水模型在对胡杨、棉花、冬小麦等的根系吸水模拟中表现出良好的适用性。本研究选用修正后的 Feddes 根系吸水模型，对春小麦一维垂向根系吸水进行模拟。通过分别建立一维垂向根长密度分布模型、土壤水势函数和蒸腾速率函数，建立黄土高原春小麦根系吸水的 Feddes 根系吸水模型。

其中，根长密度在土壤剖面上的分布选用 e 指数函数进行描述，得到与最大根长密度和最大土层深度有关的根长密度分布函数，相关系数高达 0.993，因此所建的根系分布函数可以满足吸水模型建立的需要。本研究以准确的土壤水分特征曲线为基础，结合几个关键的水势阈值，得到不同土层水势影响函数。由于土壤水分特征曲线的精准程度直接影响水势函数的准确性，本试验则利用 WP4 露点水势仪测得结果对高速台式冷冻离心机所得结果进行校准，故得到的土壤水分特征曲线及水势函数有良好的准确性。本研究对春小麦蒸腾量的估算通过 Penman 联合公式法，引用 FAO 于 1990 年发布的 Penman‐Monteith 公式，联合计算得到春小麦的蒸腾速率的多项式函数，相关系数为 0.955，可用以根系吸水模型的建立。在获得准确的模型参数后，建立了春小麦的根系一维垂向吸水分段模型。

本研究为确保模型验证过程的准确性，首先选用拔节期（2012 年 5 月 25 日）和灌浆期（2012 年 6 月 30 日）的裸地土壤数据，对获得的土壤水分运动方程中的参数进行模拟和验证。验证结果显示，平均相对误差分别为 3.32%、4.04%，说明本研究所选用的土壤水分运移参数基本能反映当地田间土壤水分运移规律，可以用于根系吸水模型的验证。在保证土壤水分运动参数准确性的基础上，选用拔节期和灌浆期的土壤含水率实测数据，以土壤含水率为变量的带有根系吸水项的一维土壤水分运动基本方程为基础，通过一系列数值分析方法，利用数学软件 Maple 9.5 编程来实现根系吸水模型的验证。验证得到最大相对误差分别为 22.03%、15.50%，平均相对误差分别为 9.33%、6.59%，相关系数可达到 0.814，模拟值与实测值基本吻合，说明本研究建立的春小麦一维垂向根系吸水数学模型是可行的，基本能够反映黄土高原春小麦根系吸水强度和土壤水分运动的情况。

第 17 章 主要结论及问题与展望

面对我国目前农业用水紧缺的严峻形势，本研究从不同灌溉条件入手，对黄土高原区春小麦水生产力进行探讨，同时对基于根系吸水模型的水动态问题展开研究，以期为指导黄土高原半干旱区灌溉，实现高效、高产的节水农业提供理论依据。

17.1 主要结论

（1）在黄土高原，春小麦根系分布呈现"表聚"特征，主要集中在30cm以上土层，呈现出T字形分布，同时根长密度随着土壤深度加深呈指数递减趋势。拔节期灌水对促进后期小麦根系生长尤为重要；灌浆期灌水可在一定程度上减缓表层根系的衰败；干旱条件增加了深层根系的分布，以利于吸收深层土壤水分，维持作物正常的生理活动。

（2）在对不同灌水处理下春小麦根系对各土层水分的吸收利用的研究中发现，根长、根干重密度较大的土层（40cm以上），土壤耗水比例也相对较大；随着灌水次数和总灌水量的增大，根系对上层土壤水分的吸收利用也增多；反之，根系对土壤深层贮水的吸收利用就越多。

（3）本试验研究发现，拔节期灌水是决定春小麦株高、地上干物质形成和有效叶面积的关键；灌浆期灌水虽然对小麦株高和单株绿叶叶面积的增长无显著影响，但灌浆期及时有效地进行补灌对最终干物质的形成有明显的补救作用。

（4）本试验结果表明，土壤水分充足是实现高产的前提，拔节期灌水是春小麦获得高产的关键，在水资源有限情况下，保证春小麦前期（拔节期）供水充足比后期供水（灌浆水）更有利于提高产量。

（5）作物的耗水规律和水分利用效率因灌溉节律的不同而表现出差异性。本研究得到，减少灌溉量有利于提高对降水和土壤水的吸收利用，特别是增加了春小麦对土壤贮水的消耗量，调节灌水量增加土壤水吸力，是实现节水增产的有力途径。灌水频繁、灌水多不利于提高小麦水分利用效率；在相同的灌溉水平下，拔节期水对提高小麦的水分利用效率显得尤为重要，在灌溉水供给不足条件下，一定要确保春小麦拔节期灌水。

（6）本试验研究发现，不同层位根系对春小麦产量的影响不同。上层根系（0~30cm）和中层根系（30~60cm）与春小麦产量无显著相关关系；下层根系（60~100cm）与穗粒数、穗粒重、千粒重和产量呈正相关关系，促进深层根的生长是实现春小麦高产的重要渠道。

（7）本研究选用改进后的Feddes根系吸水模型，有效结合一维垂向根长密度分布、土壤水势和蒸腾速率这三大参数，模拟黄土高原春小麦根系吸水特性，建立春小麦根系吸水的Feddes根系吸水模型。并通过带有根系吸水项的一维土壤水分运动基本方程，对所建模型进行验证。验证所得模拟值与实测值基本吻合，说明本研究建立的春小麦一维垂向根系吸水数学模型基本能够反映黄土高原春小麦根系吸水的实际状况，0~30cm土层的根系吸水速率

133

最大，拔节期根系吸水速率小于灌浆期。

17.2　问题与展望

本研究以黄土高原为大背景，依托春小麦，从根系研究入手，聚焦水生产和土壤水分动态，研究不同的灌溉条件对春小麦生长发育、根系分布和根系吸水等的影响。尽管取得了一些初步的成果，但是应该认识到试验过程和试验方法中的不足和问题。

首先，在灌水处理的设置方面，本研究主要结合黄土高原区灌溉通常采用的"三水法"，着重研究"三水"的有效组合，以提高春小麦水生产力。"三水法"虽在半干旱区得到广泛应用，但考虑到灌水时间跨度较大，很可能错过了春小麦真正的需水临界期。下一步研究应在"三水"法的基础上，适当增加灌水频率，确定春小麦真正的需水临界期，找到更加有效的灌水组合，切实提高春小麦水生产力。

其次，本研究选用土钻法进行田间根系取样，根系在清洗和筛选过程中都有一定量的损失，在后续的试验中应完善试验方法。同时，还应尝试利用不同的根系研究方法，通过分析比较不同方法所得的研究结果，来增加结果的精确性，以便获取准确的根系分布及根系吸水的动态资料，为建立可靠的根系分布模型和根系吸水模型提供有力保证。

此外，根系吸水模型中所有参数都是在一定时段内实测资料的基础上拟合而成的，受特定环境的影响大，不可避免地给模型的建立带来了局限性，故需要进行大量的重复试验以扩充基础数据库，为建立准确的黄土高原春小麦根系吸水模型提供可靠的数据支持。加之本研究对模型的验证方法单一，验证周期较短，不利于对模型的稳定性做出肯定的判断，有待进一步完善。

水资源不足已经成为制约中国北方农业发展的首要因素，发展节水农业、建立高效节水灌溉机制在黄土高原地区已成必行之势。深入了解灌溉与作物生长之间的关系，了解作物根系吸水特性，掌握土壤水分动态，充分利用灌溉水、土壤水，以最适宜的水分供应保证作物正常生长的需要，找到灌溉与高产的最佳平衡点，即是现代节水灌溉技术的关键，也是解决我国水资源短缺的有效途径。根系吸水项作为土壤水动力学方程的汇函数，能有效地反映出有根系作用下的土壤水分动态。但根系吸水是一个复杂的过程，其研究涉及植物生理生态学、土壤物理学、气象学等多个领域的知识，而本研究建立的根系一维垂向吸水模型主要从数学角度考虑了它的可靠性，未对小麦根系的生理特征和吸水机理做出研究，所以今后必须深入细化的对根系生长发育及根系吸水机理进行研究，简化模型参数，完善与校正已有的根系吸水模型，使模型的预测与模拟更贴近于真实根系吸水过程。

本研究对春小麦根系的研究尚属初步探索阶段，仅选用了一年的数据建立了春小麦一维垂向根系吸水模型，不能完全代表我国黄土高原春小麦根系吸水的特性，今后还需加大此领域的研究，尝试建立反映黄土高原春小麦根系吸水特性的二维、三维根系吸水模型，结合计算机等先进技术使模型更加直观。同时应将模型与实际的生产实践相结合，通过所建立的根系吸水模型，根据实时的土壤、气候变化情况，了解土壤水分动态，模拟根系吸水特性，以确定适于作物根系吸水的土壤水分区间，帮助制定合理高效的灌溉制度，以提高作物水生能力，最终为实现节水农业提供理论指导。

参 考 文 献

[1] 焦锋，杨勤科，雷会珠，等. 关于黄土高原农业、生态环境建设与土地资源问题的研究 [J]. 水土保持研究，2000，7（2）：55 - 57.

[2] 何永涛，李文华，郎海鸥. 黄土高原降水资源特征与林木适宜度研究 [J]. 干旱区研究，2009，26（3）：406 - 412.

[3] 王学渊，赵连阁. 中国农业用水效率及影响因素—基于 1997—2006 年省区面板数据的 SFA 分析 [J]. 农业经济问题，2008（3）：10 - 17.

[4] 贾大林，姜文来. 试论提高农业用水效率 [J]. 节水灌溉，2000（5）：18 - 21.

[5] 许振柱，于振文，李晖，等. 限量灌水对冬小麦光合性能和水分利用的影响 [J]. 华北农学报，1997，12（2）：65 - 70.

[6] 武继承，张长明，王志勇，等. 河南省降水资源高效利用技术研究与应用 [J]. 干旱地区农业研究，2003，21（3）：152 - 155.

[7] 刘彦军. 灌水量灌水时间对麦田耗水量及小麦产量的影响 [J]. 河北农业科学，2003，7（2）：6 - 11.

[8] Weaver J E. Root development of field crops [J]. Mc Graw—Hill，NewYork，1926，118（118）：258 - 259.

[9] 刘坤，陈新平，张福锁. 不同灌溉策略下冬小麦根系的分布与水分养分的空间有效性 [J]. 土壤学报，2003，40（5）：697 - 703.

[10] 曹丽娟，刘晶淼. 陆面水文过程研究进展 [J]. 气象科技，2005，33（2）：97 - 103.

[11] 娄德君，李治民，孙卫国. 夏季不同下垫面气象要素的对比分析 [J]. 气象科技，2006，34（2）：166 - 169.

[12] 李军，王立祥，邵明安，等. 黄土高原地区小麦生产潜力模拟研究 [J]. 自然资源学报，2001，16（2）：161 - 165.

[13] Kijne J W，Barker R，Molden D. Improving water productivity in agriculture：Editors' Overview [J]. Water productivity in agriculture：Limits and opportunities for improvement，2003，23（4）：1040 - 1042.

[14] Viets F G. Fertilizers and the efficient use of water [J]. Advances in Agronomy，1962，14：223 - 264.

[15] Jensen M E. Technical Seminar Proceedings [R]. Columbia，Missouri，1977.

[16] 刘鹄，赵文智. 农业水生产力研究进展 [J]. 地球科学进展，2007，22（1）：58 - 65.

[17] 张忠学，于贵瑞. 不同灌水处理对冬小麦生长及水分利用效率的影响 [J]. 灌溉排水学报，2003，22（2）：1 - 4.

[18] 郑厚贵，关意昭，张耀华. 不同灌水量对木薯需水量及产量的影响研究 [J]. 广东农业科学，2011（1）：1 - 3.

[19] 王劲松，郭锐，董二伟，等. 不同灌水量对酿造高粱生长，产量和水分利用率的影响 [J]. 中国农学通报，2012，28（33）：156 - 160.

[20] 汪丙国，靳孟贵，何雨江，等. 微咸水膜下滴灌灌溉制度试验研究 [J]. 地质科技情报，2010，29（5）：96 - 101.

[21] 蒋桂英，刘建国，魏建军，等. 灌溉频率对滴灌小麦土壤水分分布及水分利用效率的影响 [J]. 干旱地区农业研究，2013，31（4）：38 - 42.

[22] 桂林国，王平，王天宁. 长城塬灌区玉米有限灌溉技术研究 [J]. 宁夏农林科技，2012，52（12）：

62 - 64.

[23] 张喜英，由懋正，王新元. 不同时期水分调亏及不同调亏程度对冬小麦产量的影响 [J]. 华北农学报，1999，14 (2)：79 - 83.

[24] 冯广龙，刘昌明，王立. 土壤水分对作物根系生长及分布的调控作用 [J]. 生态农业研究，1996，4 (3)：5 - 9.

[25] 陈培元，李英. 限量灌溉对冬小麦抗旱增产和水分利用的影响 [J]. 干旱地区农业研究，1992，10 (1)：4 - 53.

[26] 程宪国，汪德水，张美荣，等. 不同土壤水分条件对冬小麦生长及养分吸收的影响 [J]. 中国农业科学，1996，29 (4)：67 - 74.

[27] 武继承，杨永辉，郑惠玲，等. 不同水分条件对小麦—玉米两熟制作物生长和水分利用的影响 [J]. 华北农学报，2010，25 (1)：126 - 130.

[28] 李建民，王璞，周殿玺，等. 灌溉制度对冬小麦耗水及产量的影响 [J]. 生态农业研究，1997，7 (2)：23 - 26.

[29] 彭世彰，朱成立. 作物节水灌溉需水规律研究 [J]. 节水灌溉，2003 (2)：5 - 8.

[30] 李凤民，郭安红，雒梅，等. 土壤深层供水对冬小麦干物质生产的影响 [J]. 应用生态学报，1997，8 (6)：575 - 579.

[31] 冯广龙，刘昌明. 人工控制土壤水分剖面调控根系分布的研究 [J]. 地理学报，1997，52 (5)：461 - 469.

[32] 张喜英，裴冬，由懋正. 太行山前平原农田高效用水模式研究 [J]. 生态农业研究，1999，7 (3)：22 - 26.

[33] 刘殿英，黄炳茹，董庆裕. 土壤水分对冬小麦根系的影响 [J]. 山东农业大学学报（自然科学版），1991，22 (2)：103 - 110.

[34] 刘昌明，王会肖. 土壤-作物-大气界面水分过程与节水调控 [M]. 北京：科学出版社，1999.

[35] 李运生，王菱，刘士平，等. 土壤-根系界面水分调控措施对冬小麦根系和产量的影响 [J]. 生态学报，2002，22 (10)：1680 - 1687.

[36] 赵俊芳，杨晓光，陈斌，等. 不同灌溉处理对早稻根系生长及水分利用效率的影响 [J]. 中国农业气象，2004，25 (4)：44 - 47.

[37] 王淑芬，张喜英，裴冬. 不同供水条件对冬小麦根系分布、产量及水分利用效率的影响 [J]. 农业工程学报，2006，22 (2)：27 - 32.

[38] 薛丽华，段俊杰，王志敏，等. 不同水分条件对冬小麦根系时空分布、土壤水利用和产量的影响 [J]. 生态学报，2010，30 (19)：5296 - 5305.

[39] 郭相平，康绍忠，索丽生. 苗期调亏处理对玉米根系生长影响的试验研究 [J]. 灌溉排水，2001，20 (1)：25 - 27.

[40] Proffitt A P B, Berliner P R, Oosterhuis D M. A comparative study of root distribution and water extraction efficiency by wheat grown under high - and low - frequency irrigation [J]. Agronomy Journal, 1985, 77 (5)：655 - 662.

[41] Kätterer T, Hansson A C, Andrén O. Wheat root biomass and nitrogen dynamics - effects of daily irrigation and fertilization [J]. Plant and Soil, 1993, 151 (1)：21 - 30.

[42] 马瑞昆，蹇家利，贾秀领，等. 供水深度与冬小麦根系发育的关系 [J]. 干旱地区农业研究，1991，3：1 - 9.

[43] Sharma B R, Chaudhary T N. Wheat root growth, grain yield and water uptake as influenced by soil water regime and depth of nitrogen placement in a loamy sand soil [J]. Agricultural Water Management, 1983, 6 (4)：365 - 373.

[44] 万素梅，胡守林，黄勤慧，等. 不同紫花苜蓿品种根系发育能力的研究 [J]. 西北植物学报，2004，24 (11)：2048 - 2052.

[45] Bjrkman O. Biochemical process in leaves under stress [J]. Carnege Inst Washington Yerb, 1993, (92): 61 - 70.

[46] Björkman O, Demmig - Adams B. Regulation of photosynthetic light energy capture, conversion, and dissipation in leaves of higher plants [M] //Ecophysiology of photosynthesis. Springer Berlin Heidelberg, 1994: 17 - 47.

[47] 王晨阳, 马元喜. 不同土壤水分条件下小麦根系生态生理效应的研究 [J]. 华北农学报, 1992, 7 (4): 1 - 8.

[48] 刘庚山, 郭安红, 任三学, 等. 人工控制有限供水对冬小麦根系生长及土壤、水分利用的影响 [J]. 生态学报, 2003, 23 (11): 2342 - 2352.

[49] Anderson J M, Aro E M. Grana stacking and protection of Photosystem II in thylakoid membranes of higher plant leaves under sustained high irradiance: An hypothesis [J]. Photosynthesis Research, 1994, 41 (2): 315 - 326.

[50] 杨培岭, 刘洪禄, 任树梅. 节水条件下大田冬小麦的根冠关系 [J]. 中国农业大学学报, 1997, 2 (6): 57 - 62.

[51] 陈晓远, 罗远培. 土壤水分变动对冬小麦干物质分配及产量的影响 [J]. 中国农业大学学报, 2001, 6 (1): 96 - 103.

[52] 刘坤, 陈新平, 张福锁. 不同灌溉策略下冬小麦根系的分布与水分养分的空间有效性 [J]. 土壤学报, 2003, 40 (5): 697 - 703.

[53] 霍中洋, 叶全宝, 李华, 等. 水稻源库关系研究进展 [J]. 中国农学通报, 2002, 18 (6): 72 - 77.

[54] 孙庆泉, 胡昌浩, 董树亭, 等. 我国不同年代玉米品种生育全程根系特性演化的研究 [J]. 作物学报, 2003, 29 (5): 641 - 645.

[55] 杨方人. 旱作大豆高产综合技术对根系发育及生理功能影响的研究 [J]. 黑龙江八一农垦大学学报, 1986, 2: 17 - 22.

[56] 车京玉, 时家宁, 邵立刚, 等. 春小麦根系变化与地上部相关关系的研究 [J]. 河南科技学院学报, 2008, 36 (2): 12 - 14.

[57] 连艳鲜, 李潮海. 高产玉米杂交种根系形态生理特性研究 [J]. 玉米科学, 2008, 16 (4): 196 - 198.

[58] 刘培利, 林琪, 隋方功, 等. 紧凑型玉米根系高产特性的研究 [J]. 玉米科学, 1994, 2 (1): 59 - 63.

[59] 宋日, 吴春胜, 马丽艳, 等. 松嫩平原不同株型玉米品种根系分布特征比较研究 [J]. 应用生态学报, 2004, 14 (11): 1911 - 1913.

[60] 凌启鸿, 凌励. 水稻不同层次根系的功能及对产量形成作用的研究 [J]. 中国农业科学, 1984, 17 (5): 3 - 11.

[61] 张大勇, 姜新华, 赵松岭, 等. 半干旱区作物根系生长冗余的生态学分析 [J]. 西北植物学报, 1995, 15 (5): 110 - 114.

[62] 马元喜. 小麦的根 [M]. 北京: 中国农业出版社, 1999.

[63] 黄瑞冬. 植物根系研究方法的发展 [J]. 沈阳农业大学学报, 1991, 22 (4): 164 - 168.

[64] 伯姆 W. 根系研究法 [M]. 北京: 科学出版社, 1985.

[65] 习赵忠, 李鹏, 王乃江. 渭北黄土高原主要造林树种根系分布特征的研究 [J]. 应用生态学报, 2000, 11 (1): 37 - 39.

[66] 卢俊寰. 黄土丘陵枣树根系在不同水分环境下的分布特征 [D]. 杨凌: 西北农林科技大学, 2012.

[67] 常君. 美国山核桃苗木根系生长规律研究 [D]. 重庆: 西南大学, 2008.

[68] 管建慧. 玉米根系生长发育特性及与地上部关系的研究 [D]. 呼和浩特: 内蒙古农业大学, 2007.

[69] 孙日波, 赵从凯. 根系研究方法进展 [J]. 潍坊高等职业教育, 2009, 5 (1): 52 - 55.

[70] 寇亮. 黄藤根系与地上部分生长动态关系的研究 [D]. 北京: 中国林业科学研究院, 2012.

［71］ Passioura J B. The effect of root geometry on the yield of wheat growing on stored water ［J］. Crop and Pasture Science，1972，23（5）：745－752.

［72］ 苗玉新. 大田作物根系研究法概述 ［J］. 黑龙江农业科学，2005，3：50－52.

［73］ 廖荣伟，刘晶淼，安顺清，等. 基于微根管技术的玉米根系生长监测 ［J］. 农业工程学报，2010，26（10）：156－161.

［74］ Pateña G，Ingram K T. Digital acquisition and measurement of peanut root minirhizotron images ［J］. Agronomy Journal，2000，92（3）：541－544.

［75］ Kage H，Kochler M，Stützel H. Root growth and dry matter partitioning of cauliflower under drought stress conditions：measurement and simulation ［J］. European Journal of Agronomy，2004，20（4）：379－394.

［76］ Majdi H. Root sampling methods－applications and limitations of the minirhizotron technique ［J］. Plant and Soil，1996，185（2）：255－258.

［77］ Wang Z，Burch W H，Mou P，et al. Accuracy of visible and ultraviolet light for estimating live root proportions with minirhizotrons ［J］. Ecology，1995，76（7）：2330－2334.

［78］ 张喜英. 作物根系与土壤水利用 ［M］. 北京：气象出版社，1999.

［79］ Hevesy G. The Absorption and Translocation of Lead by Plants：A Contribution to the Application of the Method of Radioactive Indicators in the Investigation of the Change of Substance in Plants ［J］. Biochemical Journal，1923，17（4－5）：439.

［80］ Joliot F，Curie I. Artificial production of a new kind of radio－element ［J］. Nature，1984，133（3354）：201－202.

［81］ 管建慧，刘克礼，郭新宇. 玉米根系构型的研究进展 ［J］. 玉米科学，2006，14（6）：162－166.

［82］ 李莲芝，闫志平. 核技术在农业上应用的现状与展望 ［J］. 河南农业大学学报，1994，28（3）：282－287.

［83］ 李俊英，傅宝春，马迎春. 树木细根生产与周转研究及方法评述 ［J］. 山西农业大学学报：自然科学版，2008（5）：1－6.

［84］ Omasa K，Onoe M，Yamada H. NMR imaging for measuring root system and soil water content ［J］. Environ. Control Biol，1985（23）：99－102.

［85］ 朱桂林，韦文珊，张淑敏，等. 植物地下生物量测定方法概述及新技术介绍 ［J］. 中国草地学报，2008，30（3）：94－99.

［86］ 程建峰，潘晓云. 作物根系研究法最新进展 ［J］. 江西农业学报，1999，11（4）：55－59.

［87］ 廖兴其. 根系研究方法评述 ［J］. 世界农业，1995（7）：23－24.

［88］ 孟雷，左强. 污水灌溉对冬小麦有效根长密度和根系吸水速率分布的影响 ［J］. 灌溉排水学报，2003，22（2）：25－29.

［89］ Gardner W R. Relation of root distribution to water uptake and availability ［J］. Agronomy Journal，1964，56（1）：41－45.

［90］ Novak V. Estimation of soil－water extraction patterns by roots ［J］. Agricultural Water Management，1987，12（4）：271－278.

［91］ 姚建文. 作物生长条件下土壤含水量预测的数学模型 ［J］. 水利学报，1989（9）：32－38.

［92］ 罗远培，李韵珠. 根土系统与作物水氮资源利用效率 ［M］. 北京：中国农业出版社，1996.

［93］ Hillel D，Talpaz H，Keulen H. A macroscopic－scale model of water uptake by a nonuniform root system and of water and salt movement in the soil profile ［J］. Soil Science，1976，121（4）：242.

［94］ Prasad R. A linear root water uptake model ［J］. Journal of Hydrology，1988，99（3）：297－306.

［95］ 郭庆荣，李玉山. 黄土高原南部土壤水分有效性研究 ［J］. 土壤学报，1994，31（3）：236－243.

［96］ Molz F J. Models of water transport in the soil－plant system：A review ［J］. Water Resources Research，1981，17（5）：1245－1260.

［97］ 荆昊. 节水灌溉水稻根系分布特征及吸水模型研究 ［D］. 扬州：扬州大学，2007.

［98］ Nimah M N，Hanks R J. Model for estimating soil water，plant，and atmospheric interrelations：Ⅰ. Description and sensitivity ［J］. Soil Science Society of America Journal，1973，37 (4)：522 - 527.

［99］ Feddes R A，Bresler E，Neuman S P. Field test of a modified numerical model for water uptake by root systems ［J］. Water Resources Research，1974，10 (6)：1199 - 1206.

［100］ Herkelrath W N，Miller E E，Gardner W R. Water uptake by plants：Ⅱ. The root contact model ［J］. Soil Science Society of America Journal，1977，41 (6)：1039 - 1043.

［101］ Rowse H R，Taylor H M，Mason W K. Microcomputer Simulation Model of Soil Water Extraction By Soybeans ［J］. Soil Science，1983，136 (4)：218 - 225.

［102］ Molz F J. Water transport in the soil - root system：Transient analysis ［J］. Water Resources Research，1976，12 (4)：805 - 808.

［103］ Molz F J，Remson I. Extraction term models of soil moisture use by transpiring plants ［J］. Water Resources Research，1970，6 (5)：1346 - 1356.

［104］ Raats P A C. Analytical solutions of a simplified flow equation ［J］. Transactions of the American Society of Agricultural Engineers，1976，19：4.

［105］ Ojha C S P，Rai A K. Nonlinear root - water uptake model ［J］. Journal of Irrigation and Drainage Engineering，1996，122 (4)：198 - 202.

［106］ 邵明安，李玉山，杨文治. 植物根系吸收土壤水分的数学模拟 ［J］. 土壤学报，1987，24 (4)：295 - 304.

［107］ 罗毅，于强，欧阳竹，等. 利用精确的田间实验资料对几个常用根系吸水模型的评价与改进 ［J］. 水利学报，2000 (4)：73 - 80.

［108］ Van den Honert T H. Water transport in plants as a catenary process ［J］. Discussions of the Faraday Society，1948 (3)：146 - 153.

［109］ 李彩霞. 沟灌条件下 SPAC 系统水热传输模拟 ［D］. 北京：中国农业科学院，2011.

［110］ 赵成义. 作物根系吸水特性研究进展 ［J］. 中国农业气象，2004，25 (2)：39 - 42.

［111］ 吉喜斌，康尔泗，陈仁升，等. 植物根系吸水模型研究进展 ［J］. 西北植物学报，2006，26 (5)：1079 - 1086.

［112］ 钟南，罗锡文，严小龙，等. 植物根系生长的三维可视化模拟 ［J］. 华中农业大学学报，2005，24 (5)：516 - 518.

［113］ 冯斌，杨培岭. 植物根系的分形及计算机模拟 ［J］. 中国农业大学学报，2000，5 (2)：96 - 99.

［114］ 徐会杰. 植物根系通用三维模型的建模与仿真 ［J］. 河南科技大学学报（自然科学版），2011，32 (1)：62 - 66.

［115］ 戚廷香，梁文科，阎素红，等. 玉米不同品种根系分布和干物质积累的动态变化研究 ［J］. 玉米科学，2003，11 (3)：76 - 79.

［116］ 王冀川，徐雅丽，高山，等. 滴灌条件下根区水分对春小麦根系分布特征及产量的影响 ［J］. 干旱地区农业研究，2011，29 (2)：21 - 26.

［117］ 李莎. 不同水氮处理对冬小麦生长、产量及品质影响的研究 ［D］. 杨凌：西北农林科技大学，2012.

［118］ 魏虹，林魁. 有限灌溉对半干旱区春小麦根系发育的影响 ［J］. 植物生态学报，2000，24 (1)：106 - 110.

［119］ 孙宏勇，刘昌明，张永强，等. 不同时期干旱对冬小麦产量效应和耗水特性研究 ［J］. 灌溉排水学报，2003，22 (2)：13 - 16.

［120］ Bulm A，Johnson J W. Wheat cultival respond differently to drying topsoil and a possible non - hydraulic root singal ［J］. Journal Of Experimental Botany，1993，44 (264)：1149 - 1153.

［121］ 李鲁华，李世清. 小麦根系与土壤水分胁迫关系的研究进展 ［J］. 西北植物学报，2001，21 (1)：

1－7.

[122]　程俊，武继承，尚莉，等．限量灌溉对冬小麦农艺性状与水分利用效率的影响 [J]．河南农业科学，2008 (7)：57－60.

[123]　项艳，龚道枝，梅旭荣，等．华北平原不同灌水条件下两冬麦品种土壤水分动态与产量差异 [J]．干旱地区农业研究，2009，27 (2)：74－79.

[124]　汤章城．植物对水分胁迫的反应和适应性—Ⅱ．植物对干旱的反应和适应性 [J]．植物生理学通迅，1983 (4)：1－7.

[125]　梁银丽，康绍忠，张成娥．不同水分条件下小麦生长特性及氮磷营养的调节作用 [J]．干旱地区农业研究，1999，17 (4)：58－64.

[126]　李莎．不同水氮处理对冬小麦生长、产量及品质影响的研究 [D]．杨凌：西北农林科技大学，2012.

[127]　陈培元，李英．限量灌溉对冬小麦抗旱增产和水分利用的影响 [J]．干旱地区农业研究，1992，10 (1)：49－53.

[128]　孙宏勇，刘昌明，张永强，等．不同时期干旱对冬小麦产量效应和耗水特性研究 [J]．灌溉排水学报，2003，22 (2)：13－16.

[129]　董宝娣，刘孟雨，张正斌．不同灌水对冬小麦农艺性状与水分利用效率的影响研究 [J]．中国生态农业学报，2004，12 (1)：141－143.

[130]　李晓东，孙景生，张寄阳，等．不同水分处理对冬小麦生长及产量的影响 [J]．安徽农业科学，2008，36 (26)：11373－11375.

[131]　程俊，武继承，尚莉，等．限量灌溉对冬小麦农艺性状与水分利用效率的影响 [J]．河南农业科学，2008 (7)：57－60.

[132]　Hussein S M A. Effect of supplemental irrigations, seeding rates and foliar application of potassium and macro－micro elements on wheat productivity under rainfed conditions [J]. Bulletin－Faculty of Agriculture University of Cairo, 2005, 56 (3)：431－453.

[133]　孙宏勇，张永强，张喜英，等．华北平原冬小麦生长对水分胁迫的响应 [J]．华北农学报，2003，18 (3)：23－26.

[134]　季书勤，郭瑞，赵淑章，等．氮磷钾．灌水．喷洒杀菌剂对强筋小麦产量和品质的影响 [J]．华北农学报，2006，21 (4)：82－86.

[135]　张永丽，肖凯，李雁鸣．灌水次数对杂种小麦冀矮 1/C6－38 旗叶光合特性和产量的影响 [J]．作物学报，2006，32 (3)：410－414.

[136]　石岩，林琪，李素美，等．土壤水分胁迫对小麦养分分配及产量的影响 [J]．植物营养与肥料学报，1998，4 (1)：50－56.

[137]　郑海泽，张风琴，张红芳，等．茬口和灌水对小麦产量及个体和群体生长动态的影响 [J]．陕西农业科学，2008 (3)：1－4.

[138]　杨胜利，冯荣成，马利民．后期灌溉对强筋小麦产量和品质的影响 [J]．河南职业技术师范学院学报，2002，30 (3)：4－6.

[139]　李国荣，朱晓红，刘景秀，等．灌水量和灌水时期对小麦子粒产量和品质影响研究进展 [J]．中国农技推广，2009，25 (11)：39－41.

[140]　Li J M, W P, Zhou D X, et al. Effects of irrigation system on the water consumption and the yield of winter wheat [J]. Chinese Journal of Eco－Agriculture, 1999, 7 (4)：23－26.

[141]　Wang Z M, Wang P, Li X H, et al. Principle and technology of water－saving, fertilizer－saving, high－yielding and simple cultivation in winter wheat [J]. Rev. China Agric. Sci. Technol, 2006, (8)：38－44.

[142]　石岩，李忠军．不同灌水处理冬小麦耗水规律与节水灌溉方案确立 [J]．干旱地区农业研究，1996，14 (4)：7－11.

［143］ 田海燕. 冬小麦根系生长发育对不同灌水条件的反应［D］. 杨凌：西北农林科技大学，2011.

［144］ 蔡昆争，骆世明，段舜山. 水稻根系的空间分布及其与产量的关系［J］. 华南农业大学学报（自然科学版），2003，24（3）：1-4.

［145］ 刘桃菊，戚昌瀚，唐建军. 水稻根系建成与产量及其构成关系的研究［J］. 中国农业科学，2002，35（11）：1416-1419.

［146］ Hermans C，Hammond JP，White PJ，Verbruggen N. How do plants respond to nutrient shortage by biomass allocation?［J］. Trends in Plant Science，2006，11（12）：1610-1617.

［147］ 雷志栋，杨秀诗，等. 土壤水动力学［M］. 北京：清华大学出版社，1988.

［148］ 冯起，司建华，李建林，等. 胡杨根系分布特征与根系吸水模型建立［J］. 地球科学进展，2008，23（7）：765-772.

［149］ 虎胆，王一民，牟洪臣，等. 膜下滴灌棉花根系吸水模型研究［J］. 干旱地区农业研究，2012，30（1）：66-70.

第4篇

不同覆盖措施对黄土高原半干旱区玉米生长发育及产量的影响

第18章 概　　述

18.1　研究背景及意义

人类栽培农作物的历史已有近万年，现如今能提供人类 90％ 食物来源的农作物仅剩 20 种。其中，玉米、小麦、水稻占食物总来源的 75％。随着农业耕作技术的不断革新和畜牧业的发展，玉米已成为近百年来全球种植规模发展最大、单产提高最快的大田作物，并被工业（轻工业、化工）、医疗卫生等国民经济部门广泛地应用。现已成为重要的"粮—饲—经"三元结构属性的农作物，国民经济地位越来越重要。

纵观世界，16 世纪随着世界新航线的开辟，玉米迅速传入亚洲、欧洲、大洋洲，并被广泛种植，其高产性有效地缓解了区域粮食危机。伴随着化工产业的快速发展，玉米的自然属性发生了变化，由单一的粮食作物逐渐演变为兼饲料及化工原料为一体的三元性农作物。20 世纪初期，受世界能源供给危机的驱使，美国率先以玉米为原料研发乙醇燃料，作为汽车新能源来缓解能源危机，这使得玉米成为一种能源物质备受世界关注。此后，随着玉米潜在价值不断被发现，玉米的国际市场不断扩大，极大地加快了玉米种植业的发展。20 世纪中期，全世界玉米饲用、粮用、工用分别占 69％、15％、10％，但随着人口规模的迅速壮大，粮用、饲用、工用比重势必会上升。据美国农业部（US. Department of Agriculture）统计，自 2002 年以后世界玉米的种植面积和产量均在稳步增加。目前，世界玉米种植面积已超过 1.7 亿 hm²，总产突破 8000 亿 kg。此外，在过去的几年里，国际市场玉米交易价格逐年走高，同时受国际能源紧张局势的影响，以玉米为原料的生物能源产业异军突起，国际市场需求量逐年增加，可以预测未来几年玉米种植前景十分乐观。

在国内，玉米是主要的粮食作物之一，因其高产出和多用途而备受关注。玉米在国内的种植范围分布很广，但主要种植区集中在从西南斜向东北的条形栽培带上。根据自然气候条件和栽培制度，我国玉米种植区可分为 6 大区域，分别为北方春播玉米区、黄淮平原春夏播玉米区、西南山地丘陵玉米区、南方丘陵玉米区、西北内陆玉米区、青藏高原玉米区。就产量方面而言，最近 10 年国内玉米单产、总产量在小幅波动中整体呈现稳步增长的势头。从消费情况看，玉米消耗主要用于食用、饲用、工用（深加工、淀粉、乙醇）和种业。据统计，2006 年国内饲用玉米消耗比重维持在 70％ 左右。在此之后，饲用消耗量有所减少，消耗比重占 58％ 左右。这是由于在饲料产业发展的同时，国内玉米深加工业迅速崛起，工用玉米消费量逐年攀升，致使饲料玉米消费增速回落。然而，国内众多玉米加工企业技术水平参差不齐、综合加工能力弱，导致能源消耗大、收益率低、国际竞争力不高。为此，国内玉米深加工企业应继续深化玉米战略资源认识，加快现代技术转变，充分挖掘玉米多重利用潜能。

在黄土高原雨养农业区，玉米主要分布于黄土丘陵沟壑区、旱塬及残塬区，栽培面积达 233 万 hm²，占总栽培面积的 65％，单产居谷类作物之首。该区土层深厚、壤质好，光照充足，无霜期短、昼夜温差大，这为该区玉米的增产提供了有利的自然条件。然而，该区地貌多变复杂且沟壑纵横、降雨量偏少且时空分布不均、降雨量从东南向西北内陆地区递减、年蒸发量大。充沛的降水多集中在 7—9 月，造成降水与玉米需水出现供需错位，即春播期降雨稀少且土壤蒸发量大，导致玉米苗期到拔节期出现水分亏缺，不利于建株，最终影响产量，相反在成熟期～灌浆期这一阶段，雨水充沛且持续周期长，玉米因缺少充足的光照而出现籽粒不饱满，致使减产。同时，黄土高原土质疏松、植被覆盖率低，导致雨季水土流失频发，造成土地贫瘠、生态环境破坏，农业可持续发展面临巨大挑战。为此，农业科技工作者参照以往的旱作栽培技术，结合黄土高旱作区特有的自然地理、气候环境因素，推广出一系列旱作玉米栽培模式，如坐水播种、地膜覆盖、秸秆覆盖、全膜双垄沟播、秸秆覆盖结合垄沟覆膜栽培技术等。其中，全膜双垄沟播、秸秆覆盖结合垄沟覆膜栽培技术确实起到了提产作用，且增产效应显著，同时也推动了旱作栽培技术下作物生产从被动受旱向积极避旱、主动驱旱的转变。但有些年份全年降雨稀少，甚至会出现连年大旱的局面，此时新型旱作栽培技术的提产、稳产作用不明显，即旱区农业仍然没有摆脱"靠天吃饭"的困境。

因此，从根本上制约黄土高原旱作区玉米高产、稳产的因素仍然是水。从解决水的问题着手，高效积蓄自然降雨，充分利用有限的降水资源，提高作物对降水的利用效率是旱作农业发展的根本出发点。在旱作农业生产体系中，如何利用有限的水资源、如何通过农艺手段提高作物本身的水分利用效率、如何提高单位面积作物产量是需要解决的核心问题。同时，针对当前推广的旱作高产栽培技术是否具有普适性，亟待验证。此外，人工选择旱作栽培技术具有盲目性，导致不同区域的玉米品质参差不齐。

18.2　我国玉米栽培技术研究进展

玉米栽培技术在我国已有 400 多年的历史，由于对自然环境适应能力强，既能在土地肥沃、降水充沛的地区种植，又能在土壤贫瘠、降水稀少的地区获得高产，使得玉米在长江流域、黄河流域、西北内陆区、南方丘陵区等国内其他区域广泛种植。玉米的广泛种植不仅维持了国内粮食稳定、推动了农业产业化发展，而且在带动畜牧业发展的同时也促进了国内玉米栽培技术不断向高产、优质的方向转变。

20 世纪 60 年代以前，玉米栽培技术的研究主要集中在总结高产经验、研发推广新技术方面。例如，通过覆盖秸秆、地膜等材料，改善农田土壤水分环境，实现集雨—蓄水—抑蒸—保墒一体化。70 年代后，研究工作主要转向生理角度，运用生理学、生物学知识研究产量形成机理，改善了依靠经验指导玉米栽培的局面，逐步实现了栽培技术的科学化指导。例如，通过杂交玉米良种，实现种子的高产、抗病和优质。目前，我国玉米栽培技术的研究工作取得了显著成效，具体如下：

（1）从玉米叶片生长出发，研究其动态生长规律、不同节位叶片的生物学功能、环境变化对叶片发育的影响，以及叶片在干物质积累分配中的作用。李彩霞等研究指出，在营养生长阶段，玉米不同节位叶片气孔阻力均随叶龄的增长而变大；而在生殖生长阶段，叶片气孔阻力受叶龄变化的影响较小。汪洋等研究指出，在弱光条件下，玉米叶片长宽比变大、叶片干物质占总干物质的比重上升。此外，孙加伟等研究指出，玉米在花粒期阶段，升高 CO_2 浓度能够促进叶绿素 b 的合成。而当叶绿素 b 含量增加时，叶片光合能力随之提高，同化产物积累量增多。

（2）从物质形成角度出发，研究玉米营养器官的发育、建成以及光合作用下物质的合成、转移、积累过程，发现光合产物的累积过程符合 Logistic 曲线增长形式，且同种作物受品种、外界环境的影响，干物质积累、分配及转运量存在明显差异；同时也发现玉米在不同生育阶段，光合产物的转移中心存在差异，以及明确了玉米根、茎、叶、穗等器官之间物质累积过程中的消长规律，这为依据玉米生育期制定对应的提产、调质措施提供了丰富的理论知识。

（3）从产量影响因子出发，建立了作物"源（光合源、暂存源）-库-流"学说，研究指出，首先，"源"为作物干物质的合成保证了物质供应；"库"的贮藏能力影响同化产物的积累与运移；"流"的速度、方向、数量对作物干物质的累积、运移与分配过程具有重要影响；其次，"源-库-流"之间并不是相互独立存在，而是相互影响的协同关系，即三者在作物生命进程中是一个有机的整体，其动态平衡直接关系着作物收获产量。因此，明确"源"库"流"理论对制定和改进作物高产栽培技术具有重要的指导意义。

18.3 黄土高原旱作农业与覆盖栽培技术

黄土高原旱作区土壤土层深厚、疏松肥沃，利于作物根系生长、汲取深层养分，为作物高产奠定了物质基础。然而，该区降水稀少、蒸发量大，有限的降水除形成径流外，还会沿着疏松的耕作层下渗。但滞留在耕作层的水分极其有限，更多的则会继续下渗。作物为了维持地上部分不断生长，只能纵向、横向地通过丰富根系来汲取水分、养分，导致作物因分配额外的生物量来丰富根系而降低地上部分生物量积累，最终影响产量。同时，保蓄在耕层的水分又极易蒸发，致使作物容易出现水分亏缺。此时，疏松肥沃的土层反而成了制约作物发挥自身品种优势的不利条件。鉴于此，农业科技工作者经过不断地探索与努力，最终发现在农田上覆盖砂石、卵石、牲畜粪便、瓦片、树叶、地膜等物质能有效地解决这一矛盾。与传统的裸露种植相比，覆盖种植不但能集雨蓄水、抑制蒸发、活化土层，还能延缓径流、保持水土、调控土壤温度、抑制杂草，并已成为雨养农业区一项高效的旱作栽培技。

其实，千余年前的农业典籍《氾胜全书》就记录了农业覆盖栽培技术，如"秋锄麦，曳柴壅麦根也"，即麦田上覆盖禾草和土壤，获取丰收。在我国北方农事中，劳动人民用智慧与恶劣的自然气候条件斗争，创造出了耙糖保墒栽培技术、沙田栽培技术。发展至今，旱农覆盖栽培技术尤以秸秆覆盖和地膜覆盖栽培技术最为典型，其中地膜覆盖栽培技术应用面积最广、增产效果最显著，有力地拓宽了高原寒区旱区农业的耕作范围。随着农业朝精细、高产、优质、可持续性的靠拢，地膜覆盖技术在继承的同时也有创新，例如，按覆盖形式有半膜或全膜覆盖、高畦田或高垄覆盖、沟畦覆盖、支拱覆盖等；按覆盖时期有秋覆膜、早春播前覆膜、春季顶凌覆膜；按覆膜种类有无色地膜、有色地膜、除草地膜、有孔地膜、光解地膜、无滴地膜覆盖等。即地膜覆盖栽培技术的内容体系越来越丰富，逐渐形成了具有中国特色的覆盖栽培体系。

总之，我国农业覆盖经历了由单一到多元综合利用的发展过程，即由早期的禾草、残茬、砂、沥青纸、油纸、甘蔗渣、树叶、纸浆等覆盖发展为现今的生物、化学综合覆盖，同时融入节水农业发展理念，构建了环保、高效化的农业覆盖栽培技术体系。

18.3.1 秸秆覆盖技术概述

自然降水对旱作农业的发展至关重要，但无效蒸发、地面径流降低了降水的利用效率，并加重了旱作农业的干旱局势，使旱作农业可持续发展面临巨大挑战，研究指出发展的关键是提高降水利用率。秸秆覆盖通过在田面覆盖 5～10cm 厚的作物茎秆，能有效地抑制水分蒸发，提高土壤保水性能，降低径流速率，从而增加土层含水量，同时还能起到保温效应，逐渐发展为一项行之有效的旱作栽培技术。

1. 秸秆覆盖技术应用概况

秸秆覆盖通过将作物秸秆、禾草、残茬等覆盖在土壤表面，改善作物生境，为作物高产优质奠定了基础，同时也实现了作物秸秆的循环利用。据调查，我国秸秆覆盖面积超过 750 万 hm²，秸秆年产量约为 62 亿 kg，其中玉米、小麦、稻谷、豆类秸秆产量占秸秆总产量的比重分别为 22%、22%、30%、3%。长期以来，我国农村居民将大部分秸秆作为生活能源、牲畜饲料使用，所占比重约为 45%、31%，而秸秆还田和其他损失总计约为 21%，其中玉米、小麦、水稻秸秆的焚烧比重较大，还田覆盖比重较小。近年来，随着耕作机械化水平、育种技术的不断提高，以及化肥农药的施用，受秸秆综合利用成本高、农村劳动力大规模转移等因素的影响，秸秆出现区域性、季节性过剩，导致农村地区秸秆就地焚烧现象频发，温室效应加重，这与生态农业的发展理念相矛盾。

农田秸秆覆盖技术以覆盖均匀、不压苗为准，用量因地形、秸秆类型而异。一般而言，休闲期田间秸秆覆盖量比作物生长期高。覆盖种类按时间分为播前覆盖、播后、阶段、全程覆盖；按覆盖方式分为全覆盖、半覆盖、秸秆＋地膜综合覆盖。就国内区域覆盖特点而言，西北、华北地区多种植玉米、小麦，田面多采用玉米、小麦秸秆覆盖；西南、华南地区多种植水稻，田面则多采用稻草覆盖；但东北地区受气候因素影响导致秸秆腐熟缓慢，覆盖的短期效应难以发挥，致使该区秸秆覆盖种植方式较少。此外，以上常见的秸秆覆盖方式已在国内众多农区被实施，覆盖效果显著，但秸秆结合地膜的二元覆盖栽培方式在西北农区有待进一步验证。

2. 秸秆覆盖技术效应

（1）节水保墒效应。秸秆覆盖技术通过在土壤表层与近地面大气间人为地建立一道物理阻隔层，阻碍了土壤与近地面大气间的水分交换，有效地抑制了田间大面积的株间蒸发，提高了土壤保水能力；同时覆盖秸秆能延缓田间径流速率，扩大渗水面积，提高水分入渗量，从而起到节水保墒的效果。沈玉琥研究指出，小麦秸秆覆盖栽培玉米田间 70cm 以上土层含水量较露地栽培高出 26 个百分点，颗间蒸发量降低了 35 个百分点，相当于在生育期内少灌一次水，节水效果明显。Patra D D 等通过试验表明，露地栽培下 0～150cm 土层土壤湿度随土层纵向深度的增加而变大；但在秸秆覆盖下，不同土层内土壤湿度差异较小，与王明权等研究结果类似。以玉米为例，对照裸地栽培，前期秸秆覆盖下的田间耗水量偏低；拔节期之后，秸秆覆盖下的田间耗水量偏大，这是由于秸秆覆盖影响了土层内水分分布状况，导致玉米的生长状况发生变化，进而改变了玉米不同生育阶段的耗水模式，即延缓作物生长前期蒸发速率，提高生长后期蒸腾能力，加快干物质的累积，实现水分消耗模式由无效向有效、物理过程向生理需求的转化，进而提高了作物水分生产效率。

（2）保温增温效应。田面覆盖秸秆能切断土壤与近地面空气间的水热交换，加之秸秆导热率差的特点，秸秆白天能阻挡太阳辐射，降低田间温度；同时，夜间又能发挥保温作用，即秸秆覆盖能根据外界气象变化实现高低温间的自动化调节。研究指出，秸秆覆盖白天平均降温为 3℃，其中，中午时降温最显著，降温幅度为 9℃，并且降温幅度随土层深度的增加逐渐减弱。目前，众多学者对秸秆覆盖具有高温调低效应已达成共识，但对低温调高效应的研究存在分歧。Monneveux P 等研究指出，在同等土壤湿度情况下，玉米秸秆覆盖与裸地相比较，0～5cm 内土层温度日变化基本类似。于晓蕾等研究表明，秸秆覆盖对 0～150cm 的冬小麦地土层温度影响显著，150cm 以下的土层温度影响不显著。但高亚军等研究指出，在作物生长前期，田间过早覆盖秸秆容易导致土温回升慢，作物最适出苗温度短时间内不易达到，直接影响出苗率，进而引起产量波动，因此在实际应用中准确地掌握覆盖时间，具有重要意义。

（3）提高土壤质量。秸秆覆盖能够在表土层与近地面间形成一层物理阻隔，不仅能避免雨水对土壤的直接打击及田间径流对表土的冲刷，防止土壤板结，保护土壤物理结构，使土层疏松，增强土壤透气性。秸秆覆盖较裸地而言，田间土壤流失、径流量降幅显著，且随覆盖量的增加呈现递减趋势，这说明秸秆覆盖具有固土效应。此外，作物秸秆中不易被微生物分解的木质素、蛋白质复合体会形成土壤有机质，提高了土壤有机质含量，同时秸秆自身含有一定的氮、磷、钾，通过微生物的分解作用，能增加土壤养分含量，但地膜覆盖会造成耕作层大量土壤有机质降解。赵聚宝等通过试验指出，秸秆覆盖能显著提高土壤有机质、表土层速效养分含量。王维帮通过两年秸秆试验表明，秸秆覆盖使得小麦生育期内土壤水解 N、速效 P、速效 K 分别提高 41%、57%、114%。

此外，秸秆覆盖通过调节土壤水热环境优化了土壤结构、使土壤微生物数量和活性得到大幅提高。有研究指出，当土壤微生物数量增加、活性增强时，土壤中的物质转换和养分循环过程明显加快。这样的良性循环对改善壤质十分有益。

（4）产量效应。秸秆覆盖改善了土壤水、肥、气、热条件，保证了作物在生育期内的水分、养分供应，为作物的高产、稳产奠定了物质基础。研究表明，玉米、小麦秸秆覆盖下，玉米增产幅度分别为 14.8%～19.6%、3.4%～10.7%，且在较旱的年份其稳产效应较裸地显著。此外，第二年覆盖与首次覆盖相比较，玉米增产更为显著，增产幅度达 23%。但就秸秆覆盖量与增产效应之间的关系，受降水、种植环境等因素影响，尚未明确。例如，高飞等通过试验表明在干旱少雨的年份，秸秆覆盖量为 9000kg/hm²、4500kg/hm²，均能起到增产效果，且前者增产幅度高于后者；在雨水充沛的年份，两种覆盖量下玉米较往年有增产，但提产效果不显著，并且前者产量低于后者。这是由于在雨水充沛的条件下，高覆盖量容易导致大量秸秆粘附在作物与地表间，造成作物根系呼吸困难、患病率高，不利于作物生长。

3. 秸秆覆盖技术缺陷

（1）配套机具不完备、覆盖均匀度难控制。作物秸秆除了部分直接还田覆盖外，还有一部分（残茬、玉米秸秆）需粉碎还田覆盖。目前的农业耕作机具基本上能够满足耕作要求，配套机具的改进能跟上栽培技术的不断革新，但受栽培条件、操作水平等因素影响，在实际操作中仍凸显出不少问题。例如，在我国粮食主产区，农民为了降低成本多采用联合机具一次性将作物残茬、大宗秸秆粉碎成 5～10cm 的小段，直接还田覆盖，由于没有采用专业的秸秆扬洒机械，造成秸秆覆盖均匀度低。若秸秆覆盖过薄，保墒调温效果产，提产不明显；若秸秆覆盖过厚，在雨水充沛的年份田间多余的水分不易散失，作物根部长期水淹，削弱根系呼吸，造成减产。此外，一些正转、反转旋耕灭茬农机具均会出现灭茬不彻底、刀轴缠绕秸秆等现象，降低了工作效率。除农机具造成的覆盖不均匀外，当地风速、风向也会影响覆盖情况。例如，在研究甘肃榆中县采用麦草秸秆覆盖栽培玉米时，发现播前覆盖的麦草秸秆在出苗之前，受 3 月大风影响，出现秸秆覆盖薄厚不均，经统计玉米出苗率低于秸秆覆盖均匀的试验田块。

（2）播种机械化水平低、作物出苗难。对播前覆盖秸秆的农田而言，播种时秸秆会缠绕车轴，同时小于 5cm 的细小秸秆也会堵塞播种头，影响出苗、播种效率，不利于播种机械化和规模化发展。另据研究发现，黄土高原雨养区播前秸秆覆盖较地膜覆盖存在春季播前土温回升慢的劣势，不利于对低温敏感的品种出苗。若当年春季气温自身回升慢，秸秆覆盖的农田土温回升会更缓慢，将推迟作物的返青期，影响秸秆覆盖发挥高产。此外，也有研究指出，秸秆覆盖条件下小麦幼苗遇到较大、较厚秸秆（覆盖少量土壤）阻碍，可能无法穿过秸秆层，出现死苗现象。

（3）认识不足、难以规模化推广。目前广大山区农民对秸秆覆盖的优势尚未完全了解，在适宜覆盖秸秆的田块仍覆盖地膜，并大量使用化肥，追求高产。虽然施用化肥在短期内能提高产量，但过度、长期施肥会破坏土壤结构、污染土壤，最终出现施肥越多反而增产不明显的现象。例如，施肥能使小麦前期茎秆高、粗且穗饱，但生长后期，容易受降雨、风的影响，出现倒伏现象，导致产量降低。此外，农民将大量剩余秸秆就地焚烧，或就地堆放，这不仅污染环境，也浪费秸秆的潜在利用价值。为此，加大偏远山区秸秆覆盖的示范推广工作，提高农民的认知度，对发展生态农业具有重要意义。

18.3.2　地膜覆盖技术概述

1. 地膜覆盖技术发展现状

自 20 世纪 80 年代从日本引入塑料地膜，农业部就开展地膜覆盖栽培试验，其中在山西、黑龙江两地玉米平均增产 40% 左右，增产效果极其显著。全国大范围推广始于 1980年，当年国内示范推广面积约为 1700hm²，次年，塑料地膜实现了国内工业自主化生产，促进了地膜覆盖农业的发展。到 1985 年，在短短的 5 年内地膜覆盖面积达到 3 万 hm²，面积扩增率达 17%。1985 年之后，我国地膜覆盖农业进入了继续扩大示范阶段，地膜覆盖面积达 1000 万 hm²，覆盖对象由园林类转向经济、粮食作物，成为世界上地膜消耗量、铺设面积最大的国家。"八五"之后，我国农业地膜覆盖进入全年推广阶段，其中农业部首次将地膜覆盖玉米作为全国粮食作物高产项目，推动了玉米种植产业化发展。随着农业科学化的种植，农业科技工作者注重将地膜覆盖与农业机械、工业生产、科研实验和自然气候及地理环境相联系，不断完善和改进地膜覆盖技术，给地膜覆盖赋予了新的内涵，并实现了地膜覆盖技术的高效化和多元化。

目前，我国地膜覆盖技术实现了与配套农机具同步化发展。覆盖范围呈现由北方到南方、平原到丘陵、低纬到高纬的过度。例如，全程机械化技术结合地膜覆盖，玉米较常规种植产量提高 46%，并在实践应用中发现，地膜覆盖除增产效果显著外，节水效果、改善土壤效果相当可观。尤其在我国西部干旱区，地膜覆盖技术成了带领农户走出"靠天吃饭"困境的一类保产技术。此外，由地膜覆盖结合双垄沟形成的全膜双垄沟播技术在实现了黄土高原旱作农业向坡地、高寒地带的扩展，并在玉米、小麦、马铃薯等所有大田作物及其他经济作物得到广泛应用，已作为水分缺乏的黄土高原旱作地区一项重要的抗旱措施。

2. 地膜覆盖技术效应

（1）节水保墒效应。地膜与地表之间建立的封闭性水分循环小系统，切断了土壤与近地面空气间的水分、能量交换，迫使蒸发的水汽沿膜面横向移动，同时凝结的液态水由膜面降落到土层垂直下渗，回补土壤水分。实践表明，地膜覆盖能减少作物棵间蒸发，较裸地棵间蒸发量降低了 75%，抑蒸保墒效果显著。在时间上，地膜覆盖能将休闲期降水保蓄在土壤中，提高了作物播前底墒。刘晓伟等在甘肃省庄浪试验站进行了秋季覆膜对旱地玉米土壤水分和产量影响的试验，研究指出，在生长前期，玉米秋季覆膜条件下土壤含水率高于春季覆膜；拔节期之后，两者处理后的土壤含水率之间差异逐渐减小，在玉米吐丝期到成熟期这一阶段，春季覆膜条件下土壤含水率高于秋季覆膜，说明秋季覆膜对深层土壤水利用较多。在空间上，地膜覆盖下纵向土层含水量较裸地存在显著差异，且连年地膜覆盖会使土壤耗水深度增加。王红丽等通过试验已验证。此外，马金虎等研究指出，马铃薯地膜覆盖较露地种植水分利用效率提高 9%，且 0～150cm 土层含水量增加 48mm。高应平研究表明，地膜覆盖栽培小麦水分利用率为 15.0kg/(mm·hm²)，较裸地种植提高 5.0kg/(mm·hm²)。但在干旱的年份，黄土高原旱区地膜覆盖经常无水可集，其节水、保墒效应仍有提升空间。

（2）保温增温效应。地膜切断了覆盖层土壤与近地面之间的水分、能量交换，有效地降低了土壤水蒸发损失，使膜下土层温度变幅小。白天太阳光使地膜获得辐射热，促使土层升温；夜间地膜具有隔热性，能阻止热量散失，起到保温作用，有效地解决了旱区寒区春播期土壤升温慢、积温不足的难题。研究指出，地膜能够阻止阳光中的长波辐射，吸收短波辐射，避免汽化热损失热量；随着覆膜后土壤含水率、养分的提高，地膜覆盖的增温保温作用能促进作物生长，提前物候期。生产实践表明，地膜覆盖能提高播前麦田土壤温度，利于春小麦出苗及苗期建根；到生长后期，由于叶片及茎秆的遮挡，增温效应逐渐消失，这一现象在马铃薯后期生长表现突出。李兴等研究表明，玉米苗期到拔节期这一阶段，覆膜较裸地增温最明显，温度提高 2.5℃左右，而拔节期之后增温作用逐渐减弱，这与闫志山等研究结果一致。

但地膜覆盖也有缺陷，如表土层温度升高快、降低也快，温度变化缓冲期短，难以适时满足不同生育期作物生长对土壤温度的要求。实践证明，秸秆覆盖能有效地抑制表层土壤温度过高，使作物不受高温胁迫。为此，可通过垄覆膜沟覆秸秆的栽培模式就地实现土壤温度调节，提高作物对旱作环境的适应能力。

（3）产量效应。地膜覆盖能就地协调好水、肥、气、热因子，从而改善农田小气候，为作物优质高产奠定物质基础。实践表明，地膜覆盖处理玉米穗长、穗粗、穗粒数均优于裸地，相对增产率达 33%左右；同样地膜覆盖对马铃薯、小麦的提产效果显著，尤其全覆膜双垄沟技术在甘肃榆中县玉米种植、定西马铃薯种植发挥的增产效应最为显著，例如，方彦杰等通过试验得出，全覆膜双垄沟播玉米较裸地增产 30%；薛俊武等研究表明，全膜双垄沟播马铃薯较裸地增产 50%左右。

"盖湿不盖干"是地膜覆盖的原则，即揭示了地膜覆盖受降雨量、降水分布、地理环境等因素影响，其增产效应具有局限性。在降水充沛的年份，地膜覆盖蓄水保墒作用明显，增产效果明显；在雨水偏少或无水可集的年份，地膜覆盖的增产效应减弱。此外，地膜覆盖因促进作物前期快速建株，导致水分肥力过耗，出现后期水肥供给不足，致使减产。因此，旱作区地膜覆盖技术应结合当地自然条件适时调整，充分发挥其增产效应。

3. 地膜覆盖技术缺陷

（1）作物早衰。近年来，地膜覆盖引起作物早衰现象已不容忽视，不少学者对此各持己见。例如，高温季节覆膜土温增加过快；地膜覆盖降低了雨水入渗率，使旱情加重；地膜覆盖不便后期追肥等成为讨论热点。对此，李世清等通过试验表明，地膜覆盖春小麦前期过度消耗水分、养分，导致后期水肥供应不及时，出现叶片枯黄，提前进入返青期，导致春小麦早衰。杨少平等研究指出，冬小麦进入拔节期后继续覆膜，会加速膜下升温而改变膜下小气候，同时地膜阻止了降水对膜下土壤水分亏缺的补给，加重了旱情，这两个因素均促使了小麦根系的衰老，造成早衰。但生产实践表明，即使在水分、肥力相对适合的种植条件下，地膜覆盖春小麦进入中后期，叶片、茎秆变黄也较裸地出现早，生育期缩短。因此，地膜覆盖不是引起作物早衰的唯一因素，作物外部生长环境、内部生理因素变化也会引起作物早衰。

（2）地力过耗。生产实践表明，地膜覆盖发挥增产效应在一定程度上是以过度消耗土壤水分、养分为代价的。尤其是连续多年覆膜，土壤养分因连年高产消耗殆尽，土壤贫瘠局势逐年加剧，增产优势降低。在雨养农业区，由于蒸发强度大、雨季与作物需水期错位，致使地膜覆盖秋作物在生长后期因水分、肥力补给不及时，出现减产的现象频繁发生。

（3）残膜污染。随着地膜农业的快速发展，残膜剩余量逐年攀升，对生态环境的影响力度持续加强。生产实践证明，土壤中持续累积残膜，直接会破坏土壤结构，导致土壤微生物数量、活性降低，并且影响土壤水肥运移及作物根系生长，最终引起作物减产。此外，残膜还会影响农机具作业效率，如残膜缠绕在机械刀轴上会降低其工作效率。

农田残膜多残留在土壤耕作层，受农业机械作业扰动，残膜在土壤中的位置不固定，这给残膜的清理工作带来很大的障碍。在大力倡导保护性耕作技术的今天，要大力提倡可降解膜、生物膜逐步取代传统的聚乙烯膜在生产中的应用。同时，也要做好机械对残膜的清理、收集和再回收利用，进一步削弱残膜对土壤生态环境的污染。

18.4　垄沟覆膜微集雨技术研究现状

18.4.1　垄沟覆膜微集雨技术理论研究

垄沟微集雨结构结合地膜覆盖共同构成了田间垄沟覆膜栽培体系，垄上集雨、沟内汇流是垄沟覆膜技术的集雨机理，产、汇流面积比是降雨就地富集叠加利用技术的主要参数。垄沟覆膜微集雨技术理论包括：降水—地表径流理论、土壤水分平衡理论和覆盖抑制蒸发理论。地表覆盖抑制蒸发理论是指通过在地表覆盖地膜、秸秆、砂石等材料形成隔离层，中断土壤与大气间的水分、能量交换通道，进而阻止土壤水分蒸发，提升土壤保水能力。降水—地表径流理论是指通过改变田间微地形，减缓地表径流流速，增加过流时间，增加水分入渗量。水分动态平衡理论是指农田水分在土壤—植物—大气连续系统（Soil—Plant—Atmosphere Continuum，SPAC）中的动态性小循环。

通过人工手段进行田间降雨拦蓄，或依靠覆盖形成隔离层减少土壤水分蒸发的方式均能显著提升土壤含水率。但在黄土高原地区，田间持水量（田持）为土壤含水率上限；当降雨持续过长，超过田持时，土体持水量不再增大，多余的水将在重力作用下向下层渗漏，致使出现深层流失现象。为此，解决旱作覆盖农田土壤水分深层流失问题，对提高作物水生产力、完善垄沟覆膜栽培技术具有重要意义。

18.4.2　垄沟覆膜带型研究

受气候、地理、作物类型及特性、耕作方式等因素影响，目前垄沟覆膜技术研究多集中在不同垄沟覆膜带型对集雨效果影响的方面，对垄沟覆膜带型变化引起的水分、产量综合效应研究较少。

有研究指出，垄沟覆膜带型受气候、栽培条件影响，集雨效果存在显著差异，最终影响作物产量和水分利用效率。以玉米为例，王晓凌等研究了垄沟覆膜带型变化对旱作玉米产量的影响，指出在旱作条件下垄沟比为 60cm∶60cm 时，玉米经济产量最高；而垄沟比为 30cm∶60cm 时，产量反而降低。此外，生产实践表明，在黄土高原旱塬地区，青贮玉米高产的最佳垄沟比为 40cm∶40cm，而夏玉米的最佳垄沟比为 60cm∶60cm，即同一地区不同品种高产的最佳垄沟覆膜带型存在显著差异。

近年来，黄土高原旱作区大面积推广了全膜双垄沟技术，垄沟覆膜带型以 30cm∶70cm 和 60cm∶60cm 最为常见，并被作为高产带型指导种植。王琦等研究发现，在降水量在 300mm 左右的旱作区，垄沟比为 40cm∶60cm 时产量最高。然而在降雨量较高的地区，目前没有形成模式化的垄沟覆膜带型。对密植作物（小麦、燕麦、谷子等）而言，李儒等研究发现，在干旱半干旱区冬小麦最适垄沟比为 50cm∶50cm，而丁瑞霞等通过两年的试验表明谷子最适垄沟比为 45cm∶45cm。然而，受栽培方式、机械化水平等因素的限制，至今尚未推广密植作物成熟的垄沟覆膜带型模式，但大量的示范性工作已积极开展。

18.4.3 垄沟覆膜栽培体系研究趋势

在理论研究方面，诸多学者对不同作物的最佳垄沟覆膜带型已有了大量研究，但受气候、地理、作物类型及特性、耕作方式等因素影响，研究工作仍处在理论层面，尚未大面积推广。此外，建立的垄沟覆膜集雨模型仍处于试验和改进阶段。因此，未来应加强模式化垄沟覆膜带型下的作物品质研究。

在实践应用方面，已推广的垄沟覆膜技术仍存在不足之处，主要表现为因播前土壤墒情差，作物增产不明显；垄沟覆膜抑制杂草效果不显著；黄土高原旱区耕地以山地、丘陵居多且过于分散，大部分农户仍使用土犁开沟起垄，劳动强度高，效率低下，缺乏可灵活拆卸组装的小型配套农业机械；受自然条件变化的驱动，人工选择旱作栽培技术具有随意性、盲目性，缺乏科学的引导，亟须适时开展农业推广工作。鉴于此，今后应加强对垄沟覆膜技术的完善、配套农具的研发以及指导工作，实现作物产业化发展。

18.4.4 全膜双垄沟技术效应

1. 作物产量效应

2003 年，全膜双垄沟技术首次在甘肃榆中县试点后，当年即表现出了明显的抗旱增产优势，较传统栽培（半膜覆盖）模式产量提高了 39%。随后，在甘草店镇、韦营乡、龙泉乡大面积推广，增产率均在 30% 以上。秦舒浩等研究表明，黄土高原旱作区马铃薯全膜双垄沟沟播、垄播分别较传统平畦覆膜提高了 52%、73%。同时，马金虎等通过对全膜双垄沟播覆膜时期对马铃薯产量影响的研究表明，秋季覆膜、早春覆膜、顶凌覆膜分别较播前平覆膜提高了 56%、45%、33%。其中，秋季覆膜增产效果最好，这是由于秋季覆膜能将作物休闲期降水高效地保蓄在土壤中提高了播前土壤底墒，为作物的高产奠定了基础。

生产实践表明，垄沟覆膜技术受气候条件、地理环境等因素的影响，增产效果表现出明显的差异性。在降水相对稀少的地区，全膜双垄沟技术增产明显，而在降水比较充足的地区，增产不明显。有研究指出，年降水量在 350~500mm 的地区，全膜双垄沟技术增产效果显著。适宜的土地类型多为川、塬、梯田、或小于 15°坡地。因此，黄土高原旱作区应结合自然条件选择适宜的垄沟栽培技术，充分发挥其增产效应。

2. 集水保墒效应

黄土高原旱作区降水稀少且分布不均、蒸发强度大，无补灌条件。充沛的降水集中在7—9月，与作物生长季错位。但全膜双垄沟技术能从时空上解决水分供需错位的矛盾。一方面，波浪形的垄沟能将垄面的降水汇集到种植沟内，水分在侧渗的同时，因重力作用渗向深层土壤，起到集雨、蓄水的作用；另一方面，覆膜切断了土壤水分与大气间的交换通道，从而降低了水分蒸发损耗。因此，该技术能在时空上实现农田水分的就地调控。

在时间上，地膜覆盖能抑制土壤水分大量蒸发，相间排列的垄沟起到了集雨蓄流的作用，二者结合能将不同时期的降雨最大限度地积蓄在土壤中，进一步缓解旱区降水与作物需水相错位的矛盾。以玉米为例，全膜双垄沟播秋季覆膜能将休闲期的降雨保蓄在土壤中，达到秋雨春用，实现降雨在时间上的就地调节，为玉米春播创造良好的土壤水分环境的同时，也为玉米后期生长奠定基础。为此，刘晓伟等通过试验指出，全膜双垄沟播秋季覆膜能保蓄玉米苗期—拔节期阶段的土壤水分，提升拔节—成熟期深层土壤水分供给耕作层根系的吸收，这与薛俊武、韩娟等研究结果一致。

在空间上，垄面集雨、沟内汇流模式改变了降水在田间的分布形式。有研究指出，全膜双垄沟技术能将小于5mm的无效降水经垄沟体系富集叠加后供给作物生长，尤其对小于10mm的降水，利用效果最显著。覆膜不同程度地增加了玉米0～20cm土层的含水量，同时沟播技术提升了0～160cm土层的集水能力。较露底栽培，全膜双垄沟栽培分别使80～100cm、100～120cm土层含水量提高了13%和11%。但李爽等研究指出，受温度、蒸发强度、降水量、作物需水量等因素的影响，双垄沟不同覆膜方式下土壤水分表现出随时间、土层深度变化而变化的特点。

3. 促进光合提高光效

光环境、水分、温度、CO_2浓度、作物群体冠层结构等条件能影响作物光合能力的发挥，从而间接地影响作物生长发育及产量形成。全膜双垄沟技术通过优化土壤水分生态环境、改善作物群体结构、增大作物冠层受光面积，提高了作物光合作用能力，其原因主要有以下几点：

(1) 交替排列的垄沟模式能扩大土层受光面积，提高光能利用率。

(2) 垄沟栽培形成了高低错落的作物冠层结构，一方面能提高作物受光率，增强群体光合作用能力；另一方面又能改善田间通风环境，加快作物冠层的空气流通，从而保证CO_2充足供应。

(3) 地膜能提高阳光反射率，促使作物叶面积、叶绿素含量增加，有助于提高作物群体光合能力。

对此，高玉红通过试验证明，垄沟全覆膜、半覆膜均能增强玉米群体光合势，这与该栽培方式能增加玉米各生育期叶面积和叶绿素含量密切相关。张婷等研究表明垄沟覆膜栽培技术的集水保墒效应能有效地延缓叶片衰老，提高叶片光合效能，这与牛一山等研究结果一致。

目前在黄土高原旱作区，全膜双垄沟技术已在玉米、马铃薯等作物上广泛应用，且作物在生育期内展现出较强的光合作用能力。但在降雨过多的年份，全膜双垄沟技术因集雨能力强，导致田间集水过多，土壤通气性差，导致根系有氧呼吸受阻，间接地降低了作物光合作用能力。此外，不同垄沟覆膜带型下，作物边行光合作用速率、气孔导度存在差异，进而表现出不同的边行优势。因此，因地制宜地选择栽培方式是作物发挥高产优质潜能的关键。

4. 提高土壤质量

（1）改良土壤物理性状。传统耕作方式对土壤产生了频繁扰动，不利于土壤结构体的形成和微生物的活动，致使土壤质量降低。但垄沟覆膜技术能减少降水对土壤的直接拍打、淋洗及冲刷，以及避免锄草、中耕等农事活动对土壤造成的直接碾压和践踏，使土壤疏松，不易板结。此外，在地膜与表层土壤之间形成的水汽循环系统中，水汽的涨缩运动能使土壤孔隙变大、通气性增强。实践表明，双垄沟全覆膜能使土壤固相比下降 3.0%～4.0%，液相比和气相比分别增加 2.0%～2.5%、1.0%～1.5%，利于作物根系生长。但李世清等研究指出，长期全程覆膜会减少土壤、微生物数量，恶化土壤物理环境。因此，综合考虑适时揭膜对作物产量、土壤效应的影响，对发展可续农业具有重要意义。

（2）土壤呼吸作用增强。全膜双垄沟技术的增温效应能加强土壤微生物活性，而微生物活性提高势必会影响土壤呼吸速率，但温度过高土壤呼吸作用反而会减缓。研究指出，当水分为非限制因子时，土壤呼吸速率随着温度的升高呈指数函数增加。当土壤水分为限制因子时，增温对土壤呼吸速率的促进作用会被水分亏缺导致的负效应抵消。此外，全膜双垄沟技术通过改善土壤理化环境，促进了土壤呼吸作用，加快了呼吸释放 CO_2 过程，这无疑加剧当前全球气候变暖的局势。因此，明晰土壤 CO_2 释放规律及其控制机理，对改进垄沟覆膜技术及制定 CO_2 减排措施具有重要意义。

（3）促进土壤微生物的活动。全膜双垄沟技术显著改善了农田土壤水、热环境，使土壤微生物生存环境得到优化，进而使微生物数量增多、活性提高。陈锡时等研究指出，垄沟覆膜技术使得土壤细菌、真菌和放线菌数量增幅在 20%～29%。曹莉等通过试验指出，在 0～20cm 土层内细菌、真菌及放线菌的数量均表现为全膜双垄垄播处理高于全膜双垄沟播处理。

土壤微生物、土壤酶对推动土壤中的物质循环、养分转化和吸收起着重要作用。虽然土壤微生物数量、群落结构及酶被作为评价土壤健康状况的指标来指导农田生态运营。但全球气候趋于暖干化、极端气候事件频发的背景下，环境变化对土壤微生物、酶活性的影响研究仍停留在定性分析阶段，为能科学准确地预测栽培方式变化对土壤微生物的影响，实现生态农业的良性发展，在定性基础上建立定量关系显得尤为重要。

18.5 干物质累积对覆盖措施的响应

干物质是作物光合产物的最高形式。无论通过何种栽培方式来提高作物产量，均离不开干物质积累、分配及转移。研究指出，作物干物质累积过程遵循 S 形曲线增长模式，一般分为 3 个阶段：缓慢增长、指数增长、减慢停止。作物在生长前期，株型较小，叶片和分蘖逐渐开始，此时干物质累积量与叶面积正相关。随着叶面积变大，出现叶片相互遮盖，影响净同化率，但群体叶面积指数变大，此时作物干物质累积进入指数增长阶段。此后，作物逐渐进入生殖生长阶段，群体干物质累积速率因叶片逐渐衰老而减缓。当进入成熟期后，群体干物质累积因作物生长终止而停止，且随着衰老进程的推进，干物质累积量有降低的趋势。而覆盖栽培技术通过改变作物生长环境，影响了作物生育期内干物质的累积、运移及分配过程，且同一品种作物干物质累积运移情况对覆盖措施变化的响应存在差异。

秸秆覆盖能够改善土壤水热环境，增加土壤养分和有机质，进而对作物生育期内各阶段的干物质累积变化产生影响。以玉米为例，麦草覆盖能增大叶面积，延长叶面积高值持续时间，延缓玉米生长后期叶片衰老，利于生育期内干物质的累积。对此，徐海涛等通过试验已验证，并指出小麦秸秆覆盖栽培加快了玉米花粒期干物质的累积，使籽粒灌浆期延长，进而提高产量。而郑险峰等研究指出，小麦秸秆覆盖较露地栽培更能提高玉米各生育期干物质累积量，但这与生育期降水情况密切相关。此外，在生育期内，若降水相对充足，前期合理施氮肥后，玉米从拔节期开始就有较高的干物质累积量，且这种累积优势能延续到成熟期。但陈尚洪等研究指出，小麦秸秆覆盖降低了春玉米苗期和拔节期的干物质累积量，这与种植区域土壤环境、气候条件密切相关。因此，参考区域生态环境，选择适当的覆盖措施具有重要意义。

　　地膜与秸秆相比，前者保水、抑蒸性能更强，更利于创造良好的土壤水热环境，有助于干物质的积累运转。目前，关于地膜覆盖对作物干物质影响的研究及报道很多。陈尚洪等通过试验得出，地膜覆盖较传统裸地种植能显著增加川中丘陵区春玉米生育期内干物质累积量，促进营养器官（茎、叶）干物质转运，同时加快花龄期光合产物的积累，使灌浆期籽粒干物质分配比提高 12％以上。姚刚等通过试验得出，地膜覆盖栽培显著促进了内蒙古自治区旱作春玉米干物质的累积，使全生育期内干物质累积速率较裸地种植平均提高 32.6％，但全生育期内干物质累积表现出前期增长快，中期次之，后期缓慢的态势。夏清等研究指出，地膜覆盖麦田能明显加快灌浆期小麦非穗位器官干物质向穗部转移，花粒期之后穗部干物质基本保持直线增长，到成熟期穗部干物质量占地上干物质总量的 57％，这是由于覆膜延长了小麦灌浆期叶片的绿叶期，使叶片衰老进程放慢。即相同覆膜措施因作物栽培条件不同而使生育期内干物质累积运转出现差异，但同一作物干物质累积也会因覆膜方式不同而表现各异。高玉红等研究指出，半膜双垄、全膜双垄栽培春玉米生育期内干物质积累总体动态变化均呈现"慢—快—慢"的 S 形曲线模式，但干物质积累量在不同生育期却存在明显差异。此外，郭大勇等通过研究不覆膜、前期覆膜、全程覆膜对半干旱区小麦生育期内干物质累积的影响后指出，覆膜栽培小麦生育期内干物质累积速率较不覆膜高，这是由于覆膜后地上部分茎叶生长旺盛，生物量累积快。随着生育进程的推进，地膜覆盖能有效地抑制其他器官向根部转运干物质，从而降低根冠比。全程覆膜较前期覆膜、不覆膜能明显缩短生育进程，但在生长后期会缩短灌浆期，增加无效分蘖，不利于同化产物的累积，从而影响产量，而前期覆膜能显著促进小麦生长前期干物质累积，并使后期根冠比维持较高水平，利于干物质的进一步积累。

　　然而，生产实践证明，覆盖栽培能改变作物生育进程，影响干物质的积累、分配及转运，但这种影响具有两面性，且受降水、温度等因素影响又具有不确定性。目前关于秸秆、地膜覆盖对作物干物质积累特征影响的研究较多，但有关垄沟结合地膜覆盖栽培对小麦、玉米等大宗作物干物质累积特征的研究较少，为此全面深入研究覆盖措施对作物干物质累积机理，规避覆盖负面效应，对提高作物产量意义深远。

18.6　研究目标与研究内容

18.6.1　研究目标

　　参考前人相关的研究成果，本研究通过一年的大田试验，研究黄土高原旱作区覆盖栽培技术对春玉米生长发育、干物质累积及分配、收获产量的影响；通过对比不同覆盖栽培下的生长性状、干物质积累及分配差异，揭示旱作覆盖技术下春玉米生长特征、干物质积累机理，旨在深入挖掘黄土高原旱作区春玉米水分生产潜力，为旱作春玉米高产技术创新提供理论参考。

18.6.2 研究内容

本试验在甘肃省兰州市榆中县进行，以当地普遍种植的玉米品种金凯 3 号为试验材料，试验共设有露地平种、平地顶凌全覆膜、全膜双垄沟顶凌覆膜、平地播前全覆膜、全膜双垄沟播前覆膜和麦草覆盖种植 6 个处理。以露地平种为对照，分别研究平地全覆膜、麦草覆盖、全膜双垄沟播处理下，春玉米农艺性状、干物质形成机理等问题。

研究内容包括以下 3 个部分：

（1）不同覆盖措施对春玉米生长发育的影响。

（2）不同覆盖措施下干物质积累与分配规律。

（3）不同栽培模式对春玉米产量的影响。

18.6.3 研究思路

研究思路见图 18.1。

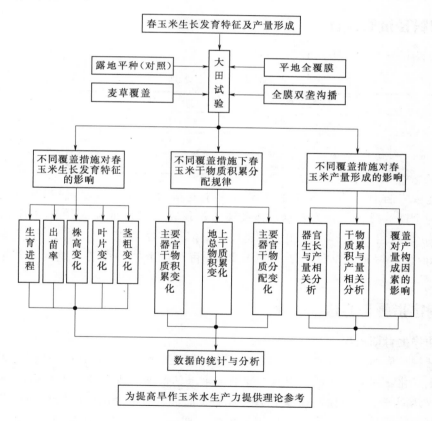

图 18.1 研究思路

第19章 材料与方法

19.1 试验地概况

试验地点设在甘肃省兰州市榆中县，该区平均海拔在 $1480\sim3670m$ 之间，年平均气温为 $7.4℃$，不小于 $10℃$ 积温为 $2625℃$，无霜期为 120 天，多年平均降水量为 350mm，年平均蒸发量约为 1400mm。降水多集中在 7—9 月，占全年降水量的 60% 以上，年内降水分布不均并与作物关键生育期严重错位，且阶段性干旱频发。试验田土壤为黄绵土，土壤 pH 值为 8.3，容重为 $1.19g/cm^3$。试验期年降水量为 293.4mm。

19.2 材料及试验设计

试验共设 6 个处理，见表 19.1。

表 19.1   试 验 设 计 及 处 理

代　　号	处理名称	代　　号	处理名称
T_1	平地顶凌全覆膜	T_4	全膜双垄沟播前覆膜
T_2	全膜双垄沟顶凌覆膜	T_5	秸秆覆盖
T_3	平地播前全覆膜	CK	露地平种（对照组）

试验地膜来自甘肃省兰州市榆中县，大小规格为宽度×厚度＝1200mm×0.08mm；玉米品种为金凯 3 号；秸秆为麦草，播前覆盖；顶凌覆盖时间为 2013 年 3 月 14 日；播前覆盖时间为 2013 年 4 月 4 日；化肥用量为尿素（N 含量 46%）40kg/亩，（P_2O_5 含量 12%）40kg/亩，钾肥（K_2O 含量 25%）20kg/亩；每个处理设 3 个重复，并按随机因子裂区排列。

19.3 测定指标与方法

19.3.1 作物生育期进程

出苗到籽粒成熟所经历的时间称为生育期。由于玉米在生长过程中，形态、内部生理特征均会发生变化。因此，该试验需人工分别记录玉米苗期、拔节期、大喇叭口期、抽雄期、灌浆期和成熟期等生育进程，且每个小区需单独记录。当每个试验小区有 50% 以上玉米植株达到生育期特征时，可认为该小区进入该生育期。记录之后，计算每个处理 3 次重复的均值。

19.3.2 出苗率

一般当田间 50% 以上玉米出现"三叶一心"时，认为已进入苗期。分别在小区内随机选取一行统计出实际出苗个数，然后计算出该小区出苗率，重复 3 次计算出该处理的田间实际出苗率。其计算表达式为

$$实际出苗率(\%)=\frac{出苗数}{播种数}\times100\% \tag{19.1}$$

19.3.3 全生育期叶片数变化

从播种后的第 15 天开始，连续每周观察，并记录玉米叶片数变化，最后统计出苗期、拔节期、大喇叭口期、抽雄期、灌浆期和成熟期的叶片数。在各处理对应的小区内随机选择一行，并统计出该行所有玉米株的叶片数，然后计算出单株叶片数。最后，计算出各重复处理的平均值，即为玉米在某一生育期的叶片数。

19.3.4 比叶面积

在生育期内采集生物量时，专门摘取每一株玉米植株最靠下的叶片，并测定计算出叶面积。然后烘干称取叶片重量，其计算表达式为

$$比叶面积=\frac{单叶重}{单叶有效叶面积} \tag{19.2}$$

19.3.5 叶面积指数

从播种后的第 15 天开始，每隔 7 天在各处理小区中随机选择 6 株，计算所有叶片的总面积，并求平均值。最后计算出各重复处理的均值，其计算公式为

$$完全展开叶叶面积=叶长\times叶宽\times0.83 \tag{19.3}$$

$$不完全展开叶叶面积=叶长\times叶宽\times0.57 \tag{19.4}$$

$$叶面积指数(LAI)=出苗数\times\frac{单株叶面积}{土地面积} \tag{19.5}$$

19.3.6 茎粗

在玉米不同生育期，随机选择小区内 6 株玉米。然后，用电子游标卡尺测量其植株的茎粗（以每株最粗一节茎秆为准），并计算 6 株玉米的平均茎粗。最后计算出各重复处理的均值。

19.3.7 株高

与叶片生长记录同步展开，每周在各小区内随机选取 6 株玉米。在实验室内切除根部，分别用卷尺量取株高（从基部至顶端），然后计算出单株平均值。最后计算出各重复处理均值。

19.3.8 地上干物质

在玉米不同生育期，随机选取各小区中的 6 株玉米，切除根部，并晾干。然后将各器官分开包好，放入恒温（105℃）的烘箱内，30min 后将烘箱的温度设定为 80℃，继续烘干至恒重。最后用电子秤称出各器官重量，并计算各重复处理的均值。

19.3.9 产量构成因子及水分利用效率

在玉米收获期，各小区需分开收获、脱粒、晾干，并记录产量数据。最后，各处理的实际产量取其重复处理的均值。

同时，分别在各小区中选取长势一致的一行玉米进行研究，测定的产量因子有穗长、秃尖长、穗粗、行粒数、穗行数、单穗粒数、穗轴粗、穗重和穗轴重。

$$耗水量=(播前土壤含水量-收获时土壤含水量)+生育期总降雨量 \tag{19.6}$$

$$收获指数=\frac{经济产量}{生物量} \tag{19.7}$$

$$\text{水分利用效率(WUE)} = \frac{\text{经济产量或生物产量}}{\text{作物耗水量}} \qquad (19.8)$$

19.4 数据处理与分析

试验数据采用 SPSS 19 软件分析其显著性，采用 Excel 做图。其中，各图表中的数据均为均值。

第 20 章　不同覆盖措施对春玉米生长发育的影响

20.1　不同覆盖措施对玉米出苗率的影响

作物出苗率与土壤温度、湿度密切相关，不同的播前土壤水温环境致使各处理的出苗情况存在差异性。从图 20.1 可以看出，各处理的出苗率均在 85％以上，其大小顺序依次为 T_2 > T_1 > T_4 > T_3 > CK > T_5，整体上各处理出苗情况可观。其中，T_3、T_4 处理与 CK 处理之间的出苗率差异性不显著，而 T_1、T_2、T_3、T_4 处理与 T_5 处理之间的出苗率差异性显著。T_2 处理出苗率高达 95.4％，较 T_1、T_3、T_4、T_5 处理和 CK 处理分别高出 0.02 个百分点、0.02 个百分点、0.06 个百分点、0.03 个百分点、0.19 个百分点和 0.13 个百分点。整体上，覆膜处理（T_1、T_2、T_3、T_4）的出苗率显著高于 T_5 处理和 CK 处理，这与地膜覆盖能显著提高播前土壤温度、湿度有关。而 T_5 处理出苗率最低，可能与麦草覆盖后的化感作用有关。此外，不同覆膜时期对玉米出苗率的影响也不同，即顶凌覆膜下的玉米出苗率显著高于播前覆膜，平均高出 0.04 个百分点。总之，全膜双垄沟技术对提高玉米出苗率作用明显。

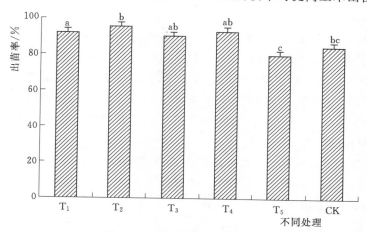

图 20.1　不同处理下的出苗率

［注：不同字母表示不同处理间达到 0.05 水平显著差异（$p < 0.05$）］

20.2　不同覆盖措施对玉米生育进程的影响

有研究指出，玉米生育期长短主要与品种有关，土壤水温环境、田间管理措施均会影响生育进程。本试验不同处理对玉米物候期的影响见表 20.1。从表 20.1 可知，不同处理下玉米生育进程差异明显。从总生育期来看，T_2 处理生育期天数最短（150 天），较 T_5 处理缩短了 8 天。总体上，地膜覆盖处理组（T_1、T_2、T_3、T_4）总生育期天数较秸秆覆盖（T_5 处理）缩短了 6 天，而露地栽培在收获期总体上尚未完熟。通过比较地膜覆盖处理间差异，可发现顶凌覆膜栽培玉米全生育期天数与播前覆膜差异不显著，但顶凌覆膜栽培明显缩短了生育期。这是由于早覆膜有利于充分积蓄播前降水，提高耕层含水量，为玉米出苗营造良好的土壤水环境。露地平种受播前土温低、回升慢的影响，玉米出苗较覆盖栽培明显推迟且前期生长缓慢。综上所述，由于地膜覆盖技术能明显改善土壤水环境，促进土温回升；同时，又能有效地抑制水分蒸发，提高生长季土壤水分，加快玉米生长发育过程。因此，地膜覆盖技术不仅能明显缩短玉米播种到出苗的时间，又能促进其快速生长，从而较露地平种加快了生育进程。

表 20.1　　　　　　　　　　　　　不同处理对玉米物候期的影响

处理	苗期/(月-日)	拔节期/(月-日)	抽雄期/(月-日)	灌浆期/(月-日)	成熟期/(月-日)	全生育期/d
T_1	5-2	6-18	7-18	7-31	10-4	155
T_2	5-1	6-17	7-18	7-28	9-28	150
T_3	5-2	6-22	7-23	8-5	10-3	154
T_4	5-2	6-21	7-20	7-30	10-1	152
T_5	5-5	7-11	8-2	8-15	10-10	158
CK	5-7	7-17	8-11	8-23	—	—

注：表中所列日期为各处理50%以上玉米植株达到生育时期特征的时间（见19.3.1）。

20.3　不同覆盖措施对玉米株高和增长速率的影响

玉米株高与收获产量密切相关，且不同生育阶段生长发育特征明显，是研究其生长动态较为理想的农艺性状指标。从图 20.2 可以看出，生育期内玉米株高呈单峰型变化，且不同处理间的株高变化趋势明显。从玉米出苗开始，各处理间的株高变化差异较小，但随生育进程的推进，各处理间的株高差异逐渐显现。就整体而言，T_1、T_2、T_3、T_4、T_5 处理均高于CK 处理，且差异性显著。在玉米乳熟期，T_1、T_2、T_3、T_4 处理株高达到最大值，此后逐渐降低；而 T_5、CK 处理继续保持缓慢增长态势。同一阶段 T_2 处理的最大株高与 CK 处理的最大值相差高达84cm，在全生育期内其株高较 CK 处理平均提高45cm。与对照处理组CK 相比，地膜覆盖处理组（T_1、T_2、T_3、T_4）和麦草覆盖处理（T_5）均能提高玉米株高，其中地膜覆盖处理组影响显著。在玉米苗期—拔节中期，播前覆膜处理组（T_3、T_4）与顶凌覆膜处理组（T_1、T_2）间的株高差异不明显；而从大喇叭口期开始，顶凌覆膜处理组（T_1、T_2）的株高大于播前覆膜处理组（T_3、T_4），说明从喇叭口期开始，顶凌覆膜能加快玉米生长速率，这与早覆膜的保墒效应有关。从灌浆期之后，地膜覆盖处理组（T_1、T_2、T_3、T_4）株高逐渐降低；而 T_5、CK 处理株高则继续保持缓慢增长。这说明地膜覆盖较露地加快了玉米生育进程，使营养生长速率放缓、生殖生长速率加快，并促进了植株干物质的转运过程。

从增长速率方面看（图 20.3），玉米生长动态呈现前期快、中后期缓慢的特征。与 CK 处理相比，地膜覆盖处理组（T_1、T_2、T_3、T_4）增长速率优势明显，其中 T_2 处理明显高于其他处理，特别在拔节期和孕穗—抽雄期，分别较 CK 处理提高 15.7% 和 22.4%。在整个生育期，玉米在抽雄期以前株高增加较快，然后逐渐放慢，灌浆期之后基本停止增长。然而，T_5、CK 处理在灌浆期仍保持缓慢增长速率，这可能与降水补给导致了作物的生长补偿

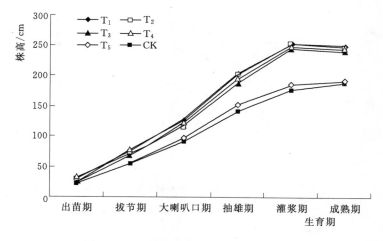

图 20.2　不同处理玉米各生育期株高变化

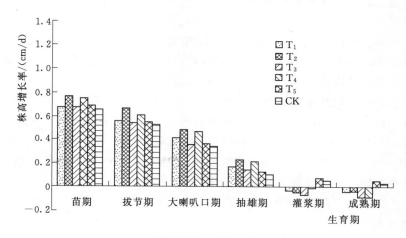

图 20.3　不同处理玉米各生育期株高增长率

效应有关。

20.4　不同覆盖措施对玉米叶片的影响

20.4.1　不同覆盖措施对单株叶片数的影响

作物叶片数量及空间配置作为群体生产结构的主要组成部分，对光合产物的合成至关重要。分析不同处理下叶片数情况，对研究玉米生长发育、干物质积累与分配具有重要的参考意义。对不同处理下玉米生育期内叶片数进行分析（图 20.4）可知，不同处理叶片数的变化趋势一致，苗期到抽雄期叶片数随株高的增长而增加，抽雄期之后叶片数逐渐由平稳向下降过渡。灌浆期地膜覆盖处理组（T_1、T_2、T_3、T_4）的叶片数最大值为 18，较 T_5、CK 处理平均多出 2.8 个叶片。其中，T_2、T_4 处理叶片数在抽雄期—灌浆期一直保持最大，其他处理叶片数在抽雄期之后才逐渐达到最大，说明全膜双垄沟技术对叶片生长的促进作用明显，利于提高群体光合势，这为全膜双垄沟技术发挥增产效应奠定了基础。总体上，各处理的叶片数变化与株高类似，即前期增长迅速，中期基本保持平稳，后期逐渐下降。

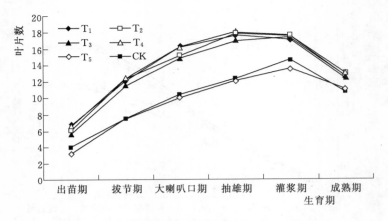

图 20.4　不同处理下玉米各生育期单株叶片数动态

20.4.2　不同覆盖措施对叶面积指数的影响

作物叶面积在一定程度上是决定群体光能利用效率的主要因素之一，其大小与光合产物的积累量密切相关。叶面积指数（LAI）能准确地反映作物群体生长状况及光合能力。从图 20.5 可以看出，黄土高原旱作区玉米在全生育期内叶面积指数变化呈 S 形，即随着生育进程的推进，叶面积指数逐渐升高，并达到峰值，之后逐渐下降，这是由于生长前期玉米主要以营养生长为主。该阶段是叶片生长的主要时期，叶面积指数呈现出随生育进程的推进而逐渐增长的态势；而生长后期玉米主要以生殖生长为主，叶片将随生育进程的推进逐渐开始衰老，同时叶面积指数也开始下降。不同处理间的表现为：苗期—喇叭口期，T_1、T_2、T_3、T_4 处理间差异较小，但高于 T_5、CK 处理，之后随生育进程的推进，各处理间的差异逐渐凸显。其中，灌浆期之前各处理大小顺序依次为 $T_4 > T_2 > T_3 > T_1 > T_5 >$ CK，T_4 处理叶面积指数最大，达到 7.2，较 CK 处理提高了 71.4%。抽雄期—灌浆期，玉米进入生殖生长阶段，光合产物逐渐向穗部转移。此时，T_1、T_2、T_3、T_4 处理叶面积指数增长速度较 T_5、CK 处理慢；平地覆膜处理组（T_1、T_3）叶面积指数增长速率较全膜双垄沟处理组（T_2、T_4）慢。若叶面积指数达到峰值后，稳定时间持续越长，越有利于干物质积累。然而，地膜覆盖处理组（T_1、T_2、T_3、T_4）降低速率较快，秸秆覆盖处理 T_5、露地平种处理 CK 降

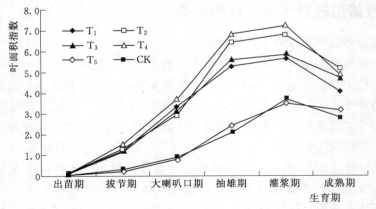

图 20.5　不同处理下玉米各生育期叶面积指数动态

低速率较平缓。整体上，地膜覆盖栽培玉米能显著提高全生育期内的叶面积指数，尤以 T_2、T_4 处理最明显。以上可以说明，全膜双垄沟技术可通过提高全生育期内的叶面积指数来增强作物群体光合能力，进而发挥增产效应。

20.5　不同覆盖措施对玉米茎粗的影响

茎粗是反应作物生长发育的重要指标之一，并在很大程度上决定着作物的抗倒伏能力。全生育期内，作物根系吸收的水分、养分通过茎秆向各个器官输送，满足其生长需求。因此，保持一定程度的茎粗，对作物生育期内养分、水分供应提供了保障。由图 20.6 可以看出，总体上各处理茎粗在生育前期增长快，中期保持稳定，后期不在增长，收获期茎秆干枯、茎粗变小。这是由于茎秆尽可能多地将水分、养分转移到籽粒中，供给籽粒生长，降低无效损耗。不同处理间差异表现为：苗期—拔节期 T_1、T_2、T_3、T_4 处理茎粗增加速率较 T_5、CK 处理快，茎粗增加明显，其中地膜覆盖处理组（T_1、T_2、T_3、T_4）茎粗平均增加速率较 T_5、CK 处理分别提高了 27.93% 和 32.91%，即地膜覆盖处理与秸秆覆盖和露地平种差异显著；在拔节期—喇叭口期 T5、CK 处理茎粗增加速率较 T_1、T_2、T_3、T_4 处理快，其中 T_2、T_4 处理均达到峰值，分别为 31.3mm 和 30.5mm；喇叭口期—灌浆期 T_2、T_3、T_4 处理茎粗开始缩小，而其他处理仍保持缓慢增长态势；灌浆期之后各处理茎粗增加速率逐渐放缓。从各处理间差异可以看出，地膜覆盖处理组对玉米茎粗影响最显著，但 T_5 处理与 CK 处理间差异不显著。其中全膜双垄沟 T_2、T_4 处理组要显著高于其他处理，尤其明显高于 CK 处理。同时由图 20.6 也可以看出，垄沟种植模式较平作对玉米茎粗影响大。因此，因地制宜选择垄沟覆膜方式对优化旱区玉米生长、提高产量至关重要。

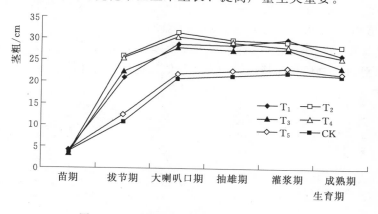

图 20.6　不同处理玉米各生育期茎粗动态

第21章 不同覆盖措施对玉米干物质积累与分配的影响

21.1 玉米干物质积累动态

21.1.1 叶片干物质积累动态

叶片是作物进行光合作用的主要部位。从图 21.1 可以发现，全生育期内叶片干重经历了上升→稳定→下降的过程，整体上呈 S 形曲线，峰值出现在抽雄期之后。不同处理下，各生育时期玉米叶片干重均表现为 T_4 处理最优，CK 处理最小。不同处理间具体表现为：拔节期前，T_1、T_2、T_3、T_4 处理干物质积累较 T_5、CK 处理快，其中 T_4 处理最大，分别是 T_1、T_2、T_3、T_5、CK 处理的 1.06 倍、1.07 倍、1.29 倍、4.37 倍和 4.45 倍。随着生育进程的推进，大喇叭口期各处理叶片干物质积累速度明显加快，T4 处理仍保持最大，较 T_1、T_2、T_3、T_5、CK 处理分别提高了 1.26 倍、1.18 倍、1.32 倍、4.65 倍和 4.68 倍。在大喇叭口期之前，地膜覆盖处理间差异不显著，但较秸秆覆盖 T_5 处理和露地平种 CK 差异极显著。大喇叭口期之后，不同处理间差异开始凸显。大喇叭口—抽雄期覆盖处理组干物质积累速率分别为 1.19、1.76、1.75、1.86、0.85、0.47，分别是 CK 处理的 2.53 倍、3.75 倍、3.74 倍、3.97 倍和 1.82 倍。灌浆期地膜覆盖处理组（T_1、T_2、T_3、T_4）干物重达到生育期峰值，分别为 59g、62g、57g 和 65g，较 CK 处理分别增加了 32g、37g、30g 和 38g。灌浆期后 T_5、CK 处理干物质仍保持缓慢积累，其他处理从峰值开始下降。

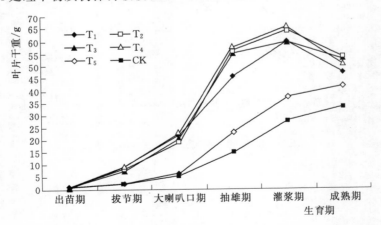

图 21.1　不同处理玉米各生育期叶片干重积累动态

通过比较地膜覆盖处理（T_1、T_2、T_3、T_4）与 CK 处理发现，地膜覆盖能显著提高玉米叶片同化产物的合成能力，且较早地使干物重达到峰值。同时，在整个灌浆期，地膜覆盖处理干物重均较平作无覆盖高，这有利于提高玉米光合作用，增加玉米收获产量。但生长后期地膜覆盖处理的叶片干物质积累量下降较早，说明玉米出现早衰现象。此外，由 T_1、T_2、T_3、T_4 处理可以看出：顶凌覆膜较播前覆膜更能提高叶片干物质积累量，特别在中后期对干物质的积累速率影响显著。这可能与顶凌覆膜较播前覆膜更能提高播前土壤含水率有关。T_5 处理与 CK 处理相比较，大喇叭口期前二者差异不显著，之后差异逐渐显现，并表现为前者好于后者。总体上，全膜双垄沟技术高于麦草覆盖和平地无覆盖，其中全膜双垄沟顶凌覆膜处理 T_2 在整个生育期都展现出了较强的干物质积累能力，这为该栽培技术在黄土高原旱区大面积推广起到了积极的推进作用。

21.1.2 茎干物质积累动态

玉米茎秆起支撑地上部分和输送养分、水分的作用，与叶片一样也是研究其生长发育动态的重要指标。图 21.2 所示为不同处理下玉米茎秆干物质积累动态。从图 21.2 可以看出，全生育期内玉米茎干物质积累曲线整体上呈 S 形，即前期缓慢增加，之后逐渐加快达到峰值，最后停止生长或呈下降趋势。与叶片相比，苗期—喇叭口期茎干物质积累缓慢，各处理间差异不显著；而叶片干物质积累相对较快，各处理间差异从苗期就开始凸显，这说明玉米前期生长茎秆不占优势。到抽雄期之后，由于叶片数基本不再增加，此时茎干物质积累明显加快。此外，不同处理间的茎干物质累积差异较叶片出现的晚，但影响明显的时期与叶片一样仍在玉米营养生长阶段。

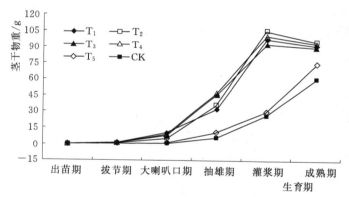

图 21.2　不同处理玉米各生育期茎秆干物质积累动态

图 21.2 表明，拔节期前各处理间干物质积累量差异不显著（$p > 0.05$）。随着玉米生育进程的推进，T_1、T_2、T_3、T_4 处理干物重开始增加，而 T_5、CK 处理较之前变化小。这说明地膜覆盖较麦草覆盖和露地平种提前了茎干物质的积累过程，利于养分、水分的传输，进而促进了玉米生长发育。大喇叭口期之后，各处理间差异逐渐凸显，茎干物质积累速率显著提高（$p < 0.05$）。抽雄期—灌浆期，T_1、T_2、T_3、T_4 处理干物重积累变化最明显，尤以 T_2 处理最显著，其干物质积累速度分别是 T_1、T_4、T_3、T_5、CK 处理的 1.13 倍、1.09 倍、1.55 倍、3.91 倍和 3.67 倍，差异显著。灌浆期 T_1、T_2、T_3、T_4 处理均达到峰值，T_4 最大，其茎干物质积累量分别较 T_1、T_2、T_3、T_5、CK 处理增加了 23.0g/株、19.9g/株、27.60g/株、91.1g/株和 94.8g/株。之后 T_5、CK 处理仍保持缓慢增长，其他处理均呈降低的趋势，这可能与干物质的转移分配有关。总体上，在整个生育期期内，T_4 处理明显优于其他处理组。

总体上，垄沟覆膜（T_2、T_4）优于平地覆膜（T_1、T_3）和麦草覆盖（T_5），这是由于拔节期之后随着茎干重的不断增加，水分的供应越来越重要。此刻，T_2、T_4 处理在玉米生育期积极发挥了集雨、抑蒸保墒的效应，较平作最大限度地提高了水资源利用率，弥补了无效蒸发造成的水分亏缺。因此，垄沟覆膜栽培技术在生育期内表现出较强的生长发育优势。通过比较各处理间差异，还发现地膜覆盖较露地平种和麦草覆盖更能加快茎干物质积累、提高茎干物质。此外，与叶片一样，顶凌覆膜较播前覆膜更能提高茎干物质积累量，特别在中后期对干物质的积累速率影响显著。这可能与顶凌覆膜较播前覆膜更能提高播前土壤含水率有关。

21.1.3 成熟期籽粒干物质积累动态

图 21.3 反映了不同处理成熟期玉米籽粒干物重的影响。可以看出，地膜覆盖处理组（T_1、T_2、T_3、T_4）与麦草覆盖处理（T_5）、露地平种处理（CK）间达到了显著差异水平（$p < 0.05$），而 T_1、T_2、T_3、T_4 处理间差异不明显（$p > 0.05$），这说明地膜覆盖增产明显。与 CK 处理相比，垄沟覆膜处理（T_2、T_4）使成熟期玉米籽粒干物重平均提高了 92.25%，而平地覆膜处理（T_1、T_3）平均提高了 71.25%，即垄沟覆膜较平地覆膜使成熟期籽粒干重高出 21 个百分点，可以看出籽粒干物质积累量受覆膜方式的影响较大。从覆膜时期对籽粒干物质积累的影响出发，以 CK 处理作为对照，可以看出播前覆膜处理（T_1、T_2）使成熟期玉米籽粒干物重平均提高了 72.28%，而顶凌覆膜处理（T_3、T_4）提高了 91.22%，后者较前者高出 19 个百分点，即顶凌覆膜更能提高促进玉米果穗生长，加快籽粒干物质积累，这与顶凌覆膜能将早春降水最大限度地贮存在土壤中，较播前覆膜提高了底墒有关。

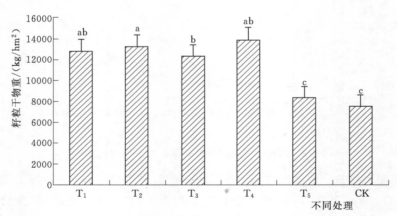

图 21.3 不同处理成熟期玉米籽粒干物重的影响

[注：不同字母表示不同处理间达到 0.05 水平显著差异（$p < 0.05$）]

综上可知，地膜覆盖方式、覆盖时期均对籽粒干物质积累影响较大。此外，生产实践证明地膜覆盖容易使作物在生长后期出现早衰，而导致减产。因此，在垄沟覆膜栽培技术下，研究适时揭膜对玉米籽粒干物至积累的影响将对解决早衰减产问题意义重大。

21.1.4 地上部干物质积累动态

由图 21.4 可见，不同处理玉米干物质积累呈现 S 形增长模式，即生长前期积累缓慢、中期较快、后期放缓。总体上，地膜覆盖栽培较麦草覆盖、露地平种提高了玉米各个生育期的干物质积累量，其增产效应显著，其中全膜双垄沟顶凌覆膜在整个生育期内对促进玉米干物质积累的作用明显。不同覆盖处理间差异具体表现为：大喇叭口期前，T_1、T_2、T_3、T_4 处理间差异不显著（$p > 0.05$），但较 T_5、CK 处理差异显著（$p > 0.05$），同时该阶段各处理对应的干物质积累缓慢。大喇叭口期之后，各处理间差异逐渐凸显，其中，T_2 处理干物质积累总量显著高于其他处理，且这种积累优势一直保持到成熟期。收获期，各处理干物质积累总量分别为 19000kg/hm²、20700kg/hm²、18300kg/hm²、20000kg/hm²、15100kg/hm²，较对照处理 CK 分别显著提高了 71.2%、86.5%、64.9%、80.2%、36.1%。说明覆盖栽培方式最终均提高了玉米干物重，这与覆盖栽培方式的抑蒸保墒效应，促进生长有关。通过分析比较 T_1、T_3、T_2、T_4 处理间差异，发现顶凌覆膜栽培较播前覆膜使玉米地上干物质总量提高了 23.6%；平地覆膜栽培较全膜双垄提高了 10.1%。说明顶凌覆膜优于播前覆膜，全膜双垄覆盖优于平地覆盖。因此，在黄土高原旱作区大力推广玉米全膜双垄沟顶凌覆膜栽培技术，对提高玉米经济产量作用显著。

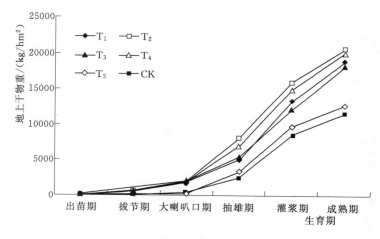

图 21.4　不同处理玉米各生育期干物质总量积累动态

此外，大喇叭口期后，全膜双垄沟播前覆膜和顶凌覆膜栽培玉米干物质积累量一直显著（$p < 0.05$）高于平地播前和顶凌全覆膜，可能与该栽培方式玉米生长后期群体冠层叶片未出现早衰现象有关。

21.2　干物质分配动态

作物干物质是光合产物的最高形式。试验中各覆盖栽培处理下玉米干物质积累均符合 logistics 方程，整体上呈现缓慢增长—指数增长—减慢停止的特点。苗期至喇叭口期，玉米处于营养生长阶段，叶片生长占主导地位，且地上大部分干物质积累在叶片中，叶片、根系的建成是该生长阶段的主要目标。拔节期之后，玉米逐渐进入生殖生长阶段；至抽雄期，玉米处于营养生长和生殖生长并进阶段，茎、叶片生长迅速、营养生长旺盛，致使茎叶干物质积累量所占比例高。同时，植株积累的干物质逐渐开始向玉米苞叶、穗轴等生殖器官转运。抽雄期之后，玉米营养生长速率放缓，茎叶干物质所占比重逐渐降低，果穗干物重上升，到成熟期，玉米果穗干物重所占比重超过 50%，说明抽雄期后玉米主要以生殖生长为主，各营养器官积累的干物质逐渐向生殖器官转移。

由表 21.1 可见，不同覆盖栽培处理下玉米生育期内干物质分配规律不尽相同。苗期阶

表 21.1　　　　　　　　　不同处理玉米植株各器官干物质分配状况

处理	生 育 期	干物质总量/(g/株)	各器官干物质的分配比例/%				
			叶片	叶鞘	茎秆	苞叶＋穗轴	籽粒
T₁	苗期	1.21	82.30	—	17.70	—	—
	拔节期	12.91	69.36	17.89	12.75	—	—
	大喇叭口期	32.29	59.22	14.13	26.65	—	—
	抽雄期	104.86	43.22	17.14	30.99	8.64	—
	灌浆期	246.28	24.16	14.74	39.84	21.72	—
	成熟期	414.66	10.89	6.17	22.25	10.22	50.47
T₂	苗期	0.99	83.15	—	16.80	—	—
	拔节期	11.00	72.89	16.81	10.31	—	—
	大喇叭口期	38.47	61.66	21.36	16.98	—	—
	抽雄期	126.38	44.30	17.72	28.34	9.64	—
	灌浆期	257.80	24.80	11.85	39.27	24.07	—
	成熟期	457.43	11.59	6.01	20.97	10.73	50.70
T₃	苗期	0.74	79.79	—	20.21	—	—
	拔节期	10.12	70.98	18.31	10.71	—	—
	大喇叭口期	30.83	60.81	13.93	25.26	—	—
	抽雄期	135.16	42.04	16.21	33.76	7.99	—
	灌浆期	223.33	22.96	13.78	39.50	23.76	—
	成熟期	412.46	12.70	7.27	25.50	9.05	45.49
T₄	苗期	0.84	80.19	—	19.81	—	—
	拔节期	13.24	70.25	19.77	9.98	—	—
	大喇叭口期	35.90	60.40	13.35	26.25	—	—
	抽雄期	141.19	40.66	16.33	33.25	9.76	—
	灌浆期	244.93	23.77	12.52	44.06	19.65	—
	成熟期	425.72	11.85	5.97	22.13	10.85	49.47
T₅	苗期	1.05	95.16	—	4.84	—	—
	拔节期	1.37	72.56	15.43	12.01	—	—
	大喇叭口期	28.78	61.65	17.62	20.73	—	—
	抽雄期	52.89	43.16	16.65	20.86	19.33	—
	灌浆期	121.85	30.30	9.78	16.28	43.65	—
	成熟期	281.25	15.54	8.20	30.24	15.35	30.66
CK	苗期	1.06	93.98	—	6.02	—	—
	拔节期	1.94	70.55	15.41	14.04	—	—
	大喇叭口期	21.33	63.07	14.04	22.89	—	—
	抽雄期	35.99	40.73	17.62	16.83	24.82	—
	灌浆期	109.58	25.03	10.24	16.41	48.32	—
	成熟期	208.52	15.76	9.45	29.91	20.12	25.45

段，玉米生长缓慢，覆盖处理组（T_1、T_2、T_3、T_4、T_5）较对照处理CK差异显著，且各处理叶片干物质分配率均在60％以上。大喇叭口期，各处理叶片干物质分配率较苗期均下降，而茎干物质分配率上升。T_2处理干物质积累量为2019.67kg/hm²，较T_1、T_3、T_4、T_5、CK处理分别高出234.93kg/hm²、296.10kg/hm²、429.45kg/hm²、508.73kg/hm²、899.85kg/hm²，其中对照处理CK使玉米干物质积累提高量高达80.36％，而T_5处理较CK处理提高34.92％，即地膜覆盖处理较秸秆覆盖对玉米植株干重影响显著（$p < 0.05$）。同时，T_2处理叶片、茎秆干物质分配率分别为61.66％、16.98％，即此阶段玉米叶片、茎秆干物质分配量为1245.33kg/hm²、342.94kg/hm²。抽雄期随着生殖器官的逐渐形成，玉米果穗各器官干物质分配比重明显增加，而叶片干物质分配比重降低。灌浆期玉米籽粒开始形成，植株干物质积累迅速。各覆盖栽培处理的干物质积累量依次为$T_2 > T_1 > T_4 > T_3 > T_5 > $CK，其中$T_2$处理较CK处理干物质积累总量提高了87.64％；果穗干物质分配量增加了38.74％。成熟期各覆盖栽培处理下玉米植株干物质积累量达到峰值，T_2处理最大，其干物质总量为24015.08kg/hm²，其中17.60％分配于叶片中；20.97％分配于茎秆中；50.70％分配于籽粒中；其余10.73％分配于其他器官中。该生育期地膜覆盖处理组（T_1、T_2、T_3、T_4）茎叶干物质分配率较秸秆覆盖处理T_5和对照处理CK下降幅度大，说明地膜覆盖处理在生长后期更能促进茎叶干物质向生殖器官转移，其增产潜力较露地栽培大。T_2处理分配到籽粒中的干物质比重最大，达到50.70％，其他处理依次为T_1（50.47％）＞T_4（49.47％）＞T_3（45.49％）＞T_5（30.66％）＞CK（25.45％），较CK对照处理高出25个百分点。地膜覆盖处理（T_1、T_2、T_3、T_4）较秸秆覆盖处理T_5和露地平种处理（CK）分别高出18个百分点、24个百分点，即每公顷籽粒干物重多增加6478.83kg和8219.88kg，这是由于地膜覆盖在生育期内保温保墒效应较露地无覆盖栽培显著，使玉米生长发育较露地无覆盖栽培加快、营养器官同化能力强、干物质积量显著增加。T_1处理与T_2处理、T_3处理与T_4处理相比，各器官间干物质分配比例差异不显著，但总体表现为全膜双垄沟栽培干物质积累量高于平地覆膜；顶凌覆膜高于播前覆膜。同时籽粒干物质分配比例也表现出类似的规律。T_1、T_3处理与T_5处理相比，平地覆膜栽培较秸秆覆盖栽培不仅提高了收获期干物质积累总量，而且增加了籽粒干物质分配比重，有利于提高玉米经济产量。T_5处理与CK处理比较分析发现，T_5处理玉米各器官干物质分配比例与CK处理差异较小，但干物质积累总量较CK高，这与T_5处理能保蓄耕层土壤水分，增加土壤有机养分有关。以上结果说明，在玉米生育期，特别在生育期前期，地膜覆盖对促进玉米产量形成，实现高产稳产至关重要。

此外，不同覆盖处理玉米各器官干物质分配峰值因器官不同而存在差异。叶片干物质分配量峰值出现在抽雄期或灌浆期；对茎秆、苞叶和穗轴分配量，其峰值均出现在灌浆期。总体上，各高产栽培模式较传统平作提高了玉米干物质积累总量，但是并未改变各器官干物质分配比例这一总体趋势。

21.3　干物质运转

由表21.2可见，T_5、CK处理的叶片向籽粒中转移的干物质量为负值，而T_1、T_2、T_3、T_4处理的叶片向籽粒中转移的干物质量为正值，这说明地膜覆盖栽培玉米在生长后期，叶片的同化能力仍没有降低，其干物质积累总量并未因向籽粒中转移而显著降低（$p < $

0.05)。其中，T_2 处理的干物质转移量最高，达到 782.80kg/hm²，其转移率为 22.82%，贡献率为 7.08，T_3 处理的干物质转移量最低，为 233.48kg/hm²，其干物质转移率、贡献率分别较 T_2 处理低 15 个百分点、5 个百分点。地膜处理（T_1、T_2、T_3、T_4）整体上在玉米生长后期表现出较强的同化能力，其干物质平均贡献率为 5.25%。通过比较地膜覆盖组间差异，发现垄沟栽培模式下叶片干物质平均转移量、平均贡献率较平地栽培分别提高 37.54%、27.87%，这与垄沟结构能最大限度地集蓄降水、提高耕层土壤含水率密切相关。茎干物质转移量以 T_1 处理最高，其值达到 869.52kg/hm²，较 CK 处理提高了 23.92%。地膜覆盖处理组（T_1、T_2、T_3、T_4）的干物质平均转移率和贡献率分别为 11.31%、6.71%，T_5 处理的干物质转移率和贡献率为 15.80%、5.30%，CK 处理的干物质转移率和贡献率分别为 21.74%、9.65%，这说明茎干物质在玉米生殖生长阶段，其干物质转移不受栽培方式的影响，但地膜覆盖、秸秆覆盖处理的干物质转移率和贡献率较露地平种 CK 处理低，这是由于地膜覆盖栽培条件下叶片等营养器官在生长后期仍具有较强的同化能力，茎干物质转移率和贡献率较低，而露地平种条件下营养器官同化能力较低，其干物质转移率和贡献率较高。T_1 处理与 T_3 处理比较，顶凌覆膜栽培的干物质转移量较播前覆膜栽培高，但其干物质转移率和贡献率低。此外，垄沟覆膜栽培与平地覆膜栽培间也表现出类似的规律。对苞叶和穗轴而言，各处理间的干物质转移量大小顺序为 $T_2 > T_5 > CK > T_1 > T_4$，即 T_2 处理的苞叶和穗轴的干物质转移量最大，较 CK 处理提高了 29.38%。在地膜覆盖处理组中，T_1 处理干物质转移量为正，T_3 处理为负，说明在生殖生长期，顶凌覆膜栽培条件下苞叶和穗轴积累的干物质发生转移，而播前覆膜栽培条件下其干物质并未发生转移。通过比较 T_1、T_2、T_3、T_4 处理间差异，发现全膜垄沟栽培较全膜平作更能促进苞叶和穗轴中的干物质向籽粒转移，但顶凌覆膜栽培与播前覆膜栽培间差异不明显。总体上，在玉米生长中后期，地膜覆盖栽培技术对促进苞叶和穗轴干物质的转移，作用明显。其中，T_1 处理效果最为显著。

表 21.2　　　　　　　　　　　玉米干物质在各器官的转移量、转移率及贡献率

处 理	玉米器官	转移量/(kg/hm²)	转移率/%	贡献率/%
叶片	T_1	752.28	24.09	6.85
	T_2	782.80	22.82	7.08
	T_3	233.48	7.83	2.37
	T_4	572.98	17.07	4.71
	T_5	−356.34	—	—
	CK	−285.56		
茎＋叶鞘	T_1	869.52	12.32	7.91
	T_2	440.13	6.36	3.61
	T_3	407.22	15.27	8.61
	T_4	−986.04	—	—
	T_5	687.25	15.80	5.30
	CK	729.90	21.74	9.65

处　理	玉米器官	转移量/(kg/hm²)	转移率/%	贡献率/%
苞叶＋穗轴	T₁	525.00	19.09	4.78
	T₂	682.50	20.95	5.61
	T₃	−577.50	—	—
	T₄	472.50	16.66	4.27
	T₅	575.00	18.80	5.86
	CK	527.50	12.77	5.60

第 22 章   不同覆盖措施对春玉米产量的影响

22.1   产量构成因子

由表 22.1 可以看出，不同处理春玉米产量构成要素间存在显著差异（$p < 0.05$）。地膜覆盖处理组（T_1、T_2、T_3、T_4）玉米穗长、穗粗、秃顶长、行粒数、穗行数、穗重和穗轴重指标均优于 T_5 处理和 CK 处理，其中 T_2 处理的各产量构成要素指标（除秃尖长）分别较 T_5 处理和 CK 处理提高 36.20%、9.42%、48.91%、17.30%、77.07%、88.35% 和 25.69%、13.33%、34.98%、10.62%、63.86%、62.54%，秃尖长分别降低 47.91% 和 39.27%。总体上形成 T_2、T_3、T_1、T_4、T_5 处理和 CK 处理 6 个数值型梯度差异。地膜覆盖处理组（T_1、T_2、T_3、T_4）产量构成要素平均指标分别为 21.85、1.72、16.93、39.45、5.81、264.06、54.20，较 CK 处理（除秃尖长）分别提高 31.41%、11.56%、45.41%、16.90%、59.04%、64.47%，其中秃尖长降低 40.19%。T_1 处理比 T_3 处理，穗长、穗粗、秃顶长、行粒数、穗行数、穗重和穗轴重指标均有提高。此外，通过分析 T_2 处理与 T_4 处理间差异，也得到相同的结果。以上结果说明，覆膜可提高穗行数、行粒数，增加果穗长度和质量，降低秃尖长。通过分析 T_1 处理与 T_2 处理、T_3 处理与 T_4 处理，发现垄沟覆膜种植条件下，其产量构成要素与平地覆膜栽培间差异不显著（$p > 0.05$）；但顶凌覆膜条件下，玉米果穗长度和质量均优于播前覆膜栽培，这说明随着覆膜时间的提前，玉米穗重、穗长也明显增加。虽然秸秆覆盖较地膜覆盖的保墒能力弱，但在该试验条件下，T_5 处理并没有受后期持续干旱的影响而出现产量指标的大幅下跌，而是较 CK 处理仍保持较高的收获指数，这充分说明了覆盖栽培提高玉米产量的优势。

表 22.1   不同处理对玉米产量构成要素的影响

处理	穗长/cm	秃顶长/cm	穗行数	行粒数	穗粗/cm	穗重/g	穗轴重/g
T_1	21.76a	1.76c	16.70a	38.97a	5.79a	261.65b	52.38ab
T_2	22.65a	1.50c	17.60a	40.40a	5.83a	293.99a	62.06a
T_3	21.03b	1.93c	16.60a	38.73a	5.73a	235.94b	48.31b
T_4	21.98b	1.70c	16.80a	39.70a	5.89a	264.64ab	54.03ab
T_5	18.02c	2.47b	15.53b	29.93b	5.27b	179.41c	38.18c
CK	16.63c	2.88a	15.17b	27.13c	4.97c	166.03c	32.95c

注：不同字母表示不同处理间达到 0.05 水平显著差异（$p < 0.05$）。

22.2   不同覆盖栽培方式下产量及水分利用效率变化

由表 22.2 可以看出，不同处理玉米产量、地上生物量、收获指数、耗水量及水分利用效率存在明显差异（$p < 0.05$）。从产量来看，T_1、T_2、T_3、T_4 处理间差异不显著（$p > 0.05$），

但较 T_5 处理和 CK 处理差异极显著。其中，T_2 处理产量最高，分别是 T_5 处理和 CK 处理的 1.72 倍、2.23 倍。通过分析不同地膜覆盖处理间差异，发现顶凌覆膜栽培下玉米经济产量高于播前覆膜，即处理 $T_1 > T_3$，处理 $T_2 > T_4$。总体上形成 T_1、T_2、T_3、T_4、T_5 处理和 CK 处理 6 个数值型产量梯度差异。同样，地上干物质量也存在类似的规律。从收获指数来看，地膜覆盖处理（T_1、T_2、T_3、T_4）间差异不显著，但较 T_5、CK 处理差异显著。其中，CK 处理略低于 T5 处理，但差异不显著。从全生育期耗水量来看，T_1、T_2 处理耗水量显著高于其他处理，总体上地膜覆盖栽培土壤耗水量普遍高于露地平种和秸秆覆盖。结合生长季降水量、产量分析得知，与露地平种相比，地膜覆盖在很大程度上是以过度消耗土壤水来发挥增产潜力。同时，地膜覆盖能有效抑制土壤水分蒸发，减少水分无效消耗，致使收获后耕层贮水量有增无减，这说明地膜覆盖在发挥增产效应的同时又能维持土壤水分动态平衡。就水分利用情况而言，T_1、T_2、T_3、T_4、T_5 处理显著高于 CK 处理，其总体上形成地膜覆盖、秸秆覆盖、露地栽培 3 个数值型梯度差异。在地膜覆盖处理中，T_2、T_4 处理水分利用效率明显高于 T_1、T_3 处理，说明全膜双垄沟栽培较平地覆膜栽培更能提高水分利用效率。综合产量、生物量和水分利用效率分析，T_1 处理表现最好，这是由于顶凌覆膜能更好地保蓄播前降水，抑制早春土壤水分蒸发，同时，田间相间排列的垄沟结构能最大限度地收集生长季降水，为玉米出苗、建株和后期生长奠定了良好的水分基础。

表 22.2　　　　　　　　　　　　不同处理玉米产量、耗水量和水分利用效率

处理	降雨量/mm	产量/(kg/hm²)	地上生物量/(kg/hm²)	收获指数	总耗水量/mm	水分利用效率/[kg/（hm²·mm）]
T_1	404.7	11218.77a	20334.56a	0.55a	421.90a	26.59b
T_2	404.7	12612.39a	22006.30a	0.57a	404.15a	31.21a
T_3	404.7	11082.47a	20493.15a	0.54a	378.25bc	27.52b
T_4	404.7	11305.49a	20833.00a	0.54a	388.05b	29.13a
T_5	404.7	7294.31b	14782.97b	0.49b	360.62c	20.23b
CK	404.7	5659.40c	12329.59c	0.47b	384.53b	14.72c

注：不同字母表示不同处理间达到 0.05 水平显著差异（$p < 0.05$）。

第 23 章 讨论、主要结论与展望

在兰州市榆中县兰州大学试验站通过大田试验，以当地普遍种植的玉米品种"金凯 3 号"为供试材料，并结合平地顶凌全覆膜处理（T_1）、全膜双垄沟顶凌覆膜处理（T_2）、平地播前全覆膜处理（T_3）、全膜双垄沟播前全覆膜处理（T_4）、秸秆覆盖处理（T_5）与露地平种处理（CK）作对照，系统分析了不同覆盖栽培方式对黄土高原半干旱地区春玉米生长发育、干物质积累分配及转运及收获产量的影响，旨在深入挖掘黄土高原旱作区春玉米水分生产潜力，为旱作春玉米高产技术创新提供理论参考。

23.1 讨论

23.1.1 不同覆盖措施对玉米生长发育的影响

覆盖栽培模式通过在地表与近地面大气间人为地建立一道物理阻隔层，降低了土壤水分与近地面大气间的水气交换，从而改变了作物生长的水、肥、气、热及生物环境，进而影响作物根系及地上冠层生长，对产量形成起到了有效的调节作用。有研究表明，秸秆覆盖的保温性能较地膜覆盖差，对播前土壤温度较低且春季低温持续较长的地区，秸秆覆盖栽培作物的出苗时间较地膜覆盖推迟 5～7 天。本试验研究由于播前天气干旱、土壤温度和湿度较低，覆盖栽培优势得到了体现。由于地膜覆盖栽培（T_1、T_2、T_3、T_4）明显提高了播前土壤的水分含量和有效地促进了耕层土温回升，为玉米出苗及后期生长发育营造了良好的环境，因此覆膜处理（T_1、T_2、T_3、T_4）较 CK 处理使玉米提早出苗。其中，T_2、T_4 处理达到苗期需要 9 天，较 CK 处理（15 天）提前 6 天，T_1、T_3 处理次之，而 T_5 处理（13 天）与 CK 处理差异不显著。此外，覆膜栽培（T_1、T_2、T_3、T_4）出苗率显著高于 T_5 处理和 CK 处理，其中顶凌覆膜下的玉米出苗率显著高于播前覆膜，平均高出 0.04 个百分点。这是由于垄沟栽培模式的波浪形沟、垄结构能将降水最大限度地汇集到种植沟内，覆膜能有效地抑制水分蒸发，同时，也能改善作物群体结构、增大作物冠层受光面积，提高作物光合效率。此外，早春顶凌覆膜能最大限度地蓄积播前降水、提高耕层含水量。因此，全膜双垄沟顶凌覆膜技术通过优化土壤水温生态环境，促使玉米迅速的出苗、成苗，缩短生育期，利于玉米早熟。

株高、叶面积、叶片数与收获产量密切相关，且不同生育阶段生长发育特征明显，是研究其生长动态较为理想的农艺性状指标。较多的叶片数和较大叶面积有利于玉米截获光能，提高光合效率，增加同化产物的积累。在本试验中，苗期至拔节期，各处理间株高变化差异不显著。随生育进程的推进，各处理间株高变化差异逐渐显现，整体上呈单峰型曲线变化。全生育期株高以 T_2 处理表现最好，CK 处理最差，水分是导致出现这种差异的主要原因。此外，顶凌覆膜处理组（T_1、T_2）的株高增长速率大于播前处理组（T_3、T_4），这与早覆膜的保墒效应有关。在玉米整个生长季，抽雄期前株高增长较快，随后逐渐放慢，灌浆期后基本停止增长。但 T_5、CK 处理在灌浆期仍保持缓慢增长速率，这与降水补给导致了作物的生

176

长补偿效应有关。

作物叶片是光合反应的主要场所，其大小及数量与光合产物的积累过程密切相关。本试验研究表明，各处理玉米叶面积指数总体变化趋势呈 S 形，即随着生育进程的推进，叶面积指数逐渐升高，并达到峰值，之后缓慢下降。这是由于玉米拔节期前营养生长较快，叶面积指数呈现出随生育进程的推进而逐渐增长的一般性规律。抽雄期以后，玉米进入营养生长和生殖生长并进的阶段，随着生殖器官逐渐建成，生殖器官变为主要的水分、养分输送中心，营养器官生长速率放慢，灌浆期之后，叶片随生育进程的推进逐渐衰老，叶面积指数开始下降。分析认为，地膜覆盖处理在营养生长阶段明显促进了玉米植株快速生长，使其叶面积迅速增大；进入生殖生长阶段，叶面积指数由峰值开始降低。虽然地膜覆盖在生长后期会引起玉米根系早衰，但对叶面积指数影响不大。全生育期内各处理叶面积指数大小顺序依次为 $T_4 > T_2 > T_3 > T_1 > T_5 > CK$，$T_4$ 处理叶面积指数最大（7.2），较 CK 处理提高了 71.4%。抽雄至灌浆期，玉米进入生殖生长阶段，光合产物逐渐向穗部转移，各处理叶面积指数增长速度逐渐放慢，趋于平稳。从全生育期内玉米叶片数变化来看，叶片数在苗期到抽雄期呈现出随株高增长而增加的一般性规律，抽雄期之后叶片数在平稳中缓慢降低。其中，T2、T4 处理叶片数在抽雄期至灌浆期一直保持最大，而其他处理在抽雄期之后才逐渐达到最大，这说明全膜双垄沟技术对玉米叶片生长的促进作用明显，利于提高群体光合势，这为全膜双垄沟技术发挥增产效应奠定了基础。综上所述，虽然不同处理对玉米各生育期内叶面积、叶面积指数和叶片数有影响，但并没有改变其"慢—快—慢"变化的总趋势。

作物茎秆在很大程度上决定着其抗倒伏能力，茎粗大小是反应作物生长发育的重要指标。在作物生长过程中，根系吸收的水分、养分经过茎秆向地上器官输送，满足其生长需求。在本试验研究中，生育前期各处理茎粗增长快，中期保持稳定，后期由于茎秆逐渐干枯、茎粗变小。拔节期至喇叭口期，T_2、T_4 处理最先达到峰值，分别为 31.3mm 和 30.5mm；灌浆期之后，地膜覆盖处理茎粗开始缩小，而其他处理仍保持缓慢增长态势，这是由于在营养生长阶段地膜覆盖加速了茎秆的生长过程，缩短了生育进程，使地膜覆盖较秸秆覆盖和露地平种先达到峰值。此外，灌浆期之后茎秆表现为早覆膜比晚覆膜粗。从整个生长季看，全膜双垄沟顶凌覆膜处理茎粗最大，露地平种最小，这是因为垄沟覆膜栽培模式的集水保墒效应得到了极大发挥，为玉米营造了良好的生长环境。

总体上，双垄沟顶凌全覆膜栽培下玉米出苗率，茎粗、株高、叶片数和叶面积指数等生长指标优于其他处理，这与该高产栽培方式的高效集水保墒效应有关。虽然秸秆覆盖和地膜覆盖同样具有保墒、增温效应，但在本试验条件下，由于春播时土壤温度较低，气候干旱且蒸发强度大，秸秆覆盖条件下土温回升慢，玉米出苗率低于地膜覆盖。在拔节期以前，由于玉米叶片较小，株间叶片遮阴面积不大，导致秸秆覆盖条件下田间蒸发高于地膜覆盖。因此，从保墒增温角度出发，地膜覆盖栽培更有利于作物生长。从环保角度考虑，秸秆覆盖可以减少地膜用量，降低残膜污染。因此，双垄沟覆膜并结合秸秆覆盖的二元覆盖栽培模式是一项兼增产与环保效应于一体的高效农业措施。

23.1.2 不同覆盖措施对干物质积累、分配及运转的影响

黄土高原旱作区为我国典型的雨养农业区，年降雨量偏少，降雨时空分布不均并与作物关键生育期严重错位，且阶段性干旱频发，已成为制约该区农业发展的主要因素。因此，从解决水资源短缺问题着手，采用农田覆盖保墒措施，有利于实现自然降雨的高效积蓄及利

用。对该区大面积种植的春玉米而言，提高生长季土壤水分，不仅能促进生长，而且有利于干物质快速积累，加快其分配、转运过程，有助于提高籽粒产量。研究指出，秸秆覆盖能够改善土壤水热环境，增加土壤养分和有机质，进而对作物生育期内各阶段的干物质积累过程产生影响。生产实践发现，麦草覆盖能增加叶片面积，延长叶面积高值持续时间，延缓玉米生长后期叶片衰老，利于干物质累积。地膜覆盖较秸秆覆盖保水、抑蒸性能更强，有利于营造良好的土壤水热环境和有助于促进光合器官提早发育，为后期干物质积累奠定基础。此外，覆膜能延长灌浆期玉米叶片的绿叶期，延缓叶片衰老进程，提高同化产物积累量。垄沟种植模式中的沟、垄结构不仅能发挥集雨蓄流作用，改变降水在田间的分布形式，而且能将无效降水经垄沟富集叠加后变为有效降水供给作物生长。此外，垄沟覆膜种植形成了高低错落的作物冠层结构，能增加作物受光面积，从而增强群体光合能力，实现同化产物的快速积累。地膜与垄沟结合形成的栽培模式能将二者优势集于一体，有助于提高玉米收获产量。

研究指出，作物生长前期叶片较小，干物质积累量与叶片生长呈正相关；随着叶片数量的增多及叶面积的不断增大，群体叶面积指数升高，干物质积累量进入指数增长模式；当生殖生长逐渐加快时，干物质积累量因叶片衰老而逐渐减少；至收获期时，群体干物质积累量因叶片生长停止、数量减少而出现下降的趋势。在本试验研究中，叶片干物质在全生育内经历了"上升—稳定—下降"的过程，整体呈 S 形曲线，且峰值出现在抽雄期。通过比较地膜覆盖处理（T_1、T_2、T_3、T_4）与 CK 处理，可以发现地膜覆盖能显著提高玉米叶片同化产物的合成能力，且较早使干物重达到峰值。同时，在整个灌浆期地膜覆盖处理干物重均较平作无覆盖高，这有利于提高玉米光合作用，增加玉米收获产量。此外，由 T_1、T_2、T_3、T_4处理可以发现，顶凌覆膜较播前覆膜更能提高叶片干物质积累量，特别在生育期中后期对干物质的积累影响较大，这可能与顶凌覆膜较播前覆膜更能提高播前土壤含水率有关。与叶片相比，茎干物质积累规律与其相似。喇叭口期前茎干物质积累缓慢，各处理间差异不显著；而叶片干物质积累相对较快，各处理间差异从苗期就开始凸显，这说明玉米前期生长茎秆不占优势。抽雄期之后叶片数量基本不再增加，此时茎干物质积累明显加快。不同处理间的茎干物质积累差异较叶片出现的晚，但影响显著的时期与叶片一样仍在营养生长阶段，说明生长前期叶片干物质积累速率高于茎秆，当茎秆生长需要大量的物质支撑时，叶片干物质将向茎转移。在营养生长阶段，植株干物质主要分配在茎叶中，并没有受栽培方式的影响而大量转移到其他器官中。整体上，垄沟覆膜（T_2、T_4）优于平地覆膜（T_1、T_3）和麦草覆盖（T_5），这是由于拔节期之后随着茎干重的不断增加，水分的供应越来越重要。此刻，T_2、T_4处理在玉米生育期积极发挥了集雨、抑蒸保墒的效应，较平作最大限度地提高了水资源利用率，弥补了无效蒸发造成的水分亏缺。因此，垄沟覆膜栽培技术在生育期内展现出较强的生长发育优势。对籽粒而言，地膜覆盖处理和秸秆覆盖处理籽粒干物质积累总量均显著高于无覆盖处理，说明覆盖栽培措施能显著提高玉米产量。从覆膜时期出发，以 CK 处理作为对照，可以发现播前覆膜处理（T_1、T_2）使成熟期玉米籽粒干物重平均提高了 72.28%，而顶凌覆膜处理（T_3、T_4）提高了 91.22%，后者较前者高出 19 个百分点，即顶凌覆膜更能提高促进玉米果穗生长，加快籽粒干物质积累。这与顶凌覆膜能将早春降水最大限度地贮存在土壤中，较播前覆膜提高了底墒有关。从地上各器官干物质积累总量看，各处理玉米干物质积累呈现前期积累缓慢、中期较快、后期放缓的一般性规律。通过分析 T_1 处理与 T_3 处理、T_2 处理与 T_4 处理间差异，发现顶凌覆膜栽培较播前覆膜使玉米干物质总量提高了

23.6%；平地覆膜栽培较全膜双垄提高了 10.1%。说明顶凌覆膜栽培优于播前覆膜；全膜双垄覆盖优于平地全覆膜，即在黄土高原旱作区大力推广玉米全膜双垄沟顶凌覆膜栽培技术，对提高玉米经济产量作用显著。

从干物质的分配情况来看，苗期玉米处于营养生长初期，叶片生长占主导地位，且地上大部分干物质积累在叶片中，叶片、根系的建成是该生长阶段的主要目标。喇叭口期各处理叶片干物质分配比率较苗期均下降，而茎干物质分配比率上升。抽雄期随着生殖器官的逐渐生长，玉米果穗各器官干物质分配比重明显增加，而叶片干物质分配比重降低。灌浆期玉米籽粒开始形成，植株干物质积累迅速。成熟期各处理玉米植株干物质积累量达到最大值。该生育期地膜覆盖处理（T_1、T_2、T_3、T_4）茎叶干物质分配比较 T_5 处理和 CK 处理下降幅度大，说明地膜覆盖处理在生长后期更能促进茎叶干物质向生殖器官转移。通过分析 T_1 处理与 T_2 处理、T_3 处理与 T_4 处理间差异，发现全膜双垄沟栽培较平地覆膜栽培干物质积累量高，顶凌覆膜较播前覆膜干物质积累量高，同时籽粒干物质分配比例也表现出类似的规律。T_5 处理与 CK 处理相比较，秸秆覆盖栽培处理玉米各器官干物质分配比例与露地无覆盖栽培处理差异较小，但干物质积累总量较 CK 处理高，这可能与秸秆覆盖能保蓄耕层土壤水分，增加土壤有机养分有关。因此，各高产栽培模式较传统平作提高了玉米干物质积累总量，但并未改变各器官干物质分配比例的总体趋势。从干物质的转运情况来看，地膜覆盖处理叶片向籽粒中转移的干物质量为正值，秸秆覆盖和平地无覆盖处理为负，这说明地膜覆盖栽培玉米在生长后期，叶片的同化能力仍没有降低，其干物质积累总量并未因向籽粒中转移而显著降低。在生殖生长阶段，地膜、秸秆覆盖处理的干物质转移率和贡献率较 CK 处理低，这是由于地膜覆盖栽培条件下叶片等营养器官在生长后期仍具有较强的同化能力，茎干物质转移率和贡献率较低，而露地栽培条件下营养器官同化能力较低，其干物质转移率和贡献率较高。对苞叶和穗轴而言，全膜垄沟栽培较全膜平作更能促进其干物质向籽粒转移。总体上，叶片、苞叶和穗轴干物质分配比重总体呈现前期上升，直至峰值后逐渐降低，后期不同程度的回升，这是因为在生殖生长阶段营养器官既可充当"源"向生殖器官转运干物质，又可充当"库"积累干物质，这与黄智鸿等研究成果一致。因此，在农业生产中协调好源、库、流关系，对作物发挥品种优势至关重要。所以，不同生育期玉米各器官干物质分配、转运与其生长特性密切相关。随生育进程的推进，干物质分配重心会随作物生长变化而变化。

23.1.3　不同栽培模式对玉米产量的影响

自 20 世纪 80 年代地膜引进我国农业生产后，因其透光性强、导热性差及不透气等特性，加之地膜覆盖的保温、保墒、抑制杂草生长、减少病虫害等作用，地膜覆盖逐渐成为一项行之有效的旱作高产技术。目前，依托于垄沟地膜覆盖的耕作栽培方式逐渐发展成为黄土高原雨养农业区的主要耕作技术，它在继承传统农业耕作技术与经验的基础上，通过与保护性耕作技术相结合，极大地拓展了其应用和推广的空间，有效解决了作物卡脖子旱问题，为该区粮食的稳产、高产提供了强有力的支撑。其中，全膜双垄沟技术已成为一类抗旱性能强、生产生态效益显著的旱作高产技术，有效地缓解了黄土高原雨养农业"靠天吃饭"的紧张局势。该技术通过改善作物栽培环境，优化产量构成因子而实现稳产高产的目标。研究指出，玉米产量是由多个相关因素共同作用的结果，不同覆盖栽培方式下，其产量构成指标存在差异。本试验研究表明，地膜覆盖处理组穗长、秃顶长、穗行数、行粒数、穗粗、穗重和穗轴重指标均优于 CK 处理，总体上形成全膜双垄沟顶凌覆膜、全膜双垄沟播前覆膜、平地顶凌全覆膜、平地播前全覆膜、秸秆覆盖和露地平种这 6 个数值型梯度。通过分析比较地膜覆盖处理间差异，发现垄沟覆膜种植条件下，其产量构成指标与平地覆膜栽培间差异不显著，但顶凌覆膜条件下，玉米果穗长度和质量均优于播前覆膜栽培，这说明随着覆膜时间的提前，成熟期玉米穗重、穗长也明显增加。虽然秸秆覆盖较地膜覆盖的保墒能力弱，但在该试验条件下，T_5 处理并没有受后期持续干旱的影响而出现产量指标的大幅下跌，而是较 CK 处理仍保持较好的穗部性状，这充分说明了覆盖栽培的增产优势，这与诸多研究一致。

从产量和水分利用效率来看，覆盖栽培方式下玉米产量、收获指数、耗水量及水分利用效率存在明显差异，总体上形成全膜双垄沟顶凌覆膜、全膜双垄沟播前覆膜、平地顶凌全覆膜、平地播前全覆膜、麦草覆盖和露地平种处理 6 个数值型产量梯度差异。与露地平种处理相比，地膜覆盖在很大程度上是以过度消耗土壤水来发挥增产潜力。但是，地膜覆盖同时又能有效抑制土壤水分蒸发，减少水分无效消耗，致使收获后耕层贮水量有增无减，说明地膜覆盖在发挥增产效应的同时又能维持土壤水分动态平衡。综合产量、生物量和水分利用效率分析得知，由于顶凌覆膜能更好地保蓄播前降水，抑制早春土壤水分蒸发，同时，田间相间排列的垄沟结构能最大限度地收集生长季降水，为玉米出苗、建株和后期生长奠定了良好的水分基础。因此，在水分缺乏的黄土高原旱作区，该覆膜栽培技术已作为一项重要的抗旱措施在玉米、小麦、马铃薯等大田作物及其他经济作物中广泛应用。

23.2　主要结论

（1）在年蒸发量大、降雨时空分布不均且阶段性干旱频发的黄土高原旱作区，全膜双垄沟顶凌覆膜、全膜双垄沟播前覆膜技术通过优化田间土壤水温环境，加快了玉米出苗、成苗时间，有效地缩短了生育期，且出苗率达 97%。此外，研究发现不同覆膜时期对玉米出苗率影响不同，顶凌覆膜下玉米出苗率显著高于播前覆膜。

（2）各处理间株高变化整体上呈单峰型曲线变化，全膜双垄沟栽培技术在拔节期和抽雄期对玉米植株的促生长作用明显；抽雄至成熟期株高变化不明显。全生育期内株高以全膜双垄沟顶凌覆膜栽培最好，露地平种最差，水分是导致出现这种差异的主要原因。

（3）不同覆盖栽培方式并没有改变玉米叶面积指数"慢—快—慢"的总体变化趋势，但各处理对玉米叶面积指数的影响程度存在差异。与露地平种相比，全膜双垄沟栽培能显著增加玉米不同生育时期的叶面积指数，而平地全覆膜栽培对其促进作用不大。

（4）研究发现，秸秆覆盖和地膜覆盖同样具有保墒、增温效应，但在本试验中，由于播前土壤温度较低，秸秆覆盖下耕层土温回升慢，致使玉米出苗率低于地膜覆盖处理。在拔节期以前，玉米叶片较小，株间叶片遮阴面积不大，导致秸秆覆盖条件下田间蒸发高于地膜覆盖。因此，从增产角度出发，地膜覆盖栽培更有利于作物发挥增产效应。从环保角度考虑，秸秆覆盖能减少地膜用量，降低残膜污染。因此，双垄沟覆膜并结合秸秆覆盖的二元覆盖栽培模式是一项兼增产与环保效应于一体的高效农业措施。

（5）通过分析干物质积累、分配及转运规律，初步阐明了垄沟覆膜栽培技术的高产机理。研究发现，各覆盖栽培方式下玉米干物质积累与叶面积指数变化趋势相似，且覆盖栽培能显著影响玉米干物质积累分配过程。全膜双垄沟顶凌覆膜和播前覆膜、平地顶凌全覆膜及播前全覆膜处理玉米各生育时期内地上干物质积累总量显著高于秸秆覆盖和露地平种。其中，垄沟全覆膜处理玉米成熟期籽粒干物质量显著高于平地全覆膜处理，说明在黄土高原雨养农业区垄沟覆膜栽培技术通过增加干物质积累总量，提高籽粒干物质分配比而有效提高产量。

（6）全膜双垄沟顶凌覆膜和播前覆膜处理玉米在生长后期，叶片同化能力没有降低，茎叶仍可贮存干物质，因此其干物质转移率和贡献率较低；而露地平种条件下叶片同化能力较低，干物质在生殖生长阶段会大量转移，因此其干物质转移率和贡献率较高。

（7）运用灰色关联度分析法，综合分析了各处理下农艺性状指标与产量间的关联程度，发现各农艺性状依次形成穗长、行粒数、穗重、穗粗、株高、茎粗、穗行数和秃顶长 8 个数值梯度差异，即对产量的影响程度依次为穗长＞行粒数＞穗重＞穗粗＞株高＞茎粗＞穗行数＞秃顶长。该结果说明穗长对产量形成影响最大，其次为行粒数、穗重，而穗行数和秃顶长对产量形成影响较小。

23.3 展望

目前，全膜双垄沟技术栽培区域已涵盖黄土丘陵沟壑区、旱塬区及残塬区，包括甘肃中东部、陕西渭北旱塬、宁夏回族自治区南部、内蒙古自治区鄂尔多斯高原和山西中西部地区。随着垄沟覆膜栽培技术的迅速发展和成功应用，黄土高原旱作农业实现了由被动抗旱向积极避旱、主动抗旱的重要转变，并有力地扭转了旱作农业"靠天吃饭"的被动局面，同时也加快了北方旱作农业高产带的建设步伐。此外，随着农业生产的不断推进，全膜双垄沟栽培技术在继承的基础上不断创新，逐步发展出了秸秆覆盖与其相结合的新型旱作栽培技术，使该技术展现出产量与生态的双重优越性。

然而，现阶段全膜双垄沟技术在实际生产中暴露的问题仍没有彻底解决。例如，连年覆膜加剧地力过耗；干旱的年份陷入无雨可集的困境；农田残膜降低壤质；人工条件下选择垄沟覆膜栽培技术具有盲目性，缺乏科学指导。因此，在追求产量和品质的今天，应秉承生态农业和可持续农业并重发展的原则，加强垄沟覆膜栽培技术负面效应研究，对完善垄沟覆膜技术及促进黄土高原旱作农业可持续发展意义深远。

参 考 文 献

[1] 何奇谨，周广胜. 我国玉米种植区分布的气候适宜性 [J]. 科学通报，2012，57 (4)：267 - 275.

[2] 李锐，郝庆升. 我国玉米深加工业发展探析 [J]. 中国农机化学报，2013，34 (3)：8 - 12.

[3] 李明. 世界玉米生产回顾和展望 [J]. 玉米科学，2010，18 (3)：165 - 169.

[4] 张博雅，王云峰. 中国玉米深加工生产发展现状 [J]. 河北北方学院学报，2008，24 (4)：28 - 31.

[5] 王崇桃，李少昆，韩伯棠. 玉米高产之路与产量潜力挖掘 [J]. 科技导报，2006，24 (4)：8 - 11.

[6] 李军，王立祥，邵明安，等. 黄土高原地区玉米生产潜力模拟研究 [J]. 作物学报，2002，28 (4)：555 - 560.

[7] 方彦杰，黄高宝，李玲玲，等. 旱地全膜双垄沟播玉米生长发育动态及产量形成规律研究 [J]. 干旱地区农业研究，2010，28 (4)：128 - 134.

[8] 胡立勇，丁艳峰. 作物栽培学 [M]. 北京：高等教育出版社，2010.

[9] 李彩霞，周新国，孙景生，等. 不同沟灌方式下玉米叶片气孔阻力差异 [J]. 农业工程学报，2014，30 (13)：119 - 126.

[10] 汪洋，齐晓宁，邵金峰，等. 遮阴对不同品种玉米叶片形态和功能的影响 [J]. 农业系统科学与综合研究，2009，25 (4)：450 - 457.

[11] 孙加伟，赵天宏，付宇，等. CO_2 浓度升高对玉米叶片光合生理特性的影响 [J]. 2009，17 (2)：81 - 85.

[12] 赵建华，孙建好，陈伟，等. 不同作物与玉米间套作对玉米产量和生物量累积的影响 [J]. 2013 (4)：120 - 125.

[13] 李建奇. 地膜覆盖对春玉米产量品质的影响机理研究 [J]. 玉米科学，2008，16 (5)：87 - 92，97.

[14] 李丙军. 不同种植方式对玉米产量的影响因素分析 [J]. 北京农业，2012 (7)：16 - 17.

[15] 吴荣美，王永鹏，李凤民，李小刚. 秸秆还田与全膜双垄集雨沟播耦合对半干旱黄土高原玉米产量和土壤有机碳库的影响 [J]. 生态学报，2012，32 (9)：2855 - 2862.

[16] 卜玉山，邵海林，王建程，等. 秸秆与地膜覆盖春玉米和春小麦耕层土壤碳氮动态 [J]. 中国生态农业学报，2010，18 (2)：322 - 326.

[17] Niu J，Y - Gan Y T，Zhang J W，et al. Post an thesis dry matter accumulation and redistribution in spring wheat mulched with plastic film [J]. Crop Science，1998 (38)：1562 - 1568.

[18] 莫非，周宏，王建永，等. 田间微集雨技术研究及应用 [J]. 农业工程学报，2013，29 (8)：1 - 17.

[19] 平全荣. 旱地农业覆盖栽培技术研究应用进展与展望 [J]. 山西农业科学，2007，36 (2)：63 - 66.

[20] 中国地膜覆盖栽培研究会. 地膜覆盖栽培技术大全 [M]. 北京：农业出版社，1988.

[21] 刘永忠，张克强，王根全，等. 旱地农业覆盖栽培技术研究进展 [J]. 中国农学通报，2005，21 (5)：202 - 205.

[22] 肖国举，王静. 黄土高原集水农业研究进展 [J]. 生态学报，2003，23 (5)：1003 - 1008.

[23] 刘玉含，张展羽，伊德里萨，等. 农田秸秆覆盖技术及其发展趋势分析 [J]. 水利经济，2007，25 (2)：53 - 56.

[24] 周凌云. 秸秆覆盖对农田土壤物理条件影响的研究 [J]. 农业现代化研究，1997，18 (5)：311 - 313.

[25] 吕小荣，努尔夏提·朱马西，吕小莲. 我国秸秆还田技术现状与发展前景 [J]. 现代化农业，2004 (9)：41 - 42.

[26] 中国耕作制度研究会. 中国少耕免耕与覆盖技术研究 [M]. 北京：北京科学技术出版社，1991.

[27] 王维，郑曙峰，路曦结，等. 农田秸秆覆盖技术研究进展 [J]. 安徽农业科学，2009，37 (18)：8343 - 8346.

[28] 胡实，彭娜，谢小立，等. 农田秸秆覆盖保墒研究 [J]. 中国农业气象，2007，28 (1)：49 - 53.

[29] 胡芬，梅旭荣，陈尚谟. 秸秆覆盖对春玉米农田土壤水分的调控作用 [J]. 中国农业气象，2001，22 (1)：15 - 18.

[30] 沈玉琥. 秸秆覆盖的农田效应 [J]. 干旱地区农业研究，1998，16 (1)：45 - 50.

[31] PATRA D D, MUN I RAM, SINGH D V. Influence of straw mulching on fertilizer nitrogen use efficiency, moisture conservation and herb and es - sential oil yield in Japanese mint (*mentha arvensis* L.) [J]. Fertilizer Research, 1993 (34): 135 - 139.

[32] 王明权，李效栋，景明. 覆盖免耕的节水效应 [J]. 甘肃农业大学学报，2007，42 (1)：119 - 122.

[33] 周凌云，徐梦雄. 秸秆覆盖对麦田耗水与水分利用效率影响的研究 [J]. 土壤通报，1997 (5)：205 - 210.

[34] 方文松，朱自玺，刘荣花，等. 秸秆覆盖农田的小气候特征和增产机理研究 [J]. 干旱地区农业研究，2009，27 (6)：123 - 128.

[35] 王维，郑曙峰，路曦结，等. 农田秸秆覆盖技术研究进展 [J]. 安徽农业科学，2009，37 (18)：8343 - 8346.

[36] MONNEVEUX P, QU LLEROU, SANCHEZ C, et al. Effect of zero tillage and residues conservation on continuous maize cropping in a subtropical environment (Mexico) [J]. Plant and Soil, 2006 (279): 95 - 105.

[37] 于晓蕾，吴普特，汪有科，等. 不同秸秆覆盖量对冬小麦生理及土壤温、湿状况的影响 [J]. 灌溉排水学报，2007，26 (4)：41 - 44.

[38] 高亚军，李生秀. 旱地秸秆覆盖条件下作物减产的原因及作用机制分析 [J]. 农业工程学报，2005，21 (7)：15 - 19.

[39] 卜玉山，苗果园，周乃健，等. 地膜和秸秆覆盖土壤肥力效应分析与比较 [J]. 中国农业科学，2006，39 (5)：1069 - 1075.

[40] 赵聚宝，赵琪. 抗旱增产技术 [M]. 北京：中国农业出版社，1998.

[41] 王维帮. 旱地小麦新品种选育中国小麦育种研究进展 [M]. 北京：中国农业出版社，1996.

[42] 肖继兵，杨久廷，辛宗绪. 辽西地区秸秆覆盖试验研究 [J]. 节水灌溉，2008 (2)：8 - 10，13.

[43] 郭宪，金玉美，连海明，等. 麦秸覆盖对杂草萌发及玉米产量的影响 [J]. 安徽农业科学，2007，35 (9)：2584 - 2596.

[44] 高飞，贾志宽，韩清芳，等. 秸秆覆盖量对土壤水分利用及春玉米产量的影响 [J]. 干旱地区农业研究，2012，30 (1)：104 - 112.

[45] 李艳杰. 玉米秸秆还田存在问题与技术要点 [N]. 北大荒日报，2011 - 9 - 13 (4).

[46] 李全起，陈雨海，余松烈，等. 灌溉与秸秆覆盖条件下冬小麦农田小气候特征 [J]. 作物学报，2006，20 (1)：306 - 309.

[47] 张萍，李其昀，于磊，等. 秸秆覆盖对冬小麦生长状况及产量的影响 [J]. 山东理工大学学报，2008，22 (5)：48 - 51.

[48] 许香云，王朝云. 国内外地膜覆盖栽培现状及展望 [J]. 中国麻业，2006，28 (1)：6 - 11.

[49] 赵晓兰，李春峰，曲晓勃. 地膜覆盖技术是我国农作物利用太阳能的一条重要途径 [J]. 内蒙古农业科技，2001 (2)：27 - 29.

[50] 门旗，李毅，冯广平. 地膜覆盖对土壤棵间蒸发影响的研究 [J]. 灌溉排水学报，2003，22 (4)：17 - 20.

[51] 刘晓伟，何宝林，郭天文. 膜双垄沟不同覆膜时期对玉米土壤水分和产量的影响 [J]. 核农学报，2012，26 (3)：602 - 609.

[52] 王红丽，张绪成，宋尚有，等. 半干旱区旱地不同覆盖种植方式玉米田的土壤水分和产量效应 [J].

植物生态学报, 2011, 35 (8): 825-833.

[53] 马金虎, 李海洋, 杜守宇, 等. 旱地马铃薯全膜双垄沟播技术水分及增产效应研究 [J]. 2011, 52 (2): 3-5.

[54] 高应平. 覆膜方式对旱地冬小麦产量和水分利用率的影响 [J]. 甘肃农业科技, 2012 (5): 7-10.

[55] 曹正梅, 董树婷. 覆膜栽培玉米的土壤生态效应研究进展 [J]. 山东农业大学学报, 1999, 30 (4): 489-492.

[56] 沈新磊, 黄思光, 王俊. 半干旱农田生态系统地膜覆盖模式和施氮对小麦产量和氮效率的效应 [J]. 西北农林科技大学学报, 2003, 31 (1): 1-14.

[57] 李兴, 程满金, 勾芒芒, 等. 黄土高原半干旱区覆膜玉米土壤温度的变异特征 [J]. 生态环境学报, 2010, 19 (1): 218-222.

[58] 闫志山, 杨骥, 范有君, 等. 覆膜与直播早熟马铃薯不同耕层的地温测定 [J]. 黑龙江农业科技, 2007 (2): 18-20.

[59] 薛俊武, 任稳江, 严昌荣. 覆膜和垄作对黄土高原马铃薯产量及水分利用效率的影响 [J]. 中国农业气象, 2014, 35 (1): 74-79.

[60] 李世清, 李东方, 李凤民, 等. 半干旱农田生态系统地膜覆盖的土壤生态效应 [J]. 西北农林科技大学学报, 2003, 31 (5): 21-29.

[61] 杨少平, 李粉西. 旱地地膜冬小麦早衰因素探析 [J]. 甘肃农业科技, 2000 (1): 24-25.

[62] 李玉山. 旱作高产田产量波动性和土壤干燥化 [J]. 土壤学报, 2001, 38 (3): 353-356.

[63] 杨封科. 半干旱区集水农业高效用水模式研究 [D]. 兰州: 甘肃农业大学, 2002.

[64] 马耀光, 张保军, 罗志成, 等. 旱地农业节水技术 [M]. 北京: 化学工业出版社, 2004.

[65] 吴伟, 廖允成. 中国旱区沟垄集雨栽培技术研究进展及展望 [J]. 西北农业学报, 2014, 23 (2): 1-9.

[66] 谭妍青, 潘英华. 微集水种植技术研究进展 [J]. 鲁东大学学报. 2012, 28 (3): 266-275.

[67] 王晓凌, 陈明灿, 易现峰, 等. 垄沟覆膜集雨系统垄宽和密度效应对玉米产量的影响 [J]. 农业工程学报, 2009, 25 (8): 40-47.

[68] 李青峰, 杜文华. 陇东旱塬区不同宽度垄沟集雨种植对玉米营养生长的影响 [J]. 草原与草坪, 2013, 33 (4): 54-57.

[69] 王琦, 张恩和, 李凤民, 等. 半干旱地区沟垄微型集雨种植马铃薯最优沟垄比的确定 [J]. 农业工程学报, 2005, 21 (1): 38-41.

[70] 李儒, 崔荣美, 贾志宽, 等. 不同沟垄覆盖方式对冬小麦土壤水分及水分利用效率的影响 [J]. 中国农业科学, 2011, 44 (16): 3312-3322.

[71] 丁瑞霞, 贾志宽, 韩清芳, 等. 宁南旱区沟垄微型集水种植谷子最优沟垄宽度的确定 [J]. 干旱地区农业研究, 2007, 25 (2): 11-16.

[72] 张成荣, 牛建彪. 干旱半干旱区旱作农业探索与实践 [M]. 兰州: 甘肃科学技术出版社, 2012.

[73] 秦舒浩, 张俊莲, 王蒂, 等. 覆膜与沟垄种植模式对旱作马铃薯产量形成及水分运移的影响 [J]. 应用生态学报, 2011, 22 (2): 389-394.

[74] 杨文治, 邵明安. 黄土高原土壤水分研究 [M]. 北京: 科学出版社, 2000.

[75] 李凤民, 徐进章. 黄土高原半干旱地区集水型生态农业分析 [J]. 2002, 10 (1): 101-103.

[76] 戴开军, 雷国才, 张睿, 等. 覆盖栽培方式对渭北旱塬土壤环境和小麦产量与品质的影响 [J]. 耕作与栽培, 2003 (4): 1-2.

[77] 刘晓伟, 何宝林, 郭天文, 等. 秋覆膜对旱地玉米土壤水分和产量的影响 [J]. 农学学报, 2011, 1 (8): 9-15.

[78] 薛俊武, 任稳江, 严昌荣. 覆膜和垄作对黄土高原马铃薯产量及水分利用效率的影响 [J]. 中国农业气象, 2014, 35 (1): 74-79.

[79] 韩娟, 廖允成, 贾志宽, 等. 半湿润偏旱区沟垄覆盖种植对冬小麦产量及水分利用效率的影响 [J]. 作物学报, 2014, 40 (1): 101-109.

［80］ Richards R A，Rebetzke G J，Condon A G，et al. Breeding opportunities for increasing the efficiency of water use and crop yield in temperate cereals［J］. CropScience，2002，42（1）：111－121.

［81］ 牛俊义，闫志利，高玉红，等. 旱地作物地膜覆盖栽培理论与技术［M］. 北京：中国农业科学技术出版社，2012.

［82］ 李爽，孙占祥，张莹，等. 不同覆盖方式对春玉米土壤水分及生长发育的影响［J］. 辽宁农业科学，2010（1）：1－14.

［83］ 张婷，吴普特，赵西宁，等. 垄沟种植模式对玉米生长及产量的影响［J］. 干旱地区农业研究，2013，21（1）：27－30，40.

［84］ 高玉红，牛俊义，徐锐，等. 不同覆膜方式对玉米叶片光合、蒸腾及水分利用效率的影响［J］. 草业学报，2012，21（5）：178－184.

［85］ 孙东宝，孙高东，王庆锁. 晋北半干旱区免耕对玉米光合和蒸腾特性的影响［J］. 中国农业气象，2010，31（2）：235－239.

［86］ 高玉红，牛俊义，闫志利，等. 不同覆膜栽培方式对玉米干物质积累及产量的影响［J］. 中国生态农业学报，2012，20（4）：440－446.

［87］ 牛一川，姚天明，安建平，等. 地膜覆盖栽培对冬小麦衰老进程的影响［J］. 麦类作物学报，2004，24（3）：90－92.

［88］ 丁瑞霞，贾志宽，韩清芳，等. 宁南旱区微集水种植条件下谷子边际效应和生理特性的响应［J］. 中国农业科学，2006，39（3）：494－501.

［89］ 于立河，李佐同，郑桂萍. 作物栽培学［M］. 北京：中国农业出版社，2010.

［90］ 徐亚秋，廖文君. 地膜对土壤环境的影响［J］. 现代农业科技，2014（10）：229.

［91］ 李世清，李东方，李凤民，等. 半干旱农田生态系统地膜覆盖的土壤生态效应［J］. 西北农林科技大学学报，2003，31（5）：21－29.

［92］ 张庆忠，吴文良，王明新，等. 秸秆还田和施氮对农田土壤呼吸的影响［J］. 生态学报，2005，25（11）：2883－2887.

［93］ 孙圆圆，李首成，周春军，等. 土壤呼吸强度的影响因素及其研究进展［J］. 安徽农业科学，2007，35（6）：1738－1739.

［94］ Bontti E E，Decant J P，Munson S M，et al. Litter decomposition in grasslands of Central North America［J］. Global Change Biology，2009，15（5）：1356－1363.

［95］ 张德奇，廖允成，贾志宽. 旱区地膜覆盖技术的研究进展及发展前景［J］. 干旱地区农业研究，2005，23（1）：208－213.

［96］ 陈锡时，郭树凡. 地膜覆盖栽培对土壤微生物种群和生物活性的影响［J］. 应用生态学报，1998，9（4）：435－439.

［97］ 曹莉，秦舒浩，张俊莲，等. 垄沟覆膜栽培方式对马铃薯土壤酶活性及土壤微生物数量的影响［J］. 甘肃农业大学学报，2012，47（3）：42－46.

［98］ 李海龙，宠天荣，李辉. 川中丘陵旱区玉米地膜覆盖栽培研究［J］. 耕作与栽培，2000（6）：29－31.

［99］ 许海涛，王友华，许波，等. 小麦秸秆覆盖对夏玉米干物质生产及主要性状的影响［J］. 作物杂志，2008（6）：45－48.

［100］ 郑险峰，周建斌，王春阳，等. 覆盖措施对夏玉米生长和养分吸收的影响［J］. 2009，27（2）：80－83.

［101］ 陈尚洪，陈红琳，沈学善，等. 不同覆盖方式对川中丘陵区春玉米干物质积累与转运的影响［J］. 干旱地区农研究，2013，31（5）：74－78.

［102］ 姚刚，张胜，王圣瑞，等. 地膜覆盖对春玉米光合性能和干物质累积的影响［J］. 内蒙古农业大学学报，2000，21，（1）：153－156.

［103］ 夏清，吴慧娟，杨珍平，等. 垄上覆膜对旱地小麦灌浆期干物质累积运转的影响［J］. 山西农业大

学学报，2014，34（2）：103－108.

[104] 高玉红，牛俊义，闫志利，等. 不同覆膜栽培方式对玉米干物质积累及产量的影响 [J]. 中国生态农业学报，2012，20（4）：440－446.

[105] 郭大勇，黄思光，王俊，等. 半干旱地区地膜覆盖和施氮对春小麦生育进程和干物质积累的影响 [J]. 西北农林科技大学学报，2003，31（2）：75－80.

[106] 李荣，张睿，贾志宽. 不同覆盖材料对耕层土壤温度及玉米出苗的影响 [J]. 干旱地区农业研究，2009（27）：13－16.

[107] 黄智鸿，申林，曹洋，等. 超高产玉米与普通玉米源库关系的比较研究 [J]. 吉林农业大学学报，2007，29（6）：607－611.

[108] 薛利民，王少杰，薛军胜，等. 地膜覆盖玉米栽培存在的问题与建议 [J]. 种业导刊，2012（7）：34－34.

[109] 李尚中，樊廷录，王勇，等. 旱地玉米抗旱覆膜方式研究 [J]. 核农学报，2009，23（1）：165－169.

[110] 李爱军，李占录，史红梅，等. 玉米品种主要农艺性状与产量的灰色关联分析 [J]. 山西农业科学，2008，36（8）：23－25.

[111] 纪武鹏，于琳，戴志铖，等. 玉米品种主要农艺性状与产量的灰色关联分析 [J]. 现代化农业，2009（9）：14－15.

第 5 篇

垄沟覆盖微集雨耕作对半干旱区春玉米水生产力及土壤环境的影响

第24章 概　　述

24.1　研究背景及意义

24.1.1　研究背景

玉米是一种重要的粮、菜、饲兼用作物，高产高效。随着国家粮食安全战略的实施，玉米的重要性日益突出，其播种面积和总产量在我国粮食作物中仅次于水稻，居第二位，而单产居所有粮食作物之首。玉米在我国粮食生产和农村经济发展中具有举足轻重的地位，玉米产业的发展对"三农"问题贡献巨大，对参与国家农产品加工与产品的市场竞争等都具有重要的现实意义与战略意义。因此，从一定意义来讲，玉米生产的发展已成为衡量一个国家、一个省（自治区、直辖市）农业现代化水平的重要标志之一。我国玉米种植主要分布在从东北地区起，跨黄淮海平原直至西南地区这样一条狭长地带，种植面积约占全国玉米面积的90％，其中约有74.71％地区处于旱作农业区。

玉米是甘肃省主要粮食作物之一，其果实可用于制作粮食，秸秆可用于牲畜饲料等。目前，甘肃省玉米种植面积已达到1468万亩，其中旱作区玉米种植面积占玉米总播种面积的92.44％。尽管这部分区域存在降水少、降水分布不均、春旱严重等问题，但是这里光热资源丰富，玉米播种面积大，具有提高玉米单产及总产的潜力。农业学家为了解决干旱问题，有效利用水资源，提高水分利用效率，寻求农业可持续发展，经过多年研究，尝试推广了地膜和秸秆覆盖保墒技术。随着技术的不断改进和成熟，垄沟集雨技术成为旱作农业的一项突破性创新技术。

24.1.2　研究目的及意义

中国农业水资源供需矛盾尖锐，是制约农业发展的瓶颈。在黄土高原为典型代表的中国雨养农业区，受地理位置及地形变化的影响，年降雨量随时空分布呈现较大差异。这种差异不仅与作物需水期之间出现严重供需错位，而且降水多以暴雨形式出现，导致了黄土高原地区成为世界上水土流失最为严重的地区之一。如何充分利用天然降雨，走旱作农业高产稳产之路是农业科研人员长期以来致力解决的理论和实践难题，而解决问题的关键途径是如何因地制宜地选择最优种植模式，实现对光、热、水、土资源的综合高效利用。

自20世纪50年代以来，水利部门开展节水农业技术研究，其发展经历了以水抗旱、以调治旱和以农技避旱等数个阶段。发展初期，为了缓解旱情，主要通过漫灌等方式进行保墒增产，造成盐渍土面积增加。后期调整种植结构，选择优良抗旱品种，作物产量提高幅度依然不大。到80年代中期，我国集水农业专家赵松龄教授系统地提出了适合西北旱作地区集雨农业发展的新思路和新技术。随着技术的不断创新，到21世纪初期，甘肃省农技中心提出了全膜双垄沟播技术。该技术集覆盖抑蒸、垄沟集雨、垄沟种植技术为一体，雨水富集叠加利用，保墒蓄墒，提高了光合强度，改善了土壤养分，缓解了水土流失，促进了作物对养分的吸收，解决了大气干旱与降水资源浪费的矛盾，最终促进了作物生长发育、实现了产量和品质的提高。以甘肃省为例，该技术已经推广到近千万亩，该技术不仅涉及玉米、小麦、马铃薯等大宗作物，在其他作物如甘蓝、线椒、谷子、白瓜子、西瓜等其他蔬菜、小杂粮和经济作物中也得以推广。

目前，全膜双垄沟播技术也成为提高旱作农业综合生产能力，从根本上解决旱作农业区粮食问题，确保粮食安全的一项突破性技术。该技术的产生改写了旱作农业产量低而不稳的历史，结束了旱作地区被动抗旱的局面，正在引发着旱作农业发展的革命性变革。然而，当前人们以追求利益最大化为目的，忽略了全膜双垄沟播技术自身存在的弊端。黄土高原生态系统十分脆弱，近一半地区土壤为低养分，加之连续多年的单一种植，使得黄土高原旱作土壤养分严重下降、微生物数量减少、酶活性减弱等，严重影响了该地区农田生态环境的可持续发展。该问题已成为各领域学者关注的焦点，尽管提出了多种解决方案，但是由于地域、气候等自然环境等因素的约束，目前尚难形成一套完整的技术与理论体系。

24.2 垄沟覆盖微集雨农田微环境的水热效应

24.2.1 集雨汇流，增加入渗

垄沟集雨技术因其特殊的下垫面微改造和地膜覆盖物的存在，极大地改善了旱平地和缓坡旱地对雨水的汇集能力和入渗效果。首先，降水由垄面（集水区）向沟内（种植区）汇集，扩大了降水的产流面积和雨水汇集区（种植区），故可将有限的降雨量最大限度地蓄积在土壤中，供作物生长发育，从而改善了作物水分供应状况。其次，垄沟集雨技术显著改变了土壤水分的运移方式，阻断了水分的乱流和垂直蒸发，使降水通过集水区产生径流，降水首先抵达沟侧，然后通过侧渗作用向种植区汇集，同时向垄下扩渗，向深层土壤下渗，显著提高了雨水利用率，从而达到了蓄水保墒的目的。

不同的自然降水状况与气候条件，对入渗也有较大影响。以降雨量为参照，当降雨量增大时汇集效果持续增高，但入渗效果在 7～10mm 出现临界值，此时降雨量如果增大，多余的水量会产生径流，降低土壤对雨水的容纳。

24.2.2 减少水土流失，保持土壤养分

径流是地表水循环的重要过程之一，也是地表土壤侵蚀和物质迁移的主要动力。径流的形成源自于降雨，当超过下渗强度时的降雨到达地面以后就会形成土壤的径流，造成水土流失。坡耕地也是中国水土流失的主要区域之一，每年的土壤流失量约为 15 亿 t，占全国水土流失总量的 1/3。垄沟集雨技术的地膜覆盖效果能够显著地降低降雨对土壤表面的侵蚀和冲刷，尤其在坡耕地农田中，能最大限度地减少径流对耕地造成的水土流失。

氮素淋溶损失是指土壤中未被作物吸收利用的氮素随着降雨或灌溉水渗入到深层土壤和地下水，并通过沟渠排入河流、湖泊，进而导致农田氮素损失的过程。全膜覆盖效果能够更显著地降低雨水冲刷和地表径流，从而能够减少和避免土壤中氮素淋溶损失和地表有机碳的流失，起到保持土壤理化结构和营养元素的效果。同时，地膜覆盖后，土壤温度、湿度适宜，通透性好，土壤最高温度可达 30℃ 以上。因此，土壤微生物数量增加，活性增强，可加速有机质分解和转化，促进土壤有益微生物的活动繁殖和有效养分的转化，一般可节省肥料用量 1/3 左右。所以，垄沟集雨技术具有保肥、节肥的功能。

24.2.3 地膜抑蒸

棵间蒸发是土壤水分散失的主要方面。地表全覆膜后，土壤水分的蒸发受到地膜的物理

阻断，切断了与大气的水分交换，迫使水分横向运移（向无覆盖处移动）或放射性蒸发（向开孔处移动），土壤水分蒸发速度相对减缓，总蒸发量大幅度下降，有效地抑制了水分蒸发损失。

随着全膜覆盖时间的增加土壤水分蒸发量越小，土壤的含水率相对更加稳定。地膜覆盖后，与其地表之间形成了 2～5mm 厚的狭小空间，切断了土壤水分与近地层空气中水分的交换通道，将土壤表面蒸发出的水汽封闭在有限的空间中，膜下的水蒸气遇冷后凝结成水滴附着在地膜内侧，随地膜弧度流向沟处，增加了沟内土壤湿度。这种耕作方式改变了无地膜覆盖时土壤水分开放式的运动方式，隔断了土壤裸露蒸发损失，最大限度地保蓄土壤水分，提高了作物的有效耗水比。

全膜覆盖也会因覆盖时期的不同对土壤含水率的多少和层次分布产生影响。黄土高原多年的农事生产实践表明，秋覆膜的效果最佳，土壤播前的含水率达到了 14.35%，其次为顶凌覆膜和播前覆膜。

24.2.4　改善热量与光照条件

土壤温度是土壤热状况的综合表征指标，直接影响着土壤中水、气的保持和运动以及土壤中其他一些物理过程，同时，土壤温度还支配着土壤中化学反应的类型和速率，影响作物生长发育。农田起垄覆膜后，地表面积增大，接收太阳辐射能力增强，地膜覆盖保温作用显著，能明显增加土壤表层温度，促进作物生长发育、提高作物生产力。栽培作物后，播孔封口较好，克服了常规耕作膜下积温易通过播孔和膜间缝隙散失而保温效果差的弊端。封闭的空间使得膜下积温向土体下层传导，使深层土壤温度增高，形成了明显的"温床效应"。

地膜覆盖的增温效应在干旱半干旱的黄土高原有着很大影响。在早春时期，较低的土壤温度往往导致了出苗难、出苗不齐等现象，地膜覆盖的存在显著增加了该时期表层土壤温度，通过保苗、促苗、壮苗等幼苗建成中的积极促进作用为后期营养生长和籽粒形成奠定了必要条件。同时，由于地膜透光性好，透气性差，从而减少了膜内土壤热量损失，能有效地起到保温增温的作用。王俊等研究表明，在覆膜处理作物的整个生育期内，增温效果呈现 U 形变化。播种后 15 天内，增温效果最为明显；这以后增温作用却逐渐下降。这是与作物茎叶遮阴，太阳辐射较少到达地面有关。90 天以后，作物叶片开始枯萎，茎叶的遮阴效果下降，地膜覆盖的增温效果又有所加强，日平均增温达 2.08℃。可见，在作物生育前期，地膜覆盖具有增温保墒作用，加速了作物的发育速度。到作物旺盛期，由于作物枝叶茂盛，叶片面积大而截留了太阳的辐射，造成地面接收的光能减少。虽然地膜覆盖减少了棵间蒸发量，但由于作物叶面积大，蒸腾量增大，农田用于蒸散的能量增多，使得加热土壤的能量减少。

从播前地膜覆盖、秋季半膜平作和顶凌半膜平作等不同的覆膜方式和覆膜时间比较，秋季全膜覆盖在作物的各个生育期都表现出了较高的土壤温度，显著高于不同时间的半膜平作方式，尤其在作物形成产量的关键时期，维持了较高的土壤温度，为作物生物量积累和产量形成提供了优化的近地面水温环境。

垄沟地表褶皱形态和地膜覆盖完全重建了近地面冠层下侧的太阳光分布。地面起垄后，地表光照面积加大了近 31%，在薄膜和膜下微细水珠反射阳光的作用下，使漏射到地面的阳光反射到近地空间，增加了近地空间和植株基部叶片背面受光量和强度，改善了植株下部的光照，提高了光能利用率，为整个群体的发育创造了一个良好的光照环境，这对形成大穗、促进干物质积累、提高单位面积产量十分有利。

24.3 垄沟覆盖微集雨技术对耕作层土壤微环境的影响

24.3.1 土壤理化性质

土壤是植物吸收各种养分的载体和媒介，同时也是生理生化反应的重要场所。土壤与水、气和植物相互作用并抑制环境的波动，共同调控植物生长的生态过程。垄沟集雨技术能够改善土壤物理性质，协调土壤的水、肥、气、热状况，促进了土壤缓效养分的速效化和有机质的矿质化、腐殖化过程，使土壤理化性状得到改善。全膜覆盖减轻了降水对土壤的直接拍打、淋洗和冲击，使表土不被压实，消除了因阳光曝晒而引起的表土龟裂，维持良好的土壤结构，能一定程度地优化耕层土壤理化性状。研究表明，垄沟周年覆膜较常规耕作比重增加了 $0.03g/cm^3$，容重减少了 $0.06g/cm^3$，土壤孔隙度增加了 2.80%，土壤有机质增加了 0.15%，水解氮增加了 $18.7mg/kg$，速效磷增加了 $2.2mg/kg$。

24.3.2 全氮与全磷时空变化

氮素和磷素是影响玉米生长的养分限制性因素，揭示两者动态变化机理对玉米的增产机理具有重要意义。地膜覆盖与垄沟种植二者有机结合可以显著提高氮素利用率，获得作物高产。研究表明，作物收获后，较裸地种植耕层中全氮含量变异幅度，垄沟集雨技术沟播种植耕层全氮含量下降较明显；类似的变化规律还出现在植耕层全磷含量变异幅度。这表明玉米在垄沟集雨种植方式下，生长旺盛促进了根系对氮素和磷素的吸收，而裸地种植方式下，玉米长势较弱，对土壤氮素和磷素的吸收较少。

24.3.3 土壤微生物

土壤微生物是土壤物质循环的调节者、污染物降解的驱动力，微生物量碳、氮、磷被认为是土壤活性养分的贮存库，是植物生长可利用养分的重要来源，是农田生态系统的重要组成部分。同时，微生物数量又能灵敏地反映环境因子的变化，对生态系统的循环产生深刻影响。

垄沟覆盖微集雨种植改变了作物常规种植模式，全膜覆盖、垄沟布置将土壤中水、肥、气、热重新组合，改变了微生物多年生长环境。该技术对于微生物生长利弊关系，目前没有统一定论。大量文献数据表明，全膜覆盖与垄沟组合增加了土壤空隙度、土壤温度变化幅度减小、墒情良好，改善了土壤微生物繁衍条件，促进了微生物的活动和繁殖，使其数量明显增加；部分持相反观点，研究指出垄沟覆盖微集雨耕作方式阻碍了土壤与大气间气体交换，致使膜下气压增大，减少了微生物数量，不利于可持续发展。

24.3.4 土壤酶活性

土壤酶其来源于土壤中动物、植物和微生物细胞的分泌物及其残体的分解物，是生态系统的生物催化剂，作为土壤组分中最活跃的有机成分之一，在土壤生态系统的物质循环和能量流动方面扮演着重要角色，它与土壤微生物一起共同推动土壤的代谢。土壤酶常处于活性状态，其活性强度随土壤的性质、气候条件、农业技术措施等因素而变化，反映了土壤中各种生物化学过程的强度和方向，是土壤肥力评价的重要指标之一。

垄沟覆盖微集雨技术通过改善土壤温度、湿度、土壤质地、结构、pH 值和通气状况等因素，间接地改变了土壤酶的生化活性。关于该技术对酶活性影响改变情况，尚未提出统一的观点，目前研究结果大多来源于某一年种植变化情况，缺乏长期监测该技术下生态系统土壤酶活性的变化情况与土壤肥力变化情况。但是探索其变化规律对于维持旱作区土壤健康及农田可持续生产具有重要的实践意义，因此今后仍需开展可持续研究，分析垄沟覆盖微集雨技术在多年连续耕作情况下对土壤酶活性的影响。

24.4 垄沟覆盖微集雨技术对干物质积累、分配和转移的影响

干物质生产与积累是作物产量形成的基础，其生长过程，实际上是干物质不断积累的过程。以种植玉米为例，有研究指出，传统耕作方式中玉米干物质积累量在拔节期至大喇叭口期增长最快，到灌浆期后趋于平缓，此时玉米秸秆和叶片的增加量已呈缓慢下降趋势，表现出的只是籽粒中干物质的积累。而在垄沟覆盖微集雨种植模式下干物质积累还在持续增高，叶片干物质积累最快时期出现在拔节期—灌浆期；茎秆与穗芯干物质积累最快时期出现在喇叭口期—灌浆期；灌浆期—成熟期籽粒干物质积累最快。研究表明，以一个月为测定周期，与露地平种相比较，连续观测干物质积累变化，在5个周期内单株干物质积累可分别增加165.4%、99.0%、74.0%、45.8%、47.2%，同时发现垄沟集雨种植对玉米干物质积累影响依然呈快—慢规律，但显著促进了玉米单株生物量的产出。

干物质的运转决定着营养物质的流向，分配直接决定着玉米经济产量的高低。因此，了解干物质转移及分配变化规律，有助于采取有效措施调控作物生长发育，发挥品种优势，提高作物产量。垄沟覆盖微集雨技术改变了玉米常规的生长环境，优化了土壤养分供给因子，表现出了较高的产量构成要素。研究结果表明，收获后垄沟覆盖微集雨技术较半膜平作叶片重量增加了23.5%，叶鞘重量增加了2.3%，苞叶重量减少了17.6%，茎秆重量增加了1.9%，籽粒重量增加了15.9%，穗轴重量增加了120.4%，且垄沟覆盖微集雨种植和半膜平作中，叶片重量、叶鞘重量、苞叶重量、茎秆重量、籽粒重量、穗轴重量在整株重量分配比例不同，分别为12.7%和12.4%、5.7%和7.3%、6.3%和9.9%、12.1%和14.3%、50.0%和48.9%、13.2%和7.2%。

24.5 垄沟覆盖微集雨技术对不同物候区作物产量的影响

垄沟覆盖微集雨技术能够改善旱作农业生产中的水、肥、气、热等生态环境，增产效果显著。在整个生育期内，土壤温度的变异降低，土层15～25cm土壤温度增加，根系的生长代谢旺盛，加快了作物生长发育进程，该技术在不同物候区相对常规种植的增产效果也不尽相同，即使在同一气候区，因海拔、品种、种植密度等因素，对增产幅度影响也较大。

以种植玉米为例。垄沟覆盖微集雨技术在干旱地区主要以积温和抑制蒸发为主，尽管该地区的增产幅度可达32.83%，可是总产量提高幅度不大；半干旱地区，降水较多，玉米种植密度以5万株/hm²左右最为适宜。垄沟覆盖微集雨技术在该地区主要以集雨、积温和抑制蒸发为主，该地区的增产幅度平均可达24.14%，总产量增产幅度较大；半湿润地区，降水多，玉米种植密度较稠。垄沟覆盖微集雨技术在该地区主要以集雨、积温、抑制蒸发和防止水土流失为主，该地区的增产幅度平均可达30.10%，总产量增产幅度大于半干旱和干旱地区。

黄土高原海拔落差大，同一气候区，不同海拔处增产效果差异显著。低海拔地区积温效果相对高海拔地区优势明显，降雨量相对较多，垄沟覆盖微集雨技术在低海拔地区积温保墒效果显著，增产幅度更大。诸多研究结果证实，垄沟覆盖微集雨种植方式较其他耕作方式表

现出明显的增产效应，对旱作农业可持续发展具有重大的现实意义。

24.6 垄沟覆盖微集雨技术对不同物候区作物水分利用效率的影响

自然条件下，雨滴直接冲击土壤表层，土壤结构被破坏，细小颗粒填充土壤孔隙，形成结构细密紧实的土壤表层，影响水分入渗。通过起垄、全膜覆盖种植方式，可以削弱雨滴的直接冲击，使表层土壤的团粒结构趋于稳定，有利于后期降雨与蒸发水珠入渗。该技术集垄面集流、覆膜抑蒸、垄沟种植于一体，能显著提高土壤含水率，增加水分利用效率。这不仅有助于作物吸收利用土壤表层丰富的养分，而且在干旱年份对作物出苗非常有利。垄沟覆盖微集雨技术对土壤含水率变化的影响因作物生育期而异。作物生育前期，地表裸露面积大，全膜覆盖能明显抑制杂草生长和土壤水分蒸发，高低垄相间促进蒸发水珠汇集，土壤含水率明显增多。生长中后期，由于作物生长旺盛，叶面积增大，阻碍阳光照射耕层，土壤蒸发量减小，但是此时作物蒸腾速率加快，作物耗水量增大，致使土壤含水率有所下降。

以玉米种植为例，黄土高原垄沟覆盖微集雨技术较常规种植（半膜平作）的水分利用效率均有所提高，但不同气候区水分利用效率增幅差异不同。干旱地区和半湿润地区水分利用效率较高于半干旱地区。干旱地区年降雨少且分布不均，年蒸发量远远大于降雨量。降水时，叶面遮挡雨滴下落，即使落到膜面也难以入渗。玉米整个生育期耗水主要依赖于土壤水，全膜覆盖使得地表蒸发量几乎为零，有效地提高了水分利用效率；半湿润地区年降雨较多，且比较集中，雨水能够在垄沟汇集，在根系处入渗，为玉米生长提供充足水源；半干旱地区降水介于两者之间，雨水在垄沟汇集后在沟内形成水段，入渗缓慢，易蒸发。因此，降水的时空分布不均是该区水分利用效率低下的主要原因之一。

24.7 垄沟覆盖微集雨技术对作物物候期的影响

不同的种植方式能够引起土层结构及土壤-作物-大气系统水、热、碳交换的变化，这些变化反过来又影响农田小气候，从而对作物的生长发育产生影响。垄沟覆盖微集雨种植方式能够保墒蓄墒、保水保肥、增加地表温度，受光面积加大，改善了作物的生长环境，使作物各个生育期较常规耕作不同程度的提前，尤其在作物产量形成的关键期，这种物候期的提前避开了后期干旱对作物危害，也能够在作物生育前期加速对有限的土壤水分利用，是作物生理抗旱积极响应。

24.8 垄沟覆盖微集雨技术可有效抑制农田草害

农田杂草是农业生产中的重要问题之一，给农业生产造成巨大损失。长期使用除草剂不仅污染环境，且易使杂草产生抗药性。全膜覆盖与其他耕作方式相比，膜内气压较大和地表温度较高使部分杂草成苗困难，可降低农田的杂草密度，有效防控部分杂草生长，节省了人工除草在劳动力、资金、时间上的投入。同时地膜的反光作用可有效趋避和抑制蚜虫等害虫的滋生繁殖，也可减轻病害的传播。

24.9 需进一步研究解决的科学问题

尽管垄沟覆盖微集雨技术经过几十年的发展，但是目前大多数研究的重点仍然主要集中在垄沟覆盖微集雨技术的本身指标，如垄的结构、垄沟比、土壤水分、作物种植密度、作物产量、土壤温度等方面的研究，虽然该技术发展已经比较完善，但是仍有诸多问题需要进一步研究和探索，主要包括以下方面：

（1）已有的研究对土壤含水率研究报道较多，但对该技术种植方式下 0～100cm 和 0～200cm 土层的贮水量研究较少，而贮水量的研究可以为该技术在旱作农业区的长期发展提供有力支撑。

（2）已有的研究对秸秆还田后土壤养分研究报道较多，但对不同耕作方式下作物整个生育期内的土壤养分和土壤酶活性研究较少，而土壤养分和酶活性的研究可以使该技术更加完善并为该技术的可持续发展提供理论基础。

（3）目前，国内外对以全膜双垄沟播为代表的垄沟覆盖微集雨技术做了大量研究，而通过对其他垄沟覆盖微集雨种植方式的探讨和研究资料则相对较少。因此，对不同垄沟覆盖微集雨种植方式进行比较分析研究，优选出最佳耕作方式，对当地黄土高原半干旱区农作物生产的产量效应、社会效益和生态意义，以及对旱作农业的可持续发展均具有重大的现实意义。

第25章 材料与方法

25.1 试验地概况

试验于 2013 年 3 月至 2014 年 10 月在兰州大学榆中校区植物种质资源圃（35°56′34″N，104°08′49″E）进行。该试验区属半干旱区，海拔约为 1970.00m，年均气温为 7.4℃，不小于 0℃积温为 3458℃，不小于 10℃有效积温为 2475℃，平均无霜期为 120 天。据 1993—2012 年降雨资料，该地区年平均降雨量为 370mm，降水少且变率大，其中 54% 的降雨主要集中在 7—9 月，为典型的黄土高原雨养农业区。春玉米为当地主要农作物，一年一熟。试验地土壤为黄绵土，pH 值为 7.48，前茬为燕麦，耕层土壤养分有机质、全氮含量分别为 1.28g/kg、1.14g/kg，碱解氮、速效磷含量分别为 49.6mg/kg、34.6mg/kg，肥力偏低。试验地田间持水率为 20.6%，凋萎系数为 6.2%。

25.2 试验地降雨量

试验地 2013 年生育期降雨量为 404.7mm，显著高于 20 年均值（1993—2012 年），其中 5—9 月降雨量均在 50mm，而 7 月降雨量达到 134.6mm；2014 年生育期降雨量为 380.5mm，略高于 20 年均值。其中 2013 年、2014 年及近 20 年各月雨量分布见表 25.1。

表 25.1　　　　　　　　　试验区 2013 年、2014 年和多年月降雨量分布　　　　　　　　单位：mm

年份	月 份												玉米生育期降雨量
	1	2	3	4	5	6	7	8	9	10	11	12	
2013	1.2	11.5	0	9.0	66.1	47.2	134.6	48.0	61.6	16.1	7.9	1.5	404.7
2014	6.3	12.1	12.5	23.1	51.8	50.4	105.9	48.5	49.4	14.6	3.8	2.1	380.5
20 年平均	2.6	3.9	10.0	18.1	49.1	55.6	71.9	77.5	51.3	26.7	3.9	0.9	371.5

25.3 试验材料及设计

供试品种为"金凯 3 号"，种植密度均为 5.04 万株/hm²。为了防止倒春寒对玉米幼苗的冻害，第一年试验于 2013 年 4 月 27 日播种，10 月 10 日收获。2014 年试验于 2014 年 4 月 25 日播种，10 月 5 日收获。播前对试验小区进行 30cm 的翻耕处理，人工除去杂草，同时施入尿素（氮含量 46%）600kg/hm²，过磷酸钙（P_2O_5 含量 12%）600kg/hm²，源钾（K_2O 含量 25%）300kg/hm²（注：本试验为确保全膜双垄垄播种植玉米正常出苗，覆膜处理均采用顶凌覆膜）。试验小区有效面积为 25m²，共设置 5 个处理，各处理均设 3 次重复，按随机因子裂区排列。

（1）顶凌全膜平铺种植（WFM）。前茬作物收获后及时灭茬，深耕翻上，及时保墒，待试验区土壤解冻之前（播前一个月左右）施入足够肥料，轻翻表层土壤，将化肥翻入地下，然后用 120cm 宽的地膜覆盖，膜与膜之间不留空隙，相互重叠大约 5cm，相接处用土压实，采用等行间距播种方式。

（2）顶凌全膜双垄沟播（WRF），覆膜方法同 WFM 处理，每幅垄分为大小两垄，垄幅宽为 110cm。大垄宽为 70cm、高为 10cm，小垄宽为 40cm、高为 15cm。选用 120cm 宽的地膜，膜与膜之间不留空隙，相接处用土压住地膜。在大小垄相接处播种。

（3）顶凌隔沟覆膜垄播＋明沟覆盖麦草（MRM），覆膜方法同 WFM 处理，每垄大小相等，垄宽均为 35cm，高为 15cm，两垄相接处形成集雨沟，集雨沟宽为 20cm。选用 120cm 宽的地膜，边起垄边覆膜，地膜与垄外侧紧贴，用土压住地膜。形成明沟和暗沟，在明沟内覆盖麦草，在垄上进行播种。

（4）顶凌隔沟覆膜垄播＋明沟无覆盖（MRN），覆膜方法同 WFM 处理，每幅垄大小相等，垄幅宽均为 35cm，高为 15cm，两垄相接处形成集雨沟，集雨沟宽为 20cm。选用 120cm 宽的地膜，边起垄边覆膜，地膜与垄外侧紧贴，用土压住地膜。形成明沟和暗沟，明沟内无覆盖，在垄上进行播种。

（5）露地平种（CK），采用等行间距播种方式，无覆盖。

图 25.1 为垄沟覆盖微集雨播种示意图。

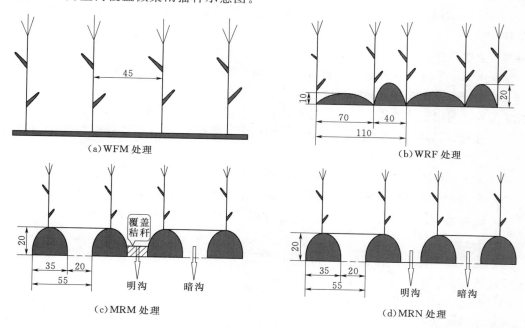

图 25.1　垄沟覆盖微集雨播种示意图（单位：cm）

25.4　测定项目与方法

25.4.1　土壤含水率

土壤含水率采用传统烘干称重法测定。在玉米播种前及收获后取样深度为 100cm，以 20cm 为梯度进行采样测定。用土钻取样，铝盒封装带回实验室，及时称重（湿土重和＋铝盒重），然后将铝盒盖揭开，放至盒底，置于已预热至 105℃ 温度下烘箱中烘至恒重（约

8h），待至恒重，取出，盖好，移入干燥器内冷却至室温（约需 20min），随之称重（干土重＋铝盒重），测定然后测定土壤含水率。

25.4.2 土壤温度

每个处理的小区布设 1 套直角水银地温计，分别观测苗期 5cm、10cm、15cm、20cm 和 25cm 的土壤温度。将地温计埋在各处理两株玉米之间，在苗期每天 8：00—20：00，每隔 2h 观测一次，连续观测 5 天。

25.4.3 土壤容重

采用环刀法测定土壤容重。在大田内挖开深度为 1m 的土层剖面，用一定容积为 100cm 的环刀垂直向内切割剖面内侧未搅动的自然状态土样，使土样充满整个环刀，每 20cm 为一层取样。土样取出后立即两端加盖，以免水分蒸发。随即称重（精确到 0.001g），并记录。放置烘箱，于 105℃下烘干后恒重（约 8h），待烘干后称重（精确到 0.001g），测定土壤含水率。

土壤容重计算式为

$$\rho = \frac{m}{V(1+\theta)} \tag{25.1}$$

式中：ρ 为土壤容重；m 为环刀内湿土质量；V 为环刀容积（100）；θ 为土壤含水率（质量含水率），％。

25.4.4 土壤养分

在玉米每个生育期（苗期、拔节期、抽雄期、灌浆期、成熟期）进行取样，取样深度为 40cm，以 20cm 为梯度进行采样测定。每个土样均在小区内选取 3 组长势一致的两株玉米，在两株玉米之间用土钻取样，然后用信封装袋、标记，静置于大气中自然风干。

（1）有机质：待土样自然风干后，进行过筛（不大于 0.25mm），用重铬酸钾滴定法测定。

（2）全氮：待土样自然风干后，进行过筛（不大于 0.25mm），用半微量开氏法测定。

（3）全磷：待土样自然风干后，进行过筛（不大于 1mm），用土壤水分测定法测定。

（4）碱解氮：待土样自然风干后，进行过筛（不大于 1mm），用丙三醇替代碱性胶液法测定。

（5）速效钾：待土样自然风干后，进行过筛（不大于 1mm），用 NH_4OAc 浸提液，火焰光度法测定。

（6）速效磷：待土样自然风干后，进行过筛（不大于 1mm），用碳酸氢钠法测定。

25.4.5 土壤酶活性

在玉米 2013 年播前和 2014 年收获后进行取样，取样深度为 40cm，以 20cm 为梯度进行采样测定。每个土样均在小区内选取 3 组长势一致的两株玉米，在两株玉米之间用土钻取样，然后用信封装袋、标记，静置于大气中自然风干。

（1）过氧化氢酶：待土样自然风干后，进行过筛（不大于 1mm），用紫外分光光度法测定。

（2）脲酶：待土样自然风干后，进行过筛（不大于 1mm），用苯酚钠-次氯酸钠比色法测定。

（3）蔗糖酶：待土样自然风干后，进行过筛（不大于 1mm），用比色法测定。

（4）磷酸酶（酸性磷酸酶、中性磷酸酶和碱性磷酸酶）：待土样自然风干后，进行过筛（不大于 1mm），用磷酸苯二钠比色法测定。

25.4.6　出苗率

当各处理小区玉米生长达到"三叶一心"时，以该时期作为测定出苗率的标准。统计出每个试验小区此时的实际出苗数，最后根据 3 个处理重复计算实际出苗率。

$$出苗率（\%）=\frac{实际出苗数}{实际播种数量}×100\% \qquad (25.2)$$

25.4.7　株高

从播种后第 20 天开始，每个小区随机选取 5 株玉米，随后以 20 天为梯度取样。取样后带回实验室，取出根部，用量程 3m 的卷尺测定，测定最高部分取玉米雄花的顶端，记录 5 株数据，最后计算出平均值即为该小区玉米的平均株高。

25.4.8　茎粗

从播种后第 20 天开始，每个小区随机选取 5 株玉米，随后以 20 天为梯度取样。取样后带回实验室，用 0.01mm 游标卡尺测定，测定部分取该株玉米最粗茎处，标准统一。然后记录 5 株茎粗数据，最后计算出平均值即为该小区玉米的茎粗。

25.4.9　叶片数变化

从播种后第 20 天开始，每个小区随机选取 5 株玉米，随后以 20 天为梯度取样。取样后带回实验室，统计每株玉米的叶片数（未展开叶片也计算在内）。然后记录 5 株叶片数目，最后计算出平均值即为该时期玉米的叶片数。

25.4.10　叶面积指数

从播种后第 20 天开始，每个小区随机选取 5 株玉米，随后以 20 天为梯度取样。取样后带回实验室，将每株玉米的所有叶片延叶鞘与叶片连接处剪下，量出叶片的长度和最大宽度，再计算所有叶片的面积，最后取平均值。

根据叶长、叶宽计算叶面积。

$$完全展开叶叶面积（cm^2）=叶长（cm）×叶宽（cm）×0.75 \qquad (25.3)$$
$$不完全展开叶叶面积（cm^2）=叶长（cm）×叶宽（cm）×0.50 \qquad (25.4)$$

25.4.11　地上部生物量

从播种后第 20 天开始，每个小区随机选取 5 株玉米，随后以 20 天为梯度取样。选取植株与测定叶面积植株相同，带回室内晾干除去根部。将各个器官从植株上剪下，用纸袋标记分装，105℃恒温烘箱杀青 20min，然后将温度调至 80℃，烘干至恒重，采用精度为 0.001 电子秤称重，结果取各处理均值。

25.4.12　产量及其构成因子

待玉米成熟后按小区单独收获，晒干、脱粒并计产，各处理的实际产量以 3 个重复小区产量的平均值获得。同时各小区随机取 15 株进行室内考种，测定穗粗、穗长、无效穗长、穗行数、行粒数、单株成穗数、穗粒数、百粒重等指标。

25.4.13　水分利用效率

根据土壤贮水量、土壤贮水量变化、玉米耗水量和产量计算水分利用效率。

$$土壤贮水量（mm）=土层厚度（mm）×土壤含水率（质量\%）×土壤容重 \qquad (25.5)$$

$$\text{土壤贮水量变化(mm)} = \text{收获时土壤贮水量(mm)} - \text{播种时土壤贮水量(mm)} \quad (25.6)$$

$$\begin{aligned}\text{耗水量(mm)} &= \text{土壤供水量(mm)}(\text{播种时土壤贮水量} - \text{收获时土壤贮水量}) \\ &\quad + \text{生育期总降雨量(mm)} \end{aligned} \quad (25.7)$$

由于试验地无灌溉，且地下水位埋深大于 10m，故耗水量公式不考虑灌溉水量和地下水分利用。

$$WUE = \frac{Y}{ET} \quad (25.8)$$

式中：WUE 为水分利用效率，$kg/(hm^2/mm)$；Y 为作物产量，kg/hm^2，ET 为作物耗水量，mm。

25.5　数据统计分析

利用 Excel 2010 对所测数据进行计算，利用 SPSS 19.0 软件中 LED 多重比较法比较各处理相关数据差异的显著性，用 OriginPro 8.0 作图，各表中出现的数据均为各处理 3 次重复的平均值。

25.6　田间管理

25.6.1　整地

试验前一年秋季，待上茬作物收获完毕，用翻耕机对实验地进行翻耕。然后人工捡去石头、砖块和其他杂物，用铁锹敲碎较大的土块。

25.6.2　播前起垄、覆膜

待土壤刚解冻时，对实验地再次检查，用卷尺丈量耕地具体面积，计算出每个小区合理面积。随后，开始划分试验小区，并做好小区边界起垄工作，然后用钉耙将每个小区内的耕层土内大块土进行清理，为后期起垄、覆膜打好基础。将所有试验地整理完成后，开始按照试验计划起垄、覆膜。为了防止土壤水分蒸发，采取边起垄便覆膜措施，将两个地膜接缝处用土压实，并及时进行地膜横腰带压，防止刮风将地膜吹走。地膜铺设完成后，人工每隔一小段在沟膜上打渗水孔，便于覆膜到播前这段时间的雨水收集。定期对地膜完整度进行检查，特别是刮风和降雨天气，如遇到破损，及时用胶带修补。

25.6.3　播种

试验以玉米"金凯 3 号"为材料，该品种高产、优质、多抗、耐密，适宜于积温在 2800℃的地区种植。用当地传统种植玉米器具点播枪进行播种，每个播种穴播种一粒种子，下种后用细土及时封住穴口，防止种子暴露在外面。并且在室内培育 100 株玉米苗，为后期补苗做准备。

25.6.4　间苗与后期维护

玉米出苗后，仔细检查每个小区由于各种原因所缺苗数，计算出苗率后及时适时进行补苗。在玉米整个生育期内，要定期做好田间维护、管理，包括地膜破损的修护、土垄形状的维修、除杂草，并时常观察大田内虫害情况，一旦发生，立即采取相应的应对防虫害措施，保证玉米正常生长。图 25.2 所示为垄沟覆盖微集雨大田试验实况。

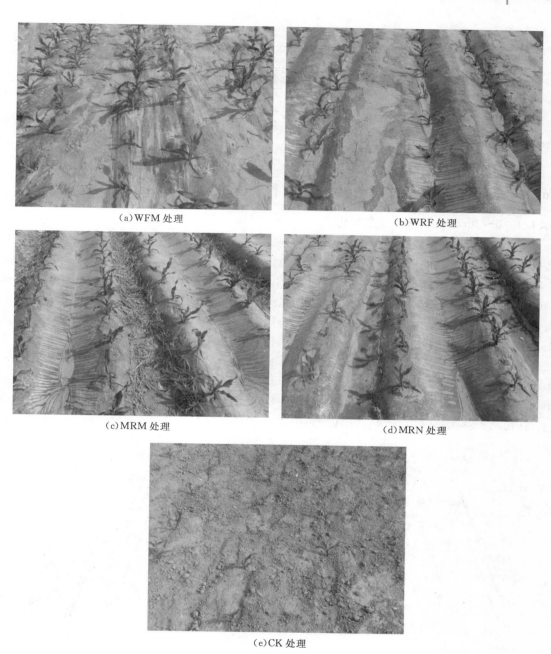

（a）WFM 处理　　　　　　　　　　　　　　　（b）WRF 处理

（c）MRM 处理　　　　　　　　　　　　　　　（d）MRN 处理

（e）CK 处理

图 25.2　垄沟覆盖微集雨大田试验实况

第 26 章 垄沟覆盖微集雨技术对土壤水分的影响

26.1 不同垄沟覆盖微集雨种植方式下土壤水分时间变化

26.1.1 0～20cm土层水分动态变化

从 2013 年大田试验数据可以看出，不同垄沟覆盖微集雨处理 0～20cm 土层土壤含水率随时间变化均表现出交替升降规律，且总体趋势趋于一致，同时，不同生育期各覆膜处理的土壤水分与 CK 处理存在明显差异（图 26.1）。播前土壤含水率以 WFM 处理最高，而 MRM 处理和 MRN 处理相对较低，这可能与垄上水分挥发过快有关。随着时间推移各垄沟覆盖微集雨处理土壤含水率均呈递增趋势，特别是 MRM 处理，到 20 天时土壤含水率提高了 4.78%，相比播前增幅达 46.09%。玉米生长 70 天以前，WRF 处理土壤含水率一直处于最高水平，在 50～70 天这段时间内出现急剧下降，随后含水率与其他处理差异性不显著。玉米苗期之后，各处理在整个生育期内含水率均高于 CK 处理，至收获后，各处理土壤含水率大小分别为 WRF＞WFM＞MRM＞MRN＞CK，且各覆膜处理比 CK 处理土壤含水率高出 45.19%、36.08%、32.96%和 19.23%。

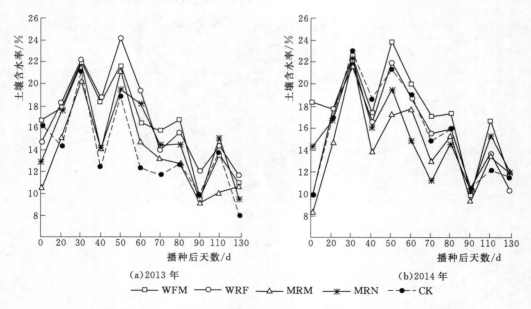

图 26.1 两个试验年份不同处理 0～20cm 土壤含水率变化

从 2014 年大田试验数据可以看出，尽管各处理 0～20cm 土层土壤含水率随时间变化趋势与上一年度变化趋势相似，但是不同生育期各处理的土壤水分发生明显变化（图 26.1）。

播前土壤含水率仍以 WFM 处理最高，而 MRM 处理相对较低。到玉米出苗时，各处理含水率均有所提高，并且 WFM 处理提高速度最快，达到了 76.35%。随后，各处理含水率变化一直呈现着交替升降变化，但是 MRM 处理和 MRN 处理在生育前期和中期始终处于较低水平，到了生育后期才有所缓和，逐渐上升。至收获后，各处理土壤含水率大小依次为 MRN＞MRM＞WFM＞CK＞WRF，且各个覆膜处理比 CK 处理土壤含水率高出 4.78%、2.96%、0.35% 和 −10.52%。

26.1.2 20～40cm 土层水分动态变化

作为玉米根长密度较大的耕层，该土层含水量对玉米的吸收和利用起到了关键性作用，特别是生育前期和中期供水。从 2013 年大田试验数据可以看出，从播种到苗期，玉米生长耗水少，各处理土壤含水率均呈递增趋势，其中以垄沟覆盖微集雨处理最为显著。在整个生育期内，WFM 处理含水率最大，而垄沟覆盖微集雨 WRF 处理、MRM 处理和 MRN 处理含水率相对较低，这可能与玉米根系生长旺盛有关，耗水大有关。在生育末期，集雨技术发挥了其集雨效果，尽管玉米生长旺盛耗水大于对照，但是到收获时期土壤含水率仍高于对照。此时各处理含水率从大到小依次是 WFM、WRF、MRN、MRM、CK，各覆膜处理分别比 CK 处理高出 34.89%、23.03%、13.91% 和 2.05%。

从 2014 年的趋势图 26.2 可以看出，不同处理对玉米的生长、耗水趋势大体是一致的。含水率均在苗期之后呈下降趋势，特别在 50～90 天内，含水率下降幅度最大。在玉米生长到第 50 天降雨过后，WFM 处理含水率最高，然后依次是 CK、WRF、MRN、MRM 处理，这与垄沟覆盖微集雨处理方式有关。遇到降雨时，MRN、MRM 处理首先补给垄上水分，所以 20～40cm 土层在该时期未能变现出较高的含水率，而随后垄上水分开始蒸发，遇到地膜冷凝，形成水滴，汇集到沟内，重新补给玉米生长所需水分。生育后期，玉米耗水减缓，此时耗水主要以棵间蒸发为主，含水率变化趋于缓和，且垄沟覆盖微集雨处理方式此时能够

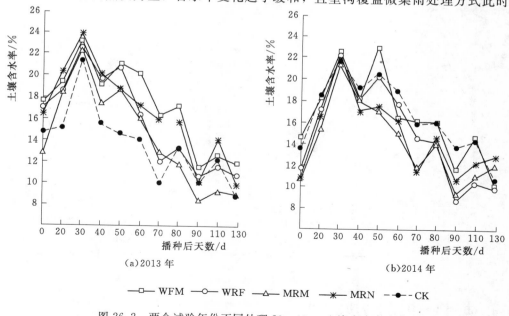

（a）2013 年   （b）2014 年

—□— WFM   —○— WRF   —△— MRM   —✳— MRN   --●-- CK

图 26.2　两个试验年份不同处理 20～40cm 土壤含水率变化

有效收集降雨，为玉米后期生长提供保障。收获后含水率以 MRN 处理最高，MRM 处理次之，这可能与麦草覆盖有关。麦草覆盖后对明沟的水分蒸发起到了显著的抑制作用，有效地贮存了明沟内水分，可为玉米生长所用。

26.1.3　40～60cm 土层水分动态变化

从图 26.3 可以看出，各覆膜处理在 40～60cm 的土壤含水率均高于 CK 处理，表现出较好的贮水效果。2013 年试验播前该土层含水率差异不大，随着生育期变化，土壤含水率也表现出差异性变化。生育前 50 天 MRN 处理土壤含水率居首，随着时间的推移 WFM 处理土壤含水率增加，高于其他处理，尽管 WRF 处理和 MRM 处理含水率不高，但是仍显著高于对照。从拔节期开始到收获后，各处理含水率均呈下降趋势，WRF、MRN、MRM 处理变化幅度最大，分别下降了 11.19%、10.79% 和 12.74%。收获后，各处理相比播前土壤含水率均略有减少，减少幅度大小依次为 WFM＞MRM＞CK＞WRF＞MRN，减少幅度分别为 5.26%、4.86%、3.67%、3.46% 和 2.49%。

2014 年表现出与 2013 年种植相似的趋势，播前各覆膜处理土壤含水率均大于露地种植，播种后 30 天内玉米处于出苗期，耗水极少，此时垄沟覆盖微集雨种植模式在该时段显著提高了自身含水率，为玉米后期生长提供了保障，此时 WRF、MRM、MRN 处理的土壤含水率较播前分别提高了 9.26%、9.76% 和 8.46%，而 CK 处理仅提高了 3.21%。30 天后，玉米开始了加速生长，耗水量加大，所有处理含水率开始下降，尽管后期有降雨补充，但是耗水程度显著高于补给，因此整体上依旧呈下降趋势。到收获后，土壤含水率明显低于播前，且此时各个处理之间也有显著差异，处理该时期含水率从大到小依次为 MRM（10.51%）、MRN（10.01%）、WRF（9.09%）、WFM（8.97%）和 CK（7.79%），相比播前分别降低了 2.17%、3.40%、3.41%、4.74% 和 3.62%。

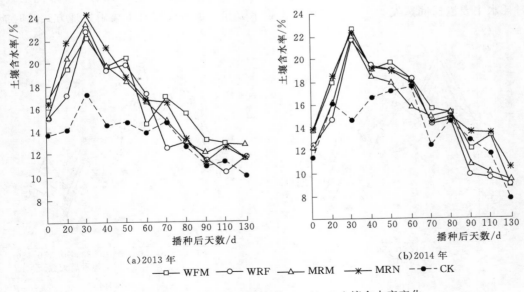

(a)2013 年　　　　　　　　(b)2014 年

—□— WFM　—○— WRF　—△— MRM　—＊— MRN　--●-- CK

图 26.3　两个试验年份不同处理 40～60cm 土壤含水率变化

26.1.4　60～80cm 土层水分动态变化

尽管玉米在该土层段内根系分布量低于 0～60cm 内所占比例，但是该区域内的土壤含水率对玉米的生长仍具有举足轻重的作用。通过图 26.4 可以看出，由于顶凌覆膜，各处理 2013 年播前土壤含水率出现了显著差异，MRM、MRN 处理的土壤含水率明显高于 WRF、CK 处理。随后趋势变化和 0～60cm 土层变化相似，但是生育中后期，垄沟覆盖微集雨种植模式耗水明显大于其他处理，并且呈持续下降状态，这可能与垄沟处理有关。垄沟种植改善了玉米生长环境，增加了土壤呼吸，促进了根系呼吸与生长，同时也加快了玉米生长，所以垄沟处理在玉米生长旺盛时耗水明显增多。到收获时期，WRF 处理表现出较好的恢复，其余处理含水率均低于播前水平。收获后含水率较播前减小程度依次为 WFM（7.78%）＞MRM（6.73%）＞MRN（5.57%）＞CK（1.13%）＞WRF（0.64%）。

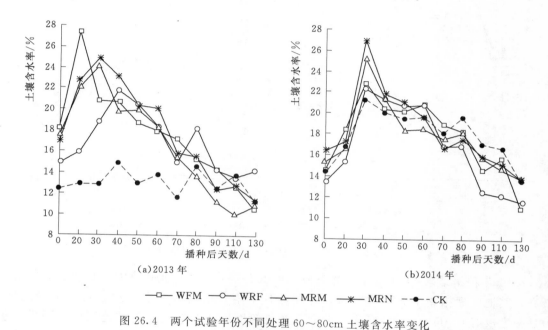

图 26.4　两个试验年份不同处理 60～80cm 土壤含水率变化

　　2014 年，各处理在播前的含水率大小差异较小，随后 30 天内增长迅速，且 MRM、MRN 处理增加最为显著，明显高于其他处理。不同处理在玉米各个生育期内，土壤含水率随时间变化表现出交替升降规律，且变幅不大。整体而言，整个土壤系统没有出现剧增剧减现象，使得整个土层的土壤含水率维持在一定的变化范围内，为玉米增长奠定了良好的水分环境。玉米生育后期，由于露地平种生长缓慢，耗水量很少，加之降雨，此时露地土壤含水率高于覆膜处理，而垄沟覆盖微集雨处理下玉米生长迅速，耗水大，所以土壤含水率下降迅速，其中尤以 WRF 处理最为显著。待收获后，垄沟覆盖微集雨处理土壤含水率相比较播前尽管有所下降，但是变化不显著，充分显示了垄沟覆盖微集雨的效果。各处理相比较播前含水率变化程度依次为 WFM（3.29%）＞MRN（2.45%）＞WRF（1.68%）＞MRM（1.39%）＞CK（0.74%）。

26.1.5　80～100cm 土层水分动态变化

　　尽管该层玉米根系不是很发达，但是该层水分决定着后期玉米生长状况。深层土壤含水率为玉米生长提供有力保障，该层水分源源不断地向玉米根系发达的耕层输送着水分，并且毛管水在土层内游动时，当上层土壤缺水时可以及时获取，补充玉米所缺水分。

从图 26.5 可以看出，覆膜处理能够更好地抑制土壤蒸发，对深层土壤有更好的蓄水效果。2013 年种植玉米，播前土壤含水率出现显著差异，覆膜处理含水率显著高于 CK 处理，而且在整个生育期内，CK 处理始终处于较低状态，含水率变化尽管呈波动状态，但是变化幅度很小。反而垄沟覆盖微集雨处理对该层土壤水分消耗较大，尤以 MRM 处理最为显著。

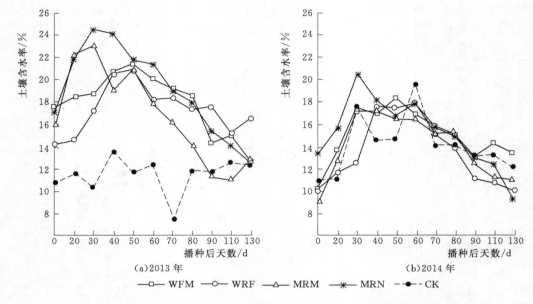

图 26.5　两个试验年份不同处理 80～100cm 土壤含水率变化

2014 年种植结果与 2013 年趋势类似，但也有差异。播前仍以 MRN 处理土壤含水率最高，其他处理相差不大。苗期后，各处理各个生育期土壤含水率尽管均呈下降趋势，但是幅度没有 0～60cm 土层变化波动大，变化幅度始终控制在一定的范围内。同样，垄沟覆盖微集雨处理表现出较大的耗水特性，生育 90～110 天，雨水补给减少，而此时玉米仍处于生长旺盛时期，需要大量供水，因此该时期垄沟覆盖微集雨处理深层土壤含水减少。待收获后，各处理含水率大小依次为 WFM（13.43%）、CK（12.12%）、MRM（11.01%）、WRF（10.07%）和 MRN（9.2%）。尽管垄沟覆盖微集雨处理加大了对土壤深层的耗水，但是耗水是以促进玉米生长为前提的，这为玉米的旺盛生长提供了充足的水资源。

26.2　土壤贮水量

26.2.1　0～100cm 贮水量全生育期变化

如图 26.6 所示，两年试验结果表明，土壤贮水量在全生育期的变化趋势基本一致，均经历了"交替升降"规律。对于整个生育期的贮水量而言，变化应分为 3 个阶段。从播种期到苗期水分增长较多；从进入拔节期到乳熟期水分持续降低；从乳熟期到成熟期水分仍然有所减少，但是变化趋于缓和，但是总体的趋势是呈下降的。

第一阶段（0～30 天），从播种期到苗期，当地 5 月开始进入雨季，雨水开始充足，而此时种子开始萌发，但是消耗水分不大，有利于贮存水分，此时出现第一次贮水量回升。垄沟覆膜处理集雨处理效果要显著高于 CK 处理，其中 WRF、MRN、MRM 处理分别增加 40.19mm、34.30mm 和 21.17mm。

第二阶段（30～100 天），受天气和玉米生长耗水的影响，土壤贮水量出现了下降，该趋势一直持续到玉米乳熟期，相比于平地覆膜种植和对照处理，垄沟覆盖微集雨处理贮水量下降较大，而前期贮水量最高的 MRN 处理下降多达 98.39mm，而最低的 CK 处理只下降了 31.61mm。这是由于垄沟覆盖微集雨处理促进了玉米的生长，导致水分被玉米大量消耗，亏缺较为严重，而后期的降雨很难提供有效土壤水分补给。

第三阶段（101～130 天），玉米已进入成熟期，不再需要大量的水分维持生长，而此时由于降雨原因，土壤贮水量再次出现了短暂恢复，但增加幅度很小。待收获时，各处理贮水量相比播前土壤均有所减少，2013 年土壤贮水量下降幅度由大到小依次为 MRN（74.99mm）、MRM（64.63mm）、WFM（51.59mm）、CK（36.25mm）和 WRF（27.15mm）；2014 年种植土壤贮水量下降幅度由大到小依次为 WFM（39.75mm）、WRF（38.72mm）、MRM（31.38mm）、MRN（24.48mm）和 CK（22.88mm）。

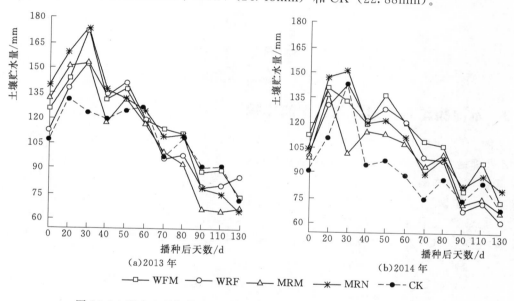

图 26.6　两个生长年份全生育期不同处理 1m 深处土壤内贮水量变化

26.2.2　不同耕作方式对 100～200cm 土壤贮水量的影响

深层土壤贮水量是旱区玉米生产力的最重要因素。如图 26.7 所示，2013 年种植结果显示各处理收获后和播前贮水量变化不尽相同。WFM、WRF 处理土壤贮水量有所减少，而 MRM、MRN、CK 处理土壤贮水量呈增加趋势。各处理变化情况分别为 WFM 减少 89.84mm、WRF 减少 12.76mm、MRM 处理增加 36.32mm、MRN 处理增加 46.27mm、CK 增加 18.88mm。2014 年种植结果显示各处理收获后和播前贮水量变化与首年变化大致一致。WFM、WRF、CK 处理土壤贮水量有所减少，而 MRM、MRN 处理土壤贮水量仍然呈增加趋势。各处理变化情况分别为 WFM 减少 33.12mm、WRF 减少 26.56mm、CK 减少 34.56mm、MRM 增加 41.48mm、MRN 增加 52.23mm。通过两年试验数据可以看出，尽管隔沟覆膜垄播技术在 0～100cm 内贮水量有所下降，但是 100～200cm 土层内贮水量是上升的。这表明隔沟覆膜垄播技术不以消耗深层土壤水分为代价来换取玉米的快速生长，这对种植下茬作物的生长是有利的。

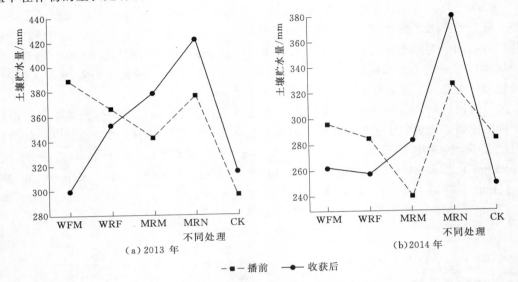

（a）2013 年　　　　　　（b）2014 年

－■－播前　　－●－收获后

图 26.7　两个生长年份不同处理 2m 深处土壤内贮水量变化

26.3　不同耕作方式对作物耗水的影响

从图 26.8 可以看出，除 CK 处理外，2013 年种植玉米耗水量均大于 2014 年种植，且 WFM 处理最为显著。2013 年的降雨为 404.7mm，要显著低于 2014 年的降雨量。根据试验地区近 20 年的降雨平均值来看，2013 年和 2014 年降雨均高于多年的均值。因此，当降雨量偏少时，作物为了生长，便会加速消耗土壤深层贮水。2013 年，垄沟覆盖微集雨处理 MRM 和 MRN 之间的土壤耗水量没有显著差异，WFM 处理耗水量最大，且和其他处理存在显著性差异。CK 处理和 WRF、MRM、MRN 处理之间无显著性差异，WRF 处理耗水量

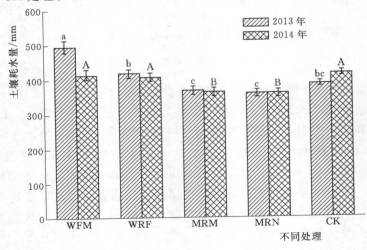

图 26.8　两个生长年份不同处理的土壤耗水量

大于 CK、MRM、MRN 处理。2014 年，垄沟覆盖微集雨处理 MRM、MRN 之间的土壤耗水量没有显著差异，WFM、WRF 处理和 CK 处理之间的土壤耗水量没有显著差异。两年耗水量数据表明，WFM 处理和 WRF 处理深层耗水量大，而隔沟覆膜垄播集雨处理（MRM、MRN）两年耗水量基本一致，且均有一定幅度的升高。

第 27 章　垄沟覆盖微集雨技术对土壤温度的影响

27.1　不同垄沟覆盖微集雨种植方式下苗期耕层 5cm 处土壤温度变化

如图 27.1 所示，两年大田种植在苗期 5cm 土壤温度随日照的变化趋势相一致，均呈现出倒 V 形变化。2013 年，一天的土壤温度变化分两个阶段：第一个阶段 8：00—16：00，为土壤温度持续上升阶段；第二阶段 16：00—20：00，受日照强度减弱的影响，为土壤温度持续下降阶段，但是 MRN 处理一天的最高峰出现在 14：00 左右。该时期作物正处于苗期阶段，玉米地上冠幅差异较小，各处理之间温差在 8：00—12：00 不大，而 12：00—18：00 差异较大。苗期各处理的土壤温度依次表现为 MRN>MRM>WFM>WRF>CK，露地平种由于其无地膜覆盖，地面直接暴露在空气中，不能有效积蓄土壤温度，因此 MRN、MRM、WFM 处理和 WRF 处理这 4 个覆膜耕作处理土壤温度都要高于露地平种。尤其是 MRM、MRN 处理显著提高了 5cm 土壤温度，温度最高可达至 39℃，表现出较好增温效应，对玉米苗期的生长发育起到很好的促进作用。

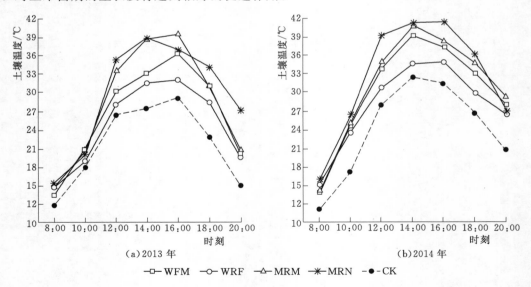

图 27.1　两个生长年份不同处理苗期 5cm 土壤温度变化

2014 年，各处理每天最高土壤温度明显高于 2013 年。土壤温度日变化仍分两个阶段：第一阶段 8：00—14：00，为土壤温度持续上升阶段；第二阶段 14：00—20：00，受日照强度减弱的影响，为土壤温度持续下降阶段，但是 MRN、WRF 处理土壤温度日最高峰出现在 16：00 左右。苗期各处理的土壤温度依次表现为 MRN>MRM>WFM>WRF>CK，与

2013 年表现结果一致。CK 处理在苗期整天的土壤温度中始终处于较低，MRM、MRN 处理 5cm 土壤温度显著高于其他覆膜处理，温度最高可达至 41℃，表现出较好的增温效应。相反，WRF 处理一直保持着较低的土壤温度。

27.2 不同垄沟覆盖微集雨种植方式下苗期耕层 10cm 处土壤温度变化

如图 27.2 所示，耕层 10cm 处土壤温度总体变化规律与 5cm 处基本一致，也呈单峰性变化。但是各处理 10cm 处的平均值在各时间点都要略低于 5cm 的土壤温度。2013 年，MRN、WRF 处理 8：00—14：00 土壤温度持续上升，MRM、WFM、CK 处理 8：00—16：00 持续上升。随着日照强度的减弱，随后时间段内土壤温度开始持续下降。各处理的最高土壤温度依次表现为 MRM＞MRN＞WFM＞WRF＞CK。尤其是 MRM、MRN 处理对 10cm 土壤温度显著提高，土壤温度最高可达至 36℃，增温效应较好，对玉米苗期的生长发育起到很好的促进作用。

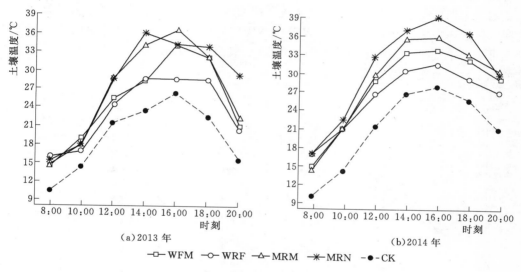

图 27.2 两个生长年份不同处理苗期 10cm 土壤温度变化

2014 年，耕层 10cm 处各处理土壤最高温度明显高于 2013 年。所有处理在该时段表现出同一的趋势，变化趋势仍分两个阶段：第一个阶段 8：00—16：00，为土壤温度持续上升阶段；第二阶段 16：00—20：00，受日照强度减弱的影响，为土壤温度持续下降阶段。各处理在 8：00—12：00，土壤温度没有出现显著性的差异。该层最高土壤温度依次表现为 MRN＞MRM＞WFM＞WRF＞CK，与 2013 年表现稍有差别，但是始终以垄上种植温度居首。总之，垄上耕作方式由于起垄增加了光照面积，而且光线通过垄侧地膜的折射，使得相邻两个垄之间发生光线交叉，光照与土壤温度相互重新叠加，使垄侧的土壤温度得到加强。同时，WRF 处理和 CK 处理在该层的土壤温度仍始终处于较低状态。

27.3 不同垄沟覆盖微集雨种植方式下苗期耕层 15cm 处土壤温度变化

如图 27.3 所示，各处理地表 15cm 处土壤温度的日变化与 10cm 处土壤温度变化不同，该层土壤温度呈现波峰时刻出现推移。2013 年，温度的日变化主要存在以下 3 个阶段：

第一阶段，从全天候最低时刻 8：00 开始，至 10：00 土壤温度呈缓慢增长。各处理中，WFM 处理的温度最高，CK 处理最低，但是 CK 处理在该时段增长速率高于 WFM 处理。

第二阶段，从 10：00—18：00 温度持续上升，CK 处理的最高日土壤温度出现在 16：00 左右，但是仍低于覆膜处理，仅高达 20.3℃，其他处理依次表现为 MRN＞MRM＞WFM＞WRF。WRF 处理在该阶段可能由于垄高阻碍了光照，沟内温度变化较小，相对稳定。

第三阶段，18：00 过后开始降温，而且下降程度较大，垄沟地膜覆盖降温幅度也不例外，这可能与测定时期的当地天气变化有关。从全天的日平均土壤温度来看，MRN 处理最高，且在各个时间点都处于最高点。WRF 处理平均土壤温度一直处于较低值，且从 10：00 之后各个时间点的温度变幅较小，在 15～20℃ 之内摆动。

2014 年，各处理各个时间点土壤温度明显高于 2013 年。所有处理趋势变化相同，仍分两个阶段：第一阶段 8：00—16：00，为温度持续上升阶段；第二阶段 16：00—20：00，受气温影响，为温度持续下降阶段，但是温度下降幅度不大。该层温度整体趋势始终没变，各个时间点依次表现为 MRN＞MRM＞WFM＞WRF＞CK，但是垄上种植温度一直高于其他处理。可能由于气温升高，覆膜处理 16：00 以后表层土壤温度散失较小，维持了该层土壤温度的稳定，使得变化幅度减小。

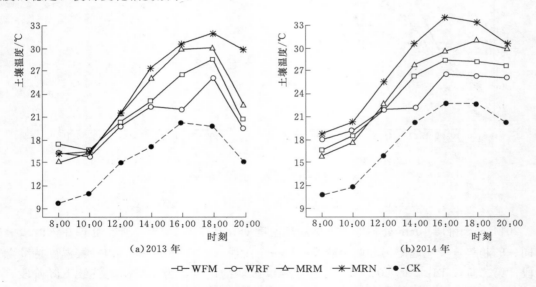

(a) 2013 年　　(b) 2014 年

－□－ WFM　－○－ WRF　－△－ MRM　－＊－ MRN　-●- CK

图 27.3　两个生长年份不同处理苗期 15cm 土壤温度变化

27.4　不同垄沟覆盖微集雨种植方式下苗期耕层 20cm 处土壤温度变化

如图 27.4 所示，2014 年土壤温度总体变化规律与 2013 年基本一致，也是呈单峰曲线变化。但是 2014 年各处理的平均值在各时间点都要略高于 2013 年。这与当地进入 5 月以来，整体气温上升有关。在气温上升阶段，MRN、MRM 处理在 8：00—16：00 这个时间段升温更快，由于垄沟膜覆能够吸收光照，并且垄上温度能够迅速地将所吸收的热量向地表以下传输，提高土壤较深耕层温度。从 16：00 大气开始降温时，又可以将积温缓慢地释放，补给上层土壤温度。2014 年，16：00 过后，MRN、CK 处理土壤温度呈平缓下降状态，下降幅度分别是 2.0℃和 1.1℃；而 MRM、WRF、WFM 处理土壤温度却仍然呈缓慢上升状态，增加幅度分别是 3.4℃、1.0℃和 1.2℃。MRM 处理由于麦草覆盖，土壤温度下降较 MRN 处理缓慢且有增加的态势。

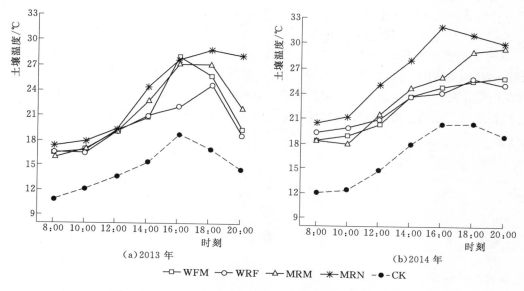

(a)2013 年　　　　　　　　　　(b)2014 年

—□— WFM　—○— WRF　—△— MRM　—✳— MRN　-●- CK

图 27.4　两个生长年份不同处理苗期 20cm 土壤温度变化

27.5　不同垄沟覆盖微集雨种植方式下苗期耕层 25cm 处土壤温度变化

如图 27.5 所示，2014 年受气候变化的影响，各时间点积温较 2013 年普遍升高，且覆膜处理 20cm 土壤温度在 8：00 明显高于 CK 处理。2013 年，土壤温度的日变化分为两组变化趋势。MRM、MRN、WFM 处理从全天候最低时刻 8：00 开始，至 18：00 土壤温度均呈缓慢增长趋势，随后开始下降；WRF、CK 处理 8：00—16：00 土壤温度均呈缓慢增长趋

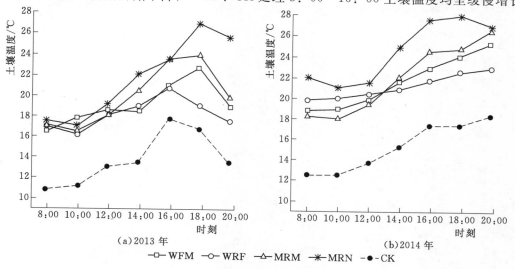

(a)2013 年　　　　　　　　　　(b)2014 年

—□— WFM　—○— WRF　—△— MRM　—✳— MRN　-●- CK

图 27.5　两个生长年份不同处理苗期 25cm 土壤温度变化

势，16：00 以后开始下降。各处理中，垄上覆膜种植的土壤温度最高，沟内种植的相对较低。这与其种植方式紧密相关，田垄吸收光照后能够迅速升温，并且可以迅速向地表以下传输所吸收的热量，使土壤较深耕层温度显著提高。其中，WRF 处理可以维持 25cm 土壤温度保持稳定，一天内的变化幅度在 17～25℃之间。2014 年，仅 MRN 处理的最高日土壤温度出现在 18：00 左右，其他各处理 8：00—20：00 土壤温度持续上升。尽管 MRN 处理从 18：00 土壤温度开始下降，但是仍高于其他处理，在 20：00 土壤温度依次表现为 MRN＞MRM＞WFM＞WRF。垄上种植处理在遇到光照强度大的时刻，土壤温度变化幅度加大，光强减弱后，又会出现变化幅度下降的态势。同样，WRF 处理在 2014 年也表现出稳定的态势，在各个时间点的土壤温度变化幅度较小，日变化幅度在 21～28℃之间。

第 28 章　垄沟覆盖微集雨技术对土壤养分和酶活性的影响

28.1　不同垄沟覆盖微集雨种植方式下土壤养分随时间的变化

28.1.1　垄沟覆盖微集雨技术对土壤有机质含量的影响

土壤有机质是土壤肥力和土壤质量的重要指标，它是作物营养的主要来源，对作物的产量至关重要。从图 28.1 可以看出，土壤有机质含量在玉米的整个生育期内的变化趋势大致相同，且 0～20cm 土层的表现趋势更加相似。在 0～20cm 土层中，WFM、WRF、CK 处理有机质含量明显高于 MRM、MRN 处理。WFM、WRF、MRM、MRN 处理从苗期—拔节期有机质含量呈递增趋势，拔节期—灌浆期开始减少，灌浆期过后含量又开始增加。而 CK 处理从拔节期—抽雄期有机质含量呈递增趋势，且在抽雄期达到顶峰，随后开始下降。至收获时，WFM 处理的土壤有机质含量增加了 0.2g/kg，而 WRF、MRM、MRN、CK 处理的含量分别降低了 0.14g/kg、0.08g/kg、0.35g/kg 和 0.09g/kg。

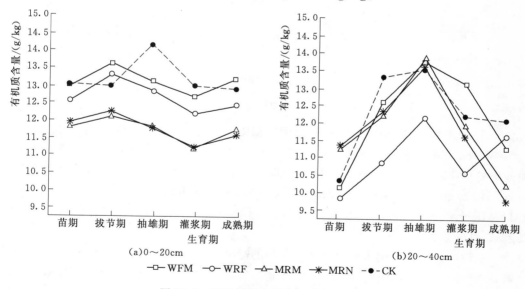

图 28.1　不同处理土壤有机质含量变化

20～40cm 土层中 WFM、MRM、MRN、CK 处理有机质含量明显高于 WRF 处理。WFM、MRM、MRN、CK 处理苗期—抽雄期有机质含量呈递增趋势，抽雄期过后含量开始呈下降趋势。而 WRF 处理苗期—抽雄期有机质含量呈递增趋势，抽雄期—灌浆期开始减少，抽雄期过后含量又开始增加。至收获时，WFM、WRF、CK 处理的土壤有机质含量分别增加了 1.15g/kg、1.83g/kg 和 1.77g/kg，而 MRM、MRN 处理的土壤有机质含量分别降低了 1.04g/kg 和 1.57g/kg。

28.1.2　垄沟覆盖微集雨技术对土壤全氮含量的影响

　　土壤全氮是土壤养分的重要组成部分，其丰缺状况可直接影响到作物的生长状况，甚至产量品质的形成，因此，土壤全氮对作物的生长有重要的影响。从图 28.2 可以看出，0～40cm 土层土壤全氮含量在玉米的整个生育期内均呈现出递减趋势。在苗期，0～20cm 土层中 MRM、MRN 处理全氮含量明显高于 WFM、WRF、CK 处理；苗期过后至成熟期 WFM、WRF、CK 处理全氮含量明显高于 MRM、MRN 处理。所有处理中，CK 处理的变化幅度最平缓，在灌浆期—成熟期时出现急剧下滑。至收获时，WFM、WRF、MRM、MRN、CK 处理的土壤全氮含量分别减少了 0.22g/kg、0.31g/kg、0.43g/kg、0.38g/kg 和 0.14g/kg。

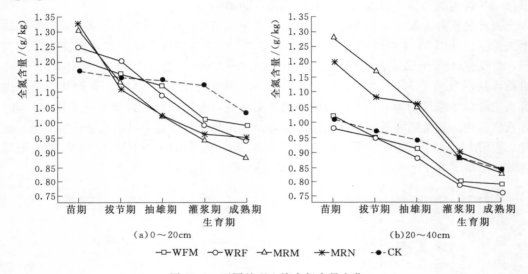

图 28.2　不同处理土壤全氮含量变化

　　整个生育期内，在 20～40cm 土层中，MRM、MRN 处理土壤全氮含量显著高于 WFM、WRF、CK 处理，且整体趋势表现一致。MRM、MRN 处理变化波动幅度较大，而其他处理变化浮动平缓，但整体趋势都呈下降趋势。在整个生育期内，土壤全氮含量总体趋势相同，依次表现为 MRN＞MRM＞CK＞WFM＞WRF。至收获时，WFM、WRF、MRM、MRN、CK 处理的土壤全氮含量分别减少了 0.23g/kg、0.22g/kg、0.45g/kg、0.36g/kg 和 0.17g/kg。

28.1.3　垄沟覆盖微集雨技术对土壤全磷含量的影响

　　磷是作物生长重要的限制性元素，对作物生理特性（如蒸腾作用、养分利用效率）和土地生产力均有一定程度的影响。因此，土壤全磷对作物生长有重要影响。从图 28.3 可以看出，0～40cm 土层土壤全磷含量在玉米整个生育期内均呈递减趋势，但 0～20cm 土层土壤全磷含量变化幅度远大于 20～40cm 土层。0～20cm 土层各处理从苗期开始到抽雄期变化趋于平缓，且在该时期内，各处理的全磷含量依次为 MRM＞MRN＞WRF＞WFM＞CK；抽雄期到成熟期变化幅度趋势增大，WFM、WRF、MRM、MRN 处理变化趋势相近，CK 处理的含量高于其他 4 个处理。至收获时，WFM、WRF、MRM、MRN、CK 处理的土壤全磷含量分别减少了 3.08g/kg、3.75g/kg、4.60g/kg、4.63g/kg 和 2.48g/kg。

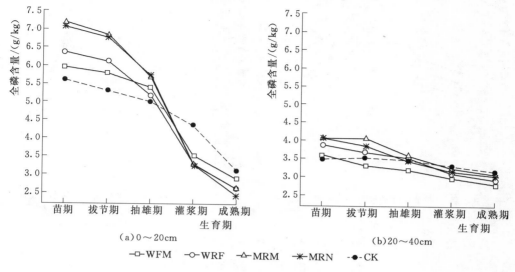

（a）0~20cm　　　　　　　　　　　　（b）20~40cm

—□— WFM　—○— WRF　—△— MRM　—※— MRN　—●— CK

图28.3　不同处理土壤全磷含量变化

在整个生育期内，20~40cm 土层中各处理全磷含量变化幅度较小。苗期—抽雄期，各处理呈现出差异变化，抽雄期之后这种变化差距越来越小。对整体而言，至收获时，MRM、MRN 处理变化波动幅度较大，而其他处理变化浮动平缓，但整体趋势都呈下降趋势。该时期各处理土壤全磷的含量趋势依次表现为 WRF＞WFM＞MRM＞MRN＞CK。至收获时，WFM、WRF、MRM、MRN、CK 处理的土壤全磷含量分别减少了 0.79g/kg、0.95g/kg、0.98g/kg、1.01g/kg 和 0.34g/kg。

28.1.4　垄沟覆盖微集雨技术对土壤碱解氮含量的影响

土壤碱解氮是反映土壤供氮能力指标之一，所以碱解氮的含量表明了作物可利用氮含量的高低。因此，土壤碱解氮对作物的生长供氮有重要的影响。从图 28.4 可以看出，0~40cm 土层的土壤碱解氮含量在玉米的整个生育期内的变化趋势大致相同。0~20cm 土层中，MRM、MRN 处理碱解氮含量明显高于 WFM、WRF、CK 处理。WFM、WRF、MRM、MRN 处理苗期—抽雄期碱解氮含量呈递增趋势，抽雄期—成熟期开始递减，均在抽雄期达到顶峰。而 CK 苗期—灌浆期碱解氮含量呈递增趋势，且在灌浆期达到顶峰，随后才开始缓慢下降。至收获时，WFM、CK 处理土壤碱解氮含量分别减少了 6.88% 和 0.53%，而 WRF、MRM、MRN 处理的土壤碱解氮含量分别增加了 1.90%、6.05% 和 3.41%。

在整个生育期内，20~40cm 土层中各处理碱解氮含量变化幅度较大。苗期—灌浆期，各处理差异变化较大，灌浆期之后这种变化差距变小。WFM、WRF、CK 处理苗期—抽雄期碱解氮含量呈下降趋势，抽雄期—灌浆期开始递增，灌浆期之后又呈递减趋势；而 MRM、MRN 处理苗期—拔节期碱解氮含量呈递减趋势，拔节期—灌浆期开始递增，且 MRN 处理的增长幅度大于 MRM 处理，灌浆期之后又开始缓慢下降。至收获时，各处理土壤碱解氮的含量趋势依次表现为 CK＞WFM＞WRF＞MRM＞MRN。同时该时期，WFM、WRF、MRM、MRN、CK 处理的土壤碱解氮含量分别减少了 42.84%、45.99%、46.36%、53.66% 和 33.57%。

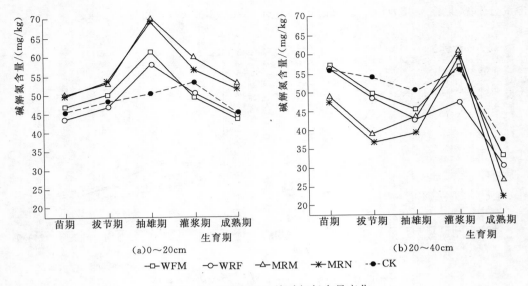

图 28.4　不同处理土壤碱解氮含量变化

28.1.5　垄沟覆盖微集雨技术对土壤速效磷含量的影响

速效磷是土壤养分的重要组成部分，也是作物可从土壤获取的主要磷养分资源。因此，土壤速效磷对作物的生长供磷起到举足轻重的作用。从图 28.5 可以看出，0～20cm 土层的土壤速效磷含量在玉米的整个生育期内的变化趋势幅度小于 20～40cm 土层的变化趋势。0～20cm 土层中各处理速效磷含量差别不大。各处理在苗期—抽雄期速效磷含量均呈递增趋势，抽雄期—成熟期开始递减，且均在抽雄期达到顶峰。至收获时，各处理土壤速效磷含量趋势依次表现为 MRM＞WFM＞WRF＞MRN＞CK。同时该时期，WFM、WRF、MRM、MRN、CK 处理的土壤速效磷含量分别减少了 29.79%、24.75%、22.55%、25.14%和 28.31%。

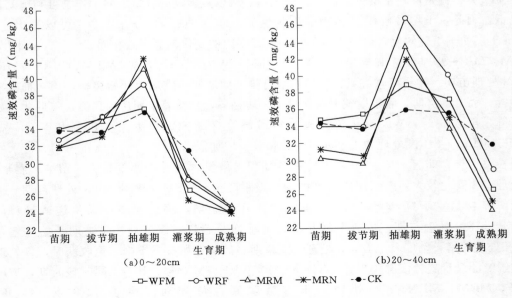

图 28.5　不同处理土壤速效磷含量变化

在整个生育期内，20～40cm 土层中各处理速效磷含量变化幅度较大。苗期—拔节期，各处理有微小的上升趋势；拔节期—抽雄期，各处理上升趋势显著，该时期段内的变化程度依次为 WRF＞MRM＞MRN＞WFM＞CK；抽雄期—成熟期，各处理速效磷含量开始呈下降趋势显著，且 WRF、MRM、MRN 处理下降的速率大于 WFM、CK 处理。至收获时，各处理土壤速效磷含量趋势依次表现为 MRM＞MRN＞WFM＞WRF＞CK。同时该时期，WFM、WRF、MRM、MRN、CK 处理的土壤速效磷含量分别减少了 24.37％、15.34％、20.83％、20.49％和 7.60％。

28.1.6 垄沟覆盖微集雨技术对土壤速效钾含量的影响

速效钾是作物可从土壤获取的主要磷养分资源，对作物的正常生长发育和实现优质高产起到重要的作用。因此，土壤速效钾的含量多少决定了作物的生长发育和优质高产能否实现。从图 28.6 可以看出，0～20cm 土层的土壤速效钾含量在玉米的整个生育期内的变化程度要小于 20～40cm 土层的变化趋势。0～20cm 土层中，各处理速效钾含量变化趋势相同。各处理均苗期—抽雄期速效钾含量缓慢上升趋势，抽雄期—灌浆期开始递减，在灌浆期—成熟期 WFM、WRF 处理反而有微小的上升趋势，而 MRM、MRN、CK 处理仍然缓慢下降。至收获时，各处理土壤速效钾含量趋势依次表现为 WFM＞WRF＞MRM＞MRN＞CK。同时该时期，WFM、WRF、MRM、MRN、CK 处理的土壤速效钾含量分别减少了 19.48％、18.98％、30.15％、32.64％和 11.63％。

20～40cm 土层中，各处理速效钾含量变化趋势不尽相同。整个生育期内，WFM、WRF、MRM、MRN 处理速效钾含量变化趋势相一致，苗期—拔节期，各处理开始下降；拔节期—抽雄期，各处理呈上升趋势；抽雄期—成熟期，各处理又呈下降态势，且 MRM、MRN 处理下降的速率大于 WRF、WFM 处理。而 CK 处理在整个生育期内变化呈缓慢下降趋势，且变化幅度不大。当收获时期时，各处理土壤速效钾含量趋势依次表现为 WRF＞MRM＞WFM＞MRN＞CK。同时该时期，WFM、WRF、MRM、MRN、CK 处理的土壤速效钾含量分别减少了 17.48％、23.56％、27.64％、20.03％和 6.40％。

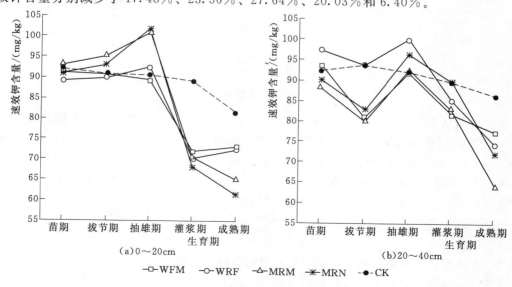

图 28.6 不同处理土壤速效钾含量变化

28.2　不同垄沟覆盖微集雨种植方式下土壤酶活性变化

28.2.1　垄沟覆盖微集雨技术对土壤脲酶活性的影响

　　尿素是农业生产中最主要的氮肥之一，因此如何高效利用土壤中的尿素，成为了农业生产关键。脲酶是一种能够促进氮分解成作物可利用的水解酶，并且能够水解尿素，同时释放出 NH_4 和 CO_2。在脲酶分解的作用下，尿素可以被分解为植物可利用的物质，从而提高土壤肥力，增加作物生长和发育，为提高产量打好基础。从图 28.7 可以看出，$0\sim20$cm 土层的土壤脲酶活性在玉米收获后增长幅度远大于 $20\sim40$cm 脲酶活性的增长幅度，同时，各个处理的增长幅度不尽相同。播种前各处理脲酶活性依次表现为 MRM＞WFM＞MRN＞CK＞WRF；收获后各处理脲酶活性依次表现为 MRM＞MRN＞WRF＞CK＞WFM。可以看出，垄沟覆盖微集雨技术可以显著提高 $0\sim20$cm 土层中土壤脲酶活性，而 WFM 处理对 $0\sim20$cm 土层的脲酶活性提高影响弱于其他处理，各处理至收获后脲酶活性增加的幅度依次表现为 MRM（1.857mg/g）＞MRN（1.732mg/g）＞WRF（1.630mg/g）＞CK（1.575mg/g）＞WFM（1.119mg/g）。

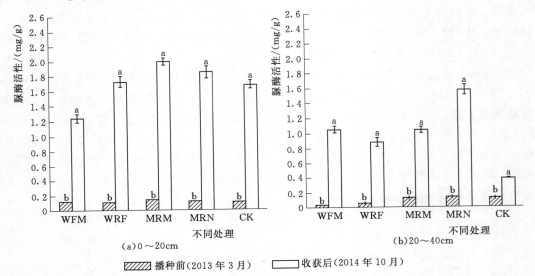

(a) $0\sim20$cm　　　　　　　　　(b) $20\sim40$cm

▨ 播种前（2013 年 3 月）　　　□ 收获后（2014 年 10 月）

图 28.7　不同处理对土壤脲酶活性的影响

　　收获后与播前相比较，$20\sim40$cm 土层中，各处理脲酶活性同样表现出增长趋势，且各处理的增长幅度不尽相同。播种前各处理脲酶活性依次表现为 MRN＞CK＞MRM＞WRF＞WFM；收获后各处理脲酶活性依次表现为 MRN＞WFM＞MRM＞WRF＞CK。可以看出，垄覆膜处理能够显著提高 $20\sim40$cm 土层中土壤脲酶活性，而 CK 处理对 $20\sim40$cm 土层脲酶活性的提高影响不大，各处理至收获后脲酶活性增加的幅度依次表现为 MRM（1.448mg/g）＞WFM（1.022mg/g）＞MRN（0.920mg/g）＞WRF（0.825mg/g）＞CK（0.262mg/g）。

28.2.2　垄沟覆盖微集雨技术对土壤过氧化氢酶活性的影响

　　过氧化氢酶能促进过氧化氢的分解而有利于防止过氧化氢对作物体的毒害，具有保护酶的作用，对植物的生长发育和代谢活动具有重要意义。从图 28.8 可以看出，覆膜处理下 $0\sim$

20cm 土层的土壤过氧化氢酶活性在玉米收获后和播前的变化幅度相差不显著。播种前各处理过氧化氢酶活性表现不一致，依次表现为 WFM＞CK＞MRN＞WRF＞MRM；收获后各处理过氧化氢酶活性依次表现为 WFM＞MRN＞CK＞MRM＞WRF。可以看出，隔沟覆膜垄播集雨技术可以提高 0～20cm 土层中土壤过氧化氢酶活性，而 WRF、CK 处理对过氧化氢酶活性的影响呈负面效果。收获后，WFM、MRN、MRM 处理过氧化氢酶活性增加的幅度依次表现为 MRM（0.027mg/g）＞MRN（0.022mg/g）＞WFM（0.018mg/g）；WRF、CK 处理过氧化氢酶活性减少的幅度表现为 CK（0.047mg/g）＞WRF（0.021mg/g）。

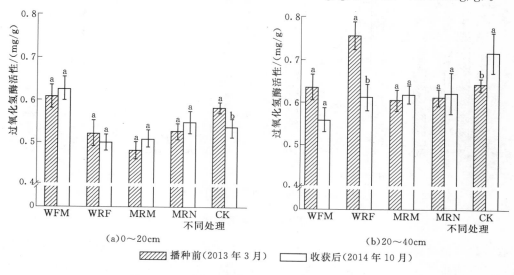

图 28.8　不同处理对土壤过氧化氢酶活性的影响

收获后与播前相比较，20～40cm 土层中，MRM、MRN、CK 处理的过氧化氢酶活性表现出增长趋势，而 WFM、WRF 处理的过氧化氢酶活性表现出减少趋势，且各处理的变化幅度不尽相同。播种前各处理过氧化氢酶活性依次表现为 WRF＞CK＞WFM＞MRN＞MRM；收获后各处理过氧化氢酶活性依次表现为 CK＞MRN＞MRM＞WRF＞WFM。可以看出，垄覆膜处理仍然能够提高 20～40cm 土层中土壤过氧化氢酶活性，但是 CK 处理对深层过氧化氢酶活性的提高呈显著影响。收获后，WFM、WRF 处理过氧化氢酶活性减少的幅度表现为 WRF（0.145mg/g）＞CK（0.078mg/g）；MRM、MRN、CK 处理过氧化氢酶活性增加的幅度依次表现为 CK（0.076mg/g）＞MRM（0.014mg/g）＞MRN（0.010mg/g）。

28.2.3　垄沟覆盖微集雨技术对土壤蔗糖酶活性的影响

土壤蔗糖酶可以通过参与糖水化合物的转化，将土壤中所含高分子量的糖分子分解成为能够被作物直接吸收利用的葡萄糖和果糖的水解酶，因此土壤蔗糖酶的活性是表征土壤的碳素循环和土壤生物化学活性的重要的土壤酶。从图 28.9 可以看出，0～20cm 土层 MRM 处理的土壤蔗糖酶活性在玉米收获后和播种前的变化幅度相差不显著，其余处理呈显著性变化。播种前各处理蔗糖酶活性表现不一致，依次表现为 MRM＞MRN＞WFM＞CK＞WRF；收获后各处理蔗糖酶活性依次表现为 MRM＞WRF＞WFM＞CK＞MRN。可以看出，WRF 处理可以提高 0～20cm 土层土壤蔗糖酶活性，而 MRM、MRN、WFM 处理对蔗糖酶活性的影响呈负面效果。收获后，WFM、MRN、MRM 处理蔗糖酶活性减少的幅度依次表现为 MRN（8.941mg/g）＞WFM（5.256mg/g）＞MRM（3.265mg/g）；WRF、CK 处理蔗糖酶活性增加的幅度表现为 WRF（6.180mg/g）＞CK（1.788mg/g）。

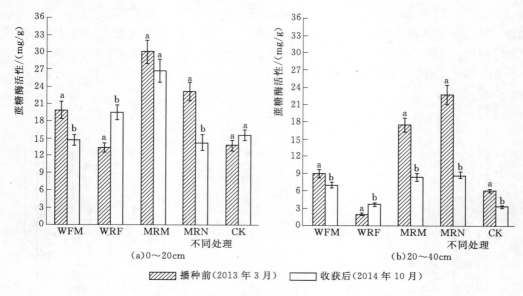

（a）0～20cm　　　　　　　　　　　（b）20～40cm

⬚ 播种前（2013 年 3 月）　　　□ 收获后（2014 年 10 月）

图 28.9　不同处理对土壤蔗糖酶活性的影响

收获后与播前相比较，20～40cm 土层仅 WRF 处理的蔗糖酶活性表现出增加趋势，其余处理的蔗糖酶活性均表现出减少趋势，且各处理的变化幅度不尽相同。播种前各处理蔗糖酶活性依次表现为 MRN＞MRM＞WFM＞CK＞WRF；收获后各处理蔗糖酶活性依次表现为 MRN＞MRM＞WFM＞WRF＞CK。可以看出，尽管 MRM、MRN 处理能够降低 20～40cm 土层土壤蔗糖酶活性，但是仍然高于 CK 处理深层蔗糖酶活性。收获后，WFM、MRM、MRN、CK 处理蔗糖酶活性减少的幅度依次表现为 MRN（12.994mg/g）＞MRM（9.049mg/g）＞CK（2.768mg/g）＞WFM（1.975mg/g）；WRF 处理蔗糖酶活性增加的幅度为 1.726mg/g。

28.2.4　垄沟覆盖微集雨技术对土壤酸性磷酸酶活性的影响

酸性磷酸酶能够催化磷酸单酯的水解及无机磷酸释放，是生物磷代谢的重要酶类，在土壤磷素循环中起重要作用，其活性化可以作为土壤重金属污染水平的指标。因此，酸性磷酸酶在土壤酶活性中扮演着重要角色。从图 28.10 可以看出，0～40cm 土层的酸性磷酸酶活性在玉米收获后均有增加趋势，但各处理增加的幅度不尽相同。在 0～20cm 土层中，播种前各处理酸性磷酸酶活性表现不一致，依次表现为 WFM＞MRN＞MRM＞CK＞WRF；收获后各处理酸性磷酸酶活性依次表现为 WRF＞WFM＞MRM＞MRN＞CK。可以看出，WRF 可以显著提高 0～20cm 土层中土壤酸性磷酸酶活性，WFM、MRN、MRM 处理次之。收获后，各处理所增加的幅度依次为 WRF（0.187mg/g）＞MRM（0.071mg/g）＞WFM（0.051mg/g）＞MRN（0.031mg/g）＞CK（0.008mg/g）。

收获后与播种前相比较，20～40cm 土层中，各处理的酸性磷酸酶活性仍然表现出增加的趋势，但各处理的变化幅度却不同。播种前各处理酸性磷酸酶活性依次表现为 MRN＞

MRM＞CK＞WFM＞WRF；收获后各处理酸性磷酸酶活性依次表现为 MRN＞MRM＞WFM＞WRF＞CK。可以看出，隔沟覆膜垄播技术（MRM、MRN 处理）能够显著增加 20～40cm 土层中土壤酸性磷酸酶活性，且显著高于 CK 处理。至收获后，各处理酸性磷酸酶活性增加的幅度依次表现为 MRM（0.157mg/g）＞WFM（0.149mg/g）＞MRN（0.131mg/g）＞WRF（0.093mg/g）＞CK（0.020mg/g）。

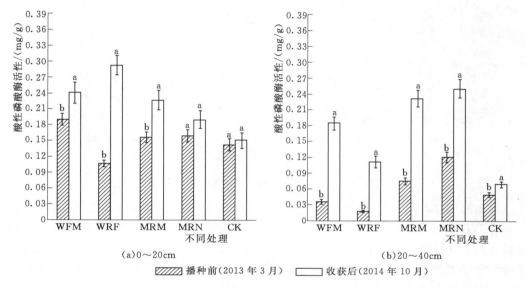

(a) 0～20cm   (b) 20～40cm

⬚ 播种前（2013 年 3 月）   ⬜ 收获后（2014 年 10 月）

图 28.10   不同处理对土壤酸性磷酸酶活性的影响

28.2.5   垄沟覆盖微集雨技术对土壤中性磷酸酶活性的影响

土壤中性磷酸酶是决定土壤磷素转化的关键酶之一。从图 28.11 可以看出，0～40cm 土层的中性磷酸酶活性在玉米收获后都呈减小趋势，且各处理减小的幅度不同。在 0～20cm 土层，播种前各处理中性磷酸酶活性表现不一致，依次表现为 MRM＞WFM＞CK＞MRN＞WRF；收获后各处理中性磷酸酶活性略有减小，依次表现为 MRM＞WRF＞WFM＞MRN＞CK。由此可得，通过两个年份的耕作，土壤中性磷酸酶活性都受到一定的负面影响，而 WRF 处理 0～20cm 土层中土壤中性磷酸酶活性减小幅度最小，MRN、MRM 处理次之。至收获后，各处理减小的幅度依次为 WRF（0.042mg/g）＞MRM（0.069mg/g）＞MRN（0.081mg/g）＞CK（0.096mg/g）＞WFM（0.101mg/g）。

收获后与播种前相比较，20～40cm 土层各处理的中性磷酸酶活性仍然表现出减小的趋势。播种前各处理中性磷酸酶活性依次表现为 MRM＞MRN＞CK＞WFM＞WRF；收获后各处理中性磷酸酶活性依次表现为 MRM＞WFM＞WRF＞MRN＞CK。可以看出，WRF 处理 20～40cm 土层土壤中性磷酸酶活性减小幅度最小，且显著低于 CK 处理。至收获后，各处理中性磷酸酶活性减小的幅度依次表现为 CK（0.096mg/g）＞MRM（0.092mg/g）＞MRN（0.090mg/g）＞WFM（0.065mg/g）＞WRF（0.028mg/g）。

28.2.6   垄沟覆盖微集雨技术对土壤碱性磷酸酶活性的影响

碱性磷酸酶可以分解有机磷，用于作物对有机磷的吸收利用，对作物的生长起到促使作用。从图 28.12 可以看出，0～40cm 土层的碱性磷酸酶活性在玉米收获后都呈增加趋势，且

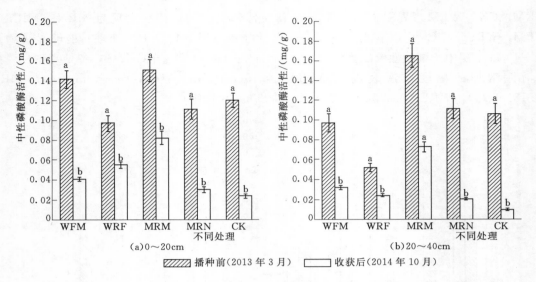

图 28.11 不同处理对土壤中性磷酸酶活性的影响

各处理增加的幅度不同。在 0～20cm 土层中，播种前各处理碱性磷酸酶活性普遍较低，依次表现为 WFM＞MRN＞MRM＞CK＞WRF；收获后各处理碱性磷酸酶活性略有增加，依次表现为 WRF＞MRN＞MRM＞WFM＞CK。可以看出，经过两个年份的耕作种植，土壤碱性磷酸酶活性都有一定幅度的增加，且所有处理中以 WRF 处理增加幅度最为显著，MRN、MRM 处理次之。至收获后，各处理增加的幅度依次为 WRF（0.515mg/g）＞MRM（0.222mg/g）＞MRN（0.215mg/g）＞WFM（0.065mg/g）＞CK（0.062mg/g）。

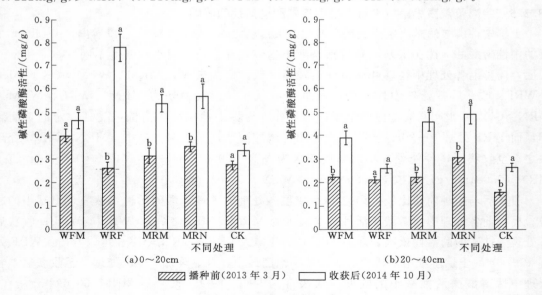

图 28.12 不同处理对土壤碱性磷酸酶活性的影响

收获后与播种前相比较，20～40cm 土层各处理的碱性磷酸酶活性仍然表现出增加的趋势，但是增加幅度较 0～20cm 土层小。播种前各处理碱性磷酸酶活性依次表现为 MRN＞WFM＞MRM＞WRF＞CK；收获后各处理碱性磷酸酶活性依次表现为 MRN＞MRM＞

WFM＞CK＞WRF。可以看出，隔沟覆膜垄播处理对 20～40cm 土层的碱性磷酸酶活性的提高有一定的积极作用，而 WRF 处理增加幅度略低于 CK 处理。至收获后，各处理碱性磷酸酶活性增加的幅度依次表现为 MRM（0.237mg/g）＞ MRN（0.184mg/g）＞ WFM（0.166mg/g）＞CK（0.104mg/g）＞WRF（0.048mg/g）。

第29章 垄沟覆盖微集雨技术对玉米生长发育的影响

29.1 垄沟覆盖微集雨技术对玉米出苗率的影响

出苗率的高低直接关系到单位面积的作物植株数量，是提高群体生物量和产量的保证。从图 29.1 可以看出，两个生长年份下不同处理的出苗率均较为稳定。2013 年，覆膜处理由于提高了出苗期的土壤水分和温度，出苗率显著高于 CK 处理（$p < 0.05$），且各覆膜处理之间无显著性差异（$p > 0.05$），都在 95% 左右。2014 年种植的出苗率与 2013 年种植的差异不大，WRF、MRM、MRN 处理出苗率明显高于 WFM、CK 处理，而 WRF、MRM、MRN 处理之间并无显著差异。由于 2014 年出苗期降雨充沛，使得 CK 处理的出苗率与 WFM 处理之间差异不显著。

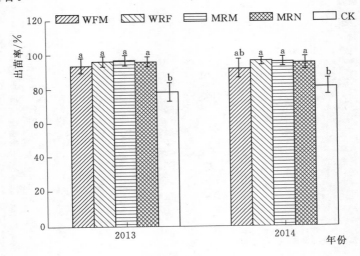

图 29.1 两个生长年份不同处理的出苗率

[注：不同字母表示不同处理间达到 0.05 水平显著差异（$p < 0.05$）]

29.2 垄沟覆盖微集雨技术对玉米叶片生长发育的影响

29.2.1 叶片数变化

叶片数是作物发育的直观标指，而绿色叶片也是作物进行光合作用的场所，叶片数量的多少更是直接影响到光合效率的高低。由图 29.2 和图 29.3 可以看出，两个生长年份单株叶片增长过程和增长速率一致。2013 年，WFM、WRF 处理在生育期第 80 天时，叶片数达到全生育最大数，平均分别为 17.7 片和 17.8 片；而 MRM、MRN、CK 处理在生育期第 100

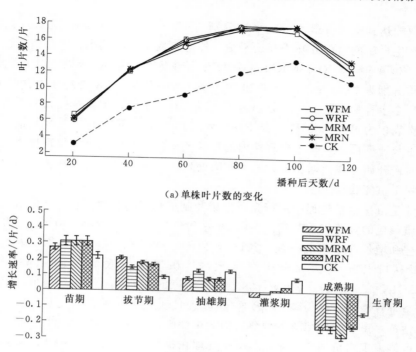

（a）单株叶片数的变化

（b）各生育期叶片增长速率

图 29.2　2013 年不同处理单株叶片数的变化

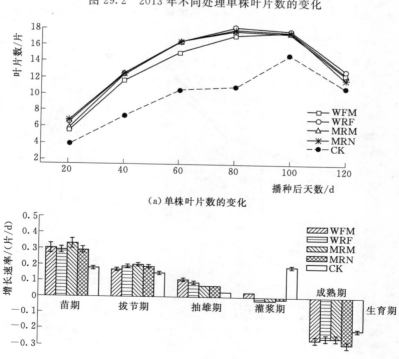

（a）单株叶片数的变化

（b）各生育期叶片增长速率

图 29.3　2014 年不同处理单株叶片数的变化

天时，叶片数才达到全生育最大数，平均分别为 17.7 片、17.8 片和 13.5 片。随着生育进程的延长，至生育后期时部分叶子开始干枯、掉落，数量开始减小，叶片增长速率也呈现出负增长变化。2014 年，WRF、MRM、MRN 处理在生育期第 80 天时，叶片数达到全生育最大数，平均分别为 18.0 片、17.5 片和 17.7 片；而 WFM、CK 处理在生育期第 100 天时，叶片数才达到全生育最大数，平均分别为 17.5 片和 14.7 片。但整个生育期而言，各处理之间叶片数依次表现为 WRF＞MRN＞MRM＞WFM＞CK，CK 处理的叶片数最少。就两个生长年份玉米生长速率而言，整个生育期内的增长速率随着时间的推移呈现出递减趋势，且在第 100 天的时候开始出现负增长变化，而 CK 处理在此时却表现出较好的增长态势。

29.2.2 叶片干重变化

玉米叶片是植株生长过程中进行光合作用和制造营养的主要器官，同时其光合产物是籽粒产量和品质形成的重要物质基础。由图 29.4 和图 29.5 可以看出，两个生长年份的叶片干物质积累过程和增长速率表现一致。2013 年 WFM、WRF、MRM、MRN 处理在生育期第 80 天时，单株叶片干重达到全生育最大，其积累量依次为 WRF（63.93g）＞MRM（60.98g）＞MRN（59.49g）＞WFM（58.91g）。而 CK 处理在生育期第 120 天时，单株叶片干重才达到全生育最大，仅为 43.71g。覆膜处理且随着生育进程的延长，至成熟后期时部分叶子开始枯黄，出现叶片掉落等现象，因此单株叶片干重有一定程度的下降，单株叶片干重增长速率也略表现出负增长变化，而 CK 处理在整个生育期内始终呈增加趋势。2014 年，各处理单株叶片干重表现趋势与 2013 年相同，所有覆膜处理在生育期第 80 天时单株叶片干重达到全生育最大，但是所有处理的单株叶片干重均有所减小，其重量依次为 WRF（61.34g）＞MRM（58.69g）＞MRN（57.30g）＞WFM（57.18g）。CK 处理在生育期第 120

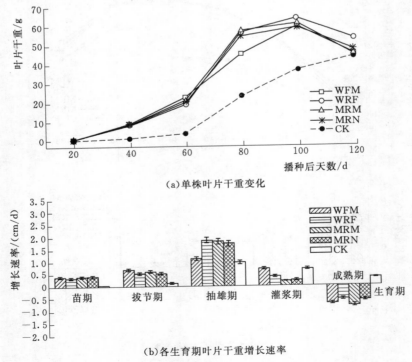

(a) 单株叶片干重变化

(b) 各生育期叶片干重增长速率

图 29.4　2013 年不同处理单株叶片干重的变化

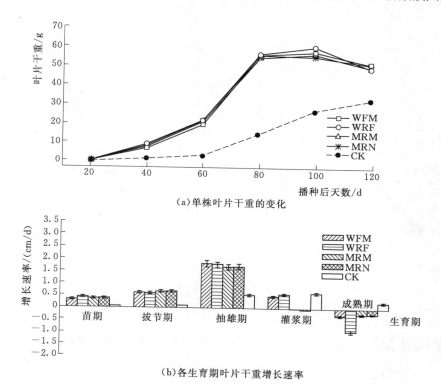

(a)单株叶片干重的变化

(b)各生育期叶片干重增长速率

图 29.5 2014 年不同处理单株叶片干重的变化

天时，单株叶片干重才达到全生育最大，仅为 32.87g。整个生育期内，覆膜处理在第 100 天过后，单株叶片干重有轻微的下降趋势，增长速率也略表现出负增长变化；而 CK 处理在整个生育期内始终保持着增加趋势。对两个生长年份的生长速率而言，覆膜处理与 CK 处理的单株叶片干物质积累速率表现一致，均在生育期第 60～80 天叶片干物质积累速率达到最大，随后出现下降趋势，且覆膜处理在第 100 天后积累速率呈负增长变化。从两个生长年份来看，各处理之间的单株叶片干重差异较为显著，垄沟覆盖微集雨种植处理 WRF、MRM、MRN 要高于 WFM、CK 处理，其中 CK 处理最低，集雨处理在整个生育期都凸显了垄沟覆膜叶片干物质积累的优势。

29.2.3 叶面积指数变化

叶面积指数（LAI）是反映植物群体生长状况的一个重要指标，其大小直接影响到作物的总生物量。从图 29.6 可以看出，两个生长年份中叶面积指数都呈现单峰曲线变化。在生育期的中前期，随着玉米的快速生长发育，叶面积指数增长速率很快，在 80～100 天时达到最大值，但是各处理峰值出现的时间略有差异，这可能与各处理对玉米的生长环境的改变有关，使得玉米生长时期延后或提前。2013 年，WFM、WRF、MRN、CK 处理在第 100 天时叶面积指数达到最大，而 MRM 处理由于生育期提前，使得其在第 80 天时叶面积指数就达到最大。2014 年与 2013 年表现出大体相似的结果，但是 WFM 处理生育期提前，造成其叶面积指数最大时间出现在第 80 天左右。各处理之间两个生长年份的差异基本一致，表现趋势为 WRF＞MRM＞MRN＞WFM＞CK，可以看出垄沟覆盖微集雨处理叶面积指数要明显的高于平种。

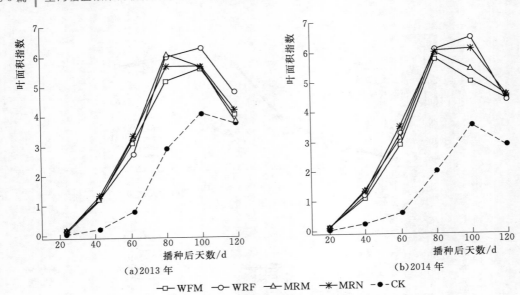

图 29.6　两个生长年份不同处理叶面积指数变化

29.3　垄沟覆盖微集雨技术对玉米株高和增长速率的影响

从图 29.7 和图 29.8 可以看出，玉米株高生长变化呈现出递增变化，且覆膜处理与 CK

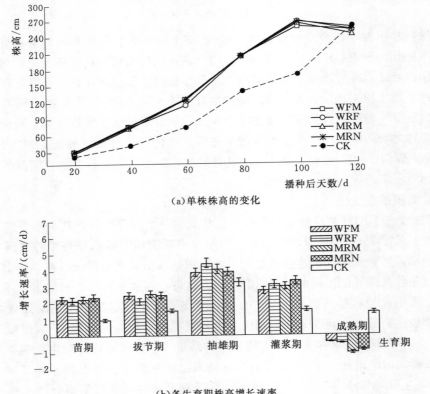

图 29.7　2013 年不同处理株高和增长速率的变化

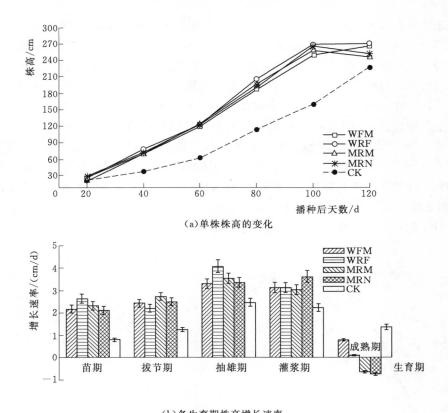

(a)单株株高的变化

(b)各生育期株高增长速率

图 29.8　2014 年不同处理株高和增长速率的变化

处理之间存在明显的趋势，覆膜处理组均显著高于 CK 处理。在玉米生育初期，各覆膜处理之间存在的差异较小，但随着生育期的逐渐推进，差异开始凸显。2013 年，对于整个生育期而言，MRN 处理的株高值最大，其次是 WRF、MRM、WFM 处理。在生育期第 80 天时，覆膜处理株高均达到最大值，且该时段 MRN 处理最大株高与 CK 处理的最大值相差达到了 98.9cm，土壤水分、温度可能是造成这一显著差异的主要原因。2014 年，整个生育期中 WRF 处理的株高值最大，其次是 MRN、WFM、MRM 处理。在生育期第 80 天时，MRN、MRM 处理株高均达到最大值，而 WRF、WFM 处理株高达到最大值出现在第 100 天。但就两个生长年份来看，垄沟覆盖微集雨处理都要高于其他处理，尤其显著高于 CK 处理。玉米株高的增长速率表现为中期快、前后期慢的特点。整个生育过程中前期株高增长速率较快，然后逐渐减慢，到后期的成熟期出现负增长。至收获期，垄沟覆盖微集雨处理已经基本停止增长，而 CK 处理还表现出较小的增长趋势，这可能是水分补给导致了作物生长的补偿效应。

29.4　垄沟覆盖微集雨技术对玉米茎秆生长的影响

29.4.1　茎粗

茎秆倒伏是影响玉米产量的主要因素之一，因此茎粗对玉米的生长起到举足轻重的作用，特别对生育后期的营养繁殖起到关键的作用。茎秆不仅保证了玉米的正常生长，而且能

最大限度地将根系吸收的水分和养分向各个器官输送，以满足地上生物量生长需求。从图
29.9可以看出，玉米单株茎粗生长变化在生育前中期（小于60天）呈现出递增变化，在生
育期第60天后呈现出平稳的变化趋势。覆膜处理之间差异性不显著，但是与CK处理之间
存在明显的趋势，且覆膜处理组均显著高于CK处理。在玉米整个生育期，各处理之间始终
存在差异，且主要表现为垄沟覆盖微集雨处理玉米茎粗较其余处理生长优势明显。2013年，
对于整个生育期而言，MRM处理的茎秆直径最大，其次是MRN、WRF、WFM处理。在
生育期第80天时，覆膜处理茎粗达到最大值，且该时段MRM处理最大茎粗与CK处理的
相差达到了0.57cm。2014年，整个生育期中MRM、MRN处理的茎秆直径最大，其次是
WRF、WFM处理。在生育期第80天时，MRN、MRM处理茎粗均达到最大值，而WRF、
WFM处理茎粗达到最大值出现在第100天。但就两个生长年份来看，茎秆生长在抽雄前期
就基本达到稳定，且在生育前期增速很快，后期基本不再增长。

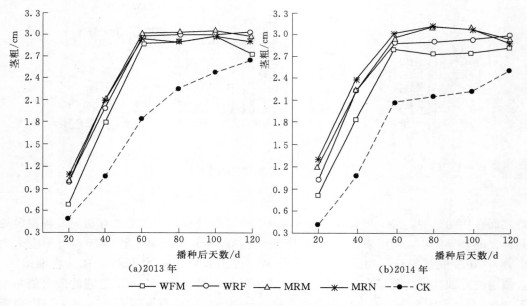

图 29.9 　 两个生长季不同处理单株茎粗的变化

29.4.2 茎干重

玉米地上茎秆在具有抗倒伏作用的同时，更重要的作用是有利于茎节之间及器官间的物
质交流，可将根系吸收来的无机营养物质和水分运送到叶片，再把叶片光合作用制造的有机
物质，运输到玉米果穗中。从图29.10～图29.12可以看出，玉米茎干重变化在生育中前期
（小于60天）增长缓慢，在生育期第60～100天之间积累量增加速度快，第100天之后呈现
出轻微的下降趋势。2013年，对于整个生育期而言，MRM处理的茎干重积累量最大，其
次是MRN、WRF、WFM处理。在生育期第100天时，覆膜处理茎干重积累量达到最大
值，且该时段MRM处理最大茎粗与CK处理的相差达到了100.11g。2014年，在生育期第
80天时，WRF处理的茎干重积累量最大，MRM、MRN处理次之。但就两个生长年份来
看，茎干重积累量在玉米乳熟期才基本达到稳定，且在生育前期增速缓慢，中期增长加快，
后期增长缓慢甚至出现负增长。

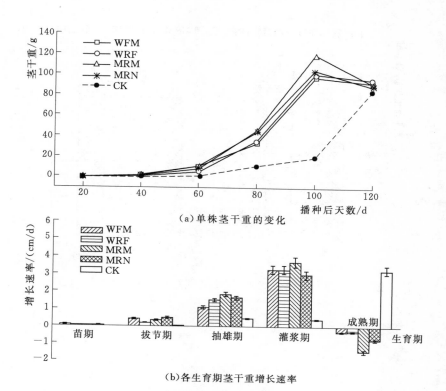

（a）单株茎干重的变化

（b）各生育期茎干重增长速率

图 29.10　2013 年不同处理茎干重的变化

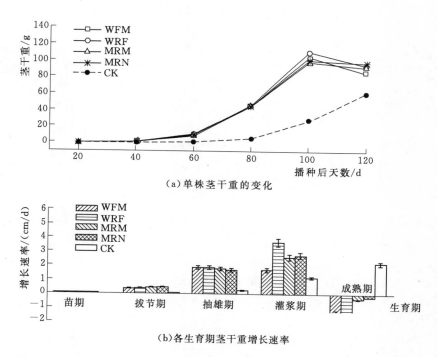

（a）单株茎干重的变化

（b）各生育期茎干重增长速率

图 29.11　2014 年不同处理茎干重的变化

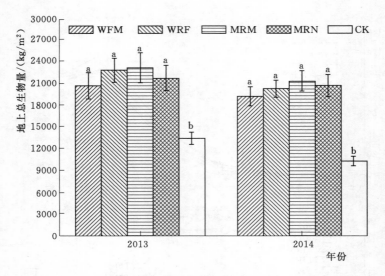

图 29.12　两个生长年份不同耕作方式对地上总生物量的影响

第 30 章　垄沟覆盖微集雨技术对玉米产量和水分利用效率的影响

30.1　垄沟覆盖微集雨技术对玉米花丝数的影响

花丝数是由作物特定的遗传决定，特定的品种具有一定的花丝数。因此，玉米雌穗小花生长发育状况、吐丝小花能否完成正常的授粉、受精过程，直接决定着玉米果穗的结实潜力，对玉米籽粒产量具有重要影响。花丝数会受到外界环境的影响，因此不同耕作方式对花丝数的影响大小不同。从图 30.1 可以看出，两个生长年份中，覆膜处理之间差异不显著（$p>0.05$），但果穗花丝数量均多于 CK 处理。从 2013 年数据可以看出，覆膜耕作方式对玉米果穗花丝数量都有一定幅度的增加，且所有处理中以隔沟覆膜垄播技术增加幅度最为显著（$p<0.05$），WRF 处理次之。各处理果穗花丝数量依次为 MRN（694.59）＞MRM（679.31）＞WRF（670.64）＞WFM（662.49）＞CK（494.25）。2014 年，所有处理花丝数均少于 2013 年，但所有处理中仍以隔沟覆膜垄播处理增加幅度最为显著，处理 WRF 处理次之。各处理果穗花丝数量依次为 MRM（667.21）＞WRF（666.96）＞MRN（656.38）＞WFM（647.95）＞CK（411.56）。垄沟覆盖微集雨处理组 MRM、MRN、WRF 果穗花丝数量多于其余处理，而 CK 处理的最低，这可能是在生长环境受到抑制时，作物发育潜能受到了影响。而垄沟覆盖微集雨处理通过改变土壤的水热环境，使其遗传特性在环境中得到了最优的表达，有利于花丝授粉受精结实，而果穗花丝数的提高也为高产打下了基础。

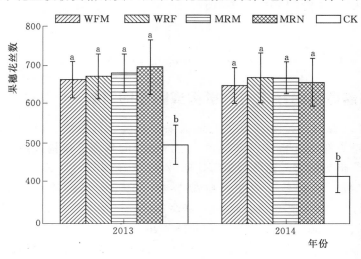

图 30.1　两个生长年份不同耕作方式对玉米果穗花丝数的影响

［注：不同字母表示不同处理间达到 0.05 水平显著差异（$p<0.05$）（下同）］

30.2 垄沟覆盖微集雨技术对百粒重的影响

百粒重是产量构成因子的关键指标，产量的提高最终要通过粒重的改变来实现。从图 30.2 可以看出，两个生长年份中，覆膜处理之间差异不显著，但百粒重均大于 CK 处理。通过 2013 年数据可以看出，覆膜耕作方式对玉米百粒重都有一定幅度的增加，且所有处理中以垄沟覆盖微集雨方式增加幅度最为显著，WFM 处理次之。各处理百粒重依次为 MRM（34.69g）＞WRF（34.58g）＞MRN（32.66g）＞WFM（31.59g）＞CK（21.49g）。2014 年，所有处理百粒重均低于 2013 年，但所有处理中仍以垄沟覆盖微集雨方式增加幅度最为显著（$p<0.05$）。各处理百粒重依次为 WRF（31.58g）＞MRN（29.98g）＞MRM（28.86g）＞WFM（28.96g）＞CK（20.18g）。垄沟覆盖微集雨处理组 MRM、MRN、WRF 百粒重大于平地种植，而 CK 处理的最低，这可能是由于垄沟覆盖微集雨处理增加了土壤耕层温度和水分，有利于对籽粒的灌浆、充实籽粒，而 CK 处理的百粒重最低，不利于产量的形成。

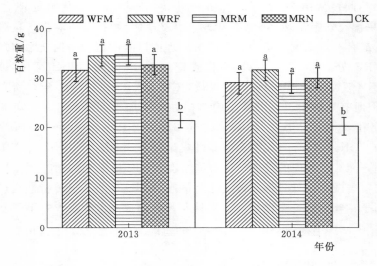

图 30.2 两个生长年份不同处理对玉米百粒重的影响

30.3 垄沟覆盖微集雨技术对产量构成因子的影响

从表 30.1 可以看出，2013 年，各处理的果穗长度、行粒数、穗行数、穗粗、单穗粒数、穗重、穗轴重等都要高于 2014 年。覆膜处理之间的各项产量构成因子指标无显著性的差异（$p>0.05$），但均以垄沟覆盖微集雨处理最优。2013 年，WRF、MRM、MRN 处理的果穗长度、行粒数、穗行数、穗粗、单穗粒数、穗重、穗轴重分别比 CK 处理提高 25.69%、34.98%、0.61%、10.61%、35.22%、110.88% 和 87.04%；25.03%、37.55%、0.18%、10.58%、36.89%、109.53%和70.13%；24.75%、37.32%、2.42%、10.39%、39.81%、104.53%和75.77%。2014 年与 2013 年差异变化相似，仍然以垄沟覆盖微集雨处理最优，大体表现的趋势为 WRF＞MRN＞MRM＞WFM＞CK。尽管 2014 年各项指标较 2013 年有一定幅度的降低，但与 CK 处理相比，依然表现出较好的优势。WRF、MRM、MRN 处理的果穗长度、行粒数、穗行数、穗粗、单穗粒数、穗重、穗轴重分别比

CK 处理提高 32.97%、46.33%、10.74%、18.59%、61.53%、149.62% 和 135.38%；29.58%、41.91%、14.24%、16.17%、61.29%、126.77% 和 108.67%；32.06%、42.90%、11.60%、15.77%、58.72%、135.08% 和 128.41%。可以看出，垄沟覆盖微集雨能够明显提高各项产量构成因子，从而有利于后期产量的提高。

表 30.1　　　　　　　　　　　不同处理对玉米产量和产量构成要素的影响

年份	处理	果穗长度/cm	行粒数	穗行数	穗粗/cm	单穗粒数	穗重/g	穗轴重/g
2013	WFM	21.69±1.86a	38.97±3.83a	17.00±1.55a	57.92±2.79a	661.13±66.82a	261.65±24.60a	52.38±4.92a
	WRF	22.65±1.86a	40.40±4.43a	16.60±1.40a	58.26±5.43a	669.80±59.84a	293.99±24.11a	62.06±5.09b
	MRM	22.53±1.81a	41.17±3.49a	16.50±1.33a	58.24±2.44a	678.07±68.63a	292.11±25.71a	56.45±4.97ab
	MRN	22.48±1.56a	41.10±3.61a	16.90±1.83a	58.14±2.59a	692.50±61.33a	285.14±22.53a	58.32±4.61ab
	CK	18.02±2.03b	29.93±4.35b	16.53±1.28a	52.67±3.15b	495.33±49.81b	139.41±10.73b	33.18±2.55c
2014	WFM	21.03±1.50a	38.73±4.01a	16.73±1.62a	57.32±3.30a	646.27±51.48a	235.95±20.76a	48.31±4.25a
	WRF	21.98±1.80a	39.70±3.62a	16.80±1.63a	58.89±2.50a	667.07±49.62a	264.65±24.08a	54.02±4.92a
	MRM	21.42±1.98a	38.50±4.38a	17.33±1.32a	57.69±3.06a	666.07±66.31a	240.42±18.99a	47.89±3.78a
	MRN	21.83±1.76a	38.77±3.68a	16.93±1.36a	57.49±2.30a	655.47±74.07a	249.23±21.68a	52.42±4.56a
	CK	16.53±2.03b	27.13±3.77b	15.17±1.72a	49.66±3.26b	412.97±39.28b	106.02±8.69b	22.95±1.88b

注：同一列中不同字母表示不同处理间达到 0.05 水平显著差异（$p<0.05$）。

30.4　垄沟覆盖微集雨技术对地上部生物量、产量和水分利用效率的影响

从表 30.2 可以看出，两个生长年份降水存在差异，2013 年降雨量（404.7mm）多于 2014 年降雨量（380.5mm）。但是对于试验当地多年的平均降雨量（371.5mm）相比，两个生长年份的降雨量都略有增加。尽管 2013 年降雨量略高于 2014 年降雨量，但是 2013 年产量却明显好于 2014 年。相同处理之间对比，2014 年各处理产量都显著降低（$p<0.05$），这与 2014 年在玉米的两个高耗水阶段拔节期、灌浆期没有有效的自然降雨有关。覆膜处理之间产量无显著性差异（$p>0.05$），但是水分利用效率却表现出显著的差异，所有处理中垄沟覆盖微集雨处理优势最为显著。2013 年，WRF、MRM、MRN 处理的地上部生物量、产量、收获指数和水分利用效率分别比 CK 处理提高 69.96%、134.51%、36.59% 和 116.74%；72.60%、111.69%、21.95% 和 121.66%；61.72%、105.90%、26.83% 和 121.59%。2014 年与 2013 年种植差异变化相似，仍然以垄沟覆盖微集雨处理最优。尽管 2014 年各项指标较 2013 年有一定幅度的降低，但与 CK 处理相比，依然表现出较好的优势。WRF、MRM、MRN 处理的地上部生物量、产量、收获指数和水分利用效率分别比 CK 处理提高 96.09%、177.81%、41.03% 和 183.28%；106.52%、153.10%、23.08% 和 188.65%；100.07%、163.66%、30.77% 和 204.64%。可以看出，垄沟覆盖微集雨能够明显提高地上部总生物量、产量和水分利用效率。两个生长年份中，对于地上部总生物量而言，以 MRM 处理最高；对于产量而言，以 WRF 处理最高；对于水分利用效率而言，以隔沟覆膜垄播处理（MRM、MRN）最高。尽管隔沟覆膜垄播处理在产量上略有降低，但是其耗水少，从而表现出较高的水分利用效率。

表 30.2 **不同处理对玉米地上部生物量、产量和水分利用效率的影响**

年份	处理	降雨 /mm	产量 /(kg/hm²)	地上生物量 /(kg/hm²)	收获指数	土壤耗水量 /mm	总耗水量 /mm	水分利用效率 WUE /[kg/(hm² · mm)]
2013	WFM	404.7	11198.16a	20745.41a	0.54a	89.87a	494.57a	22.64b
	WRF	404.7	12863.49a	22898.99a	0.56a	12.74b	417.44ab	30.82a
	MRM	404.7	11611.50a	23254.25a	0.50a	−36.33d	368.37b	31.52a
	MRN	404.7	11294.09a	21788.26a	0.52a	−46.26e	358.44b	31.51a
	CK	404.7	5485.22b	13473.22b	0.41b	−18.83c	385.87ab	14.22c
2014	WFM	380.5	9953.93a	19259.68a	0.52a	33.09a	413.59a	24.07b
	WRF	380.5	11175.35a	20319.37a	0.55a	26.58b	407.08a	27.45ab
	MRM	380.5	10181.10a	21399.85a	0.48a	−16.52c	363.98a	27.97ab
	MRN	380.5	10605.87a	20731.10a	0.51a	−21.19d	359.31a	29.52a
	CK	380.5	4022.62b	10362.12b	0.39b	34.58a	415.08a	9.69c

注： 同一列中不同字母表示不同处理间达到 0.05 水平显著差异（$p < 0.05$）。

第31章　讨论、主要结论及问题与展望

31.1　讨论

31.1.1　垄沟覆盖微集雨技术对土壤水分的影响

从两个生长年份数据图来看，2013年，土壤含水率明显高于2014年。0～100cm整个土层的土壤水分含量均随着生育期的推进表现出一致的变化态势，然而变化幅度不同。对作物整个生育期来说，土壤水分下降的时期主要集中在生育中后期（即拔节期—成熟期）。从各个土层分析来看，0～20cm土层土壤含水率在玉米整个生育期内WRF处理较高，MRM、MRN处理始终处在较低水平。这是由于耕地起垄后，破坏了原有的土壤结构，垄上水分蒸发速度加快，不能有效积蓄水分，所以隔沟覆膜垄播处理在表层土壤含水率显著低于其他处理。20～40cm土层土壤含水率与自然环境和作物生长联系紧密，垄沟覆盖微集雨处理土壤含水率始终低于其他处理，并且在生育中后期，隔沟覆膜垄播处理含水率下降迅速，可能是由于该时期玉米生长旺盛，耗水强度大造成。但是至收获时，该处理土壤水分恢复状况优于其他处理。40～60cm土层土壤含水率决定了玉米后期能否正常生长。该土层含水仅在生育前期30天内有递增趋势，随后持续下降。MRM、MRN处理在该层含水率变化相对稳定，这与上层土壤水分补给有关。表层土壤相当于一个蒸发面，水分蒸发后依附于地膜内表层，最后汇集于沟内，沟内水分得到补充后开始下渗，垄上水分缺失后又开始从下层土壤处获取含水，而沟内水分持续下渗，补给了深层土壤含水，该循环过程周而复始，使得土壤0～40cm土壤含水较低，深层土壤含水相对较高。覆膜处理在60～80cm土层的土壤含水率下降率显著高于CK处理，这是因为生育期内降雨能够入渗到下层的水分非常有限，而覆膜处理种植作物高耗水加速了根系对深层土壤水的摄取，尤其是WRF处理，在整个生育期内土壤含水率一直处于较低水平，而MRM、MRN处理表现出较好的稳定性。各处理在80～100cm土层的土壤含水率相对较低，变化范围不大。2013年，CK处理土壤含水率显著低于其他处理组，而MRN处理在整个生育期保持较高水平。2014年，CK处理土壤含水率明显得到改善，所有处理含水均处于较低水平，这可能与上年玉米收获后降雨补给不足有关。

垄沟覆盖微集雨种植可改善苗期耕层土壤含水率，较播前含水显著提高，有利于玉米种子的萌发、出苗和建苗，并为玉米后期生长提供良好的生长环境，这与孙玉莲等研究结果相似。而玉米生育旺盛时期，WRF处理以过度消耗利用膜下深层土壤水分来促进玉米生长，但是MRM、MRN处理深层土壤水分却表现出较好的稳定性，这对旱地农业生产的长期发展具有十分重要的意义。

通过不同处理对两年大田试验土壤贮水量影响研究可以看出，2013年，玉米在整个生育期内，0～100cm土壤贮水量在播种到苗期有上升趋势，苗期之后贮水量始终处于减小趋势。MRN处理土壤贮水量从播前到收获期减少程度最大，而WRF处理的贮水量在收获后与播前贮水差异不显著。2014年，各处理土壤贮水量随生育期变化趋势与上一年度变化相

近，WFM处理土壤贮水量从播前到收获期减少程度最大，而MRN处理的贮水量在收获后与播前贮水差异不显著。贮水量的减少程度与不同种植方式下地上生物量的生长紧密相关，但是在获得相对高产的同时，是否对深层水分造成严重消耗，是否有增加深层土壤干燥化的风险还有待进一步研究。两年大田试验表明，100～200cm与0～100cm土层内土壤贮水量变化趋势不同，垄沟覆盖微集雨栽培的贮水效果显著高于WFM处理和CK处理，在收获期WFM处理水分贮水量最低，MRM、MRN处理最高，这是由于隔沟覆膜垄播能够在田间内形成一个垄沟小气候，使得作物能够充分利用降水资源，并且提高了表层0～20cm的水分利用效率。2013年，种植至收获期，100～200cm土层各处理平均贮水量较播前减少程度依次是WFM（89.84mm）＞WRF（12.76mm），而各处理增加程度依次是MRN（46.27mm）＞MRM（36.32mm）＞CK（18.88mm）；2014年，种植至收获期该土层各处理平均贮水量较播前减少程度依次是CK（34.56mm）＞WFM（33.12mm）＞WRF（26.56mm），而各处理增加程度依次是MRN（52.23mm）＞MRM（41.48mm）。

31.1.2　垄沟覆盖微集雨技术对土壤温度的影响

地膜覆盖能够减弱土壤与外界的热交换、消除土壤与外界的潜热交换损失、减小夜间土壤辐射，从而使土壤温度下降减缓。马树庆等研究表明，地膜覆盖能够显著提高玉米耕层土壤温度，使玉米生育期提前。同时，研究指出地膜覆盖与垄沟相结合耕作方式，对土壤0～25cm土壤温度较露地种植可提高2.51～3.77℃。由于地膜增温效应，因此两个种植年份地膜覆盖土壤温度显著高于CK处理，MRM、MRN处理尤为明显。受日照强度的调节影响，各处理的土壤温度会随着光照强度的变化积极响应，MRM、MRN处理能够在苗期供给作物较高温度，对促进玉米的出苗、建苗有积极的作用。而WRF处理在两个种植年份温度随日变化的变幅较小，仅高于CK处理，特别是20cm和25cm处土壤温度变化幅度平缓，这种状况在后期玉米对高温的需求下，可能会抑制作物的生长发育。同时，地膜覆盖的增温效应与作物种植方式紧密有关。垄上耕作方式由于起垄增加了光照面积，而且光线通过垄侧地膜的折射，使得相邻两个田垄之间发生光线交叉，光照与温度相互重新叠加，使得垄侧温度得到加强。

垄沟地表褶皱形态和地膜覆盖完全重建了近地面冠层下侧的太阳光分布。而地面起垄后，地表光照面积加大了近31%，在薄膜和膜下微细水珠反射阳光的作用下，使漏射到地面的阳光反射到近地空间，提高了光能利用率，为苗期的生长发育创造了一个良好的光照环境。本研究从苗期土壤温度日变化来看，5～10cm处最高温度出现在16：00左右，15～25cm处最高温度出现在16：00左右，最低温度均出现在8：00左右。而从升温的速度来看，各处理两年作物种植呈现趋势相同，均依次表现为MRN＞MRM＞CK＞WFM＞WRF，而两年作物种植各处理降温速度也一致，均依次表现为WRF＜WFM＜MRN＜MRM＜CK。因此，垄上种植作物升温快、降温也快，但是整体的温度仍高于沟内种植和平地种植。

31.1.3　垄沟覆盖微集雨技术对土壤养分和酶活性的影响

土壤养分是衡量土壤质量和土壤肥力优劣的一个重要指标之一，稳定的土壤养分含量是土壤供给作物稳产、高产的基础，且不同的种植方式对土壤养分的动态变化具有一定的影响，因此对土壤养分的研究对评价土地利用和管理水平具有一定的依据。通过2014年试验结果可以看出，不同处理对玉米各生育期之间的养分消耗不尽相同，且经过整个生长季后，各处理不同耕层土壤养分含量变化也有所差异。

（1）有机质的变化主要表现为至收获后，在 0～20cm 土层内，WFM 处理的土壤有机质含量增加了 0.2g/kg，而其余处理土壤有机质含量均有所降低，且降低程度依次为 MRN（0.35g/kg）＞WRF（0.14g/kg）＞CK（0.09g/kg）＞MRM（0.08g/kg）；在 20～40cm 土层内，WFM、WRF、CK 处理的土壤有机质含量分别增加了 1.15g/kg、1.83g/kg 和 1.77g/kg，而其余处理土壤有机质含量均有所降低，且降低程度依次为 MRN（1.57g/kg）＞MRM（1.04g/kg）。

（2）全氮的变化主要表现为至收获后，在 0～20cm 土层内，各处理土壤的全氮含量均有所减少，且减少程度依次为 MRM（0.43g/kg）＞MRN（0.38g/kg）＞WRF（0.31g/kg）＞WFM（0.22g/kg）＞CK（0.14g/kg）；在 20～40cm 土层内，各处理土壤全氮含量减少程度依次为 MRM（0.45g/kg）＞MRN（0.36g/kg）＞WFM（0.23g/kg）＞WRF（0.22g/kg）＞CK（0.17g/kg）。

（3）全磷的变化主要表现为至收获后，在 0～20cm 土层内，各处理土壤全磷含量均有所减少，且减少程度依次为 MRN（4.63g/kg）＞MRM（4.60g/kg）＞WRF（3.75g/kg）＞WFM（3.08g/kg）＞CK（2.48g/kg）；在 20～40cm 土层内，各处理土壤全磷含量减少程度依次为 MRN（1.01g/kg）＞MRM（0.98g/kg）＞WRF（0.95g/kg）＞WFM（0.79g/kg）＞CK（0.34g/kg）。

（4）土壤碱解氮的变化主要表现为至收获后，在 0～20cm 土层内，WRF、MRM、MRN 处理土壤碱解氮含量分别增加了 1.90%、6.05% 和 3.41%，而其余处理土壤碱解氮含量均有所降低，且降低程度依次为 WFM（6.88%）＞CK（0.53%）；在 20～40cm 土层内，各处理土壤碱解氮含量均有所减少，且减少程度依次为 MRN（53.66%）＞MRM（46.36%）＞WRF（45.99%）＞WFM（42.84%）＞CK（33.57%）。

（5）土壤速效磷的变化主要表现为至收获后，在 0～20cm 土层内，各处理土壤速效磷含量均有所减少，且减少程度依次为 WFM（29.79%）＞CK（28.31%）＞MRN（25.14%）＞WRF（24.75%）＞MRM（22.55%）；在 20～40cm 土层内，各处理土壤速效磷含量减少程度依次为 WFM（24.37%）＞MRM（20.83%）＞MRN（20.49%）＞WRF（15.34%）＞CK（7.60%）。

（6）土壤速效钾的变化主要表现为至收获后，在 0～20cm 土层内，各处理土壤速效钾含量均有所减少，且减少程度依次为 MRN（32.64%）＞MRM（30.15%）＞WFM（19.48%）＞WRF（18.98%）＞CK（11.63%）；在 20～40cm 土层内，各处理土壤速效钾含量减少程度依次为 MRM（27.64%）＞WRF（23.56%）＞MRN（20.03%）＞WFM（17.48%）＞CK（6.40%）。

可以看出，通过采用地膜覆盖与垄沟种植二者有机结合，显著提高了土壤养分的利用率。作物收获后，较露地平种耕层中土壤养分含量变异幅度而言，垄沟覆盖微集雨技术沟播种植耕层土壤养分含量下降较明显。这表明玉米在垄沟覆盖微集雨种植方式下生长旺盛，促进了根系对土壤养分的吸收，而露地平种方式下玉米长势较弱，对土壤养分的吸收较少。

土壤酶是由土壤内微生物和动植物活体分泌及动植物残骸所分解释放于土壤中一类具有催化能力的生物活性物质，既是土壤有机物转化的执行者，也是种植作物营养元素的活性库。目前，由于土壤酶活性对其生长环境或土壤管理因素引起的变化较为敏感，并具有较好的时效性，因此土壤酶活性已成为农业土壤质量和生态系统功能的生物活性指标。有研究表明，不同的耕作方式在改善土壤物理和化学性质的同时，对土壤酶活性也有重要的影响。通过两年试验结果可以看出，不同处理对土壤酶活性的影响差异显著。

（1）垄沟覆盖微集雨技术可以显著提高 0～20cm 土层中土壤脲酶活性，而平地覆膜对脲酶活性的提高影响弱于其他处理，至收获后各处理脲酶活性增加的幅度依次表现为 MRM（1.857mg/g）＞MRN（1.732mg/g）＞WRF（1.630mg/g）＞CK（1.575mg/g）＞WFM（1.119mg/g）；20～40cm 土层中，各处理脲酶活性增加的幅度依次表现为 MRM（1.448mg/g）＞WFM（1.022mg/g）＞MRN（0.920mg/g）＞WRF（0.825mg/g）＞CK（0.262mg/g）。

（2）隔沟覆膜垄播集雨技术可以提高 0～40cm 土层中土壤过氧化氢酶活性，而 WRF、CK 处理对过氧化氢酶活性的影响呈负面效果。在 0～20cm 土层中，WFM、MRN、MRM 处理过氧化氢酶活性增加的幅度依次表现为 MRM（0.027mg/g）＞MRN（0.022mg/g）＞WFM（0.018mg/g），WRF、CK 处理过氧化氢酶活性减少的幅度表现为 CK（0.047mg/g）＞WRF（0.021mg/g）；在 20～40cm 土层中，MRM、MRN、CK 处理过氧化氢酶活性增加的幅度依次表现为 CK（0.076mg/g）＞MRM（0.014mg/g）＞MRN（0.010mg/g），WFM、WRF 处理过氧化氢酶活性减少的幅度表现为 WRF（0.145mg/g）＞CK（0.078mg/g）。

（3）全膜双垄沟播技术可以提高 0～20cm 土层中土壤蔗糖酶活性，而 MRM、MRN、WFM 处理对蔗糖酶活性的影响呈负面效果。收获后，WFM、MRN、MRM 处理蔗糖酶活性减少的幅度依次表现为 MRN（8.941mg/g）＞WFM（5.256mg/g）＞MRM（3.265mg/g）；WRF、CK 处理蔗糖酶活性增加的幅度依次表现为 WRF（6.180mg/g）＞CK（1.788mg/g）；在 20～40cm 土层中，WFM、MRM、MRN、CK 处理蔗糖酶活性减少的幅度依次表现为 MRN（12.994mg/g）＞MRM（9.049mg/g）＞CK（2.768mg/g）＞WFM（1.975mg/g）；WRF 处理蔗糖酶活性增加的幅度为 1.726mg/g。

（4）全膜双垄沟播技术可以显著提高 0～20cm 土层中土壤酸性磷酸酶和碱性磷酸酶活性，WFM、MRN、MRM 处理次之；收获后隔沟覆膜垄播技术（MRM、MRN）能够显著增加 20～40cm 土层中土壤酸性磷酸酶活性，且各处理酸性磷酸酶活性和碱性磷酸酶活性均以隔沟覆膜垄播处理最高，且显著高于 CK 处理。

（5）通过两个年份的耕作，土壤中性磷酸酶活性都受到一定的负面影响，而 WRF 处理 0～40cm 土层中土壤中性磷酸酶活性减小幅度最小，MRN、MRM 处理次之，显著低于 CK 处理。

31.1.4　垄沟覆盖微集雨技术对玉米生长发育的影响

由于两个生长年份均采用顶凌覆膜，玉米播前土壤水分和积温较为充足，保证了玉米籽的出苗和建苗，出苗率显著高于 CK 处理，且各覆膜处理之间无显著性差异，都在 95％左右。同时，覆膜处理中以垄沟覆盖微集雨模式优势更为显著，明显高于全膜平铺种植。有研究表明，不同耕作方式对玉米全生育期的叶片数变化和叶面积指数的影响差异显著，且在各处理中以 WRF 处理最为显著，明显高于 WFM。本研究结果表明，覆膜处理间对玉米叶片数、叶面积指数和单株叶片生物量积累的影响差异均不显著，但垄沟覆盖微集雨处理高于全膜平种。在两个生长年份中，各处理对玉米叶片数、叶面积指数和单株叶片生物量积累的影响均表现出相同的趋势，其大小依次为 WRF＞MRM＞MRN＞WFM＞CK，可以看出 CK 处理对促进玉米叶片生长影响最小。从全生育期的玉米叶片的变化趋势来看，垄沟覆盖微集雨种植叶片数、叶面积指数和单株叶片生物量积累能够较早地达到稳定状态，完成生殖繁殖，为作物后期光合有机物的积累打下基础，而 CK 处理在生物量繁殖达到稳定需要的时间最长，并且收获期干物质最低。株高与叶面积变化表现为相似的变化趋势。垄沟覆盖微集雨处理玉米株高变化和增长速率之间差异不显著，但垄沟覆盖微集雨处理都要高于其他处理，尤其显著高于 CK 处理。两个生长年份中，所有处理的玉米株高的增长速率表现为中期快、前后期慢的特点。至收获期，垄沟覆盖微集雨处理已经基本停止增长，而平地种植还表现出较小的增长趋势，这可能与水分补给作物生长有关。

玉米茎粗生长和茎干重积累量变化趋势不同。在两个生长年份中，茎秆生长在抽雄前期就基本达到稳定，且在生育前期增速很快，后期增长缓慢甚至不再增长。所有处理中，垄沟覆盖微集雨处理玉米茎粗较其余处理生长优势显著，其茎粗大小依次为 MRM＞MRN＞WRF＞WFM＞CK。至成熟期，茎秆开始干枯，茎粗缩小。这是由于茎秆尽可能多地将水分转移到作物的营养繁殖，从而减小自身生殖繁殖对水分的无效损耗。从处理之间的差异来看，垄沟覆盖微集雨处理都要高于其他处理，尤其显著高于 CK 处理，而隔沟覆膜垄播处理（MRN、MRM）更为突出，这为作物后期玉米籽粒的发育、产量的形成提供了保证。茎干重积累量在玉米乳熟期才基本达到稳定，且在生育前期增速缓慢，中期增长加快，后期基本不再增长。所有处理中，垄沟覆盖微集雨处理玉米茎干重积累量较其余处理积累优势显著，这是由于生育前期主要以叶片增长为主，当叶片增长达到稳定状态时，玉米生长才主要以茎干重积累为主，且随着玉米生育期的延长，各处理之间的差异逐渐变大。由于玉米生长前期水分需求较少，而茎干重积累对耗水量的要求较高，因此需要的水分越来越多，此时 WRF、MRM、MRN 处理充分体现了其集雨、抑制蒸发的优势，为玉米的生长提供充足的水分。因此，在整个生育期内，垄沟覆盖微集雨处理 WRF、MRM、MRN 都显著高于 WFM、CK 处理。

玉米地上干物质的积累在收获后的增加趋势在两个生长年份表现相似，但是 2013 年和 2014 年的增长幅度有差异，表现在各处理 2013 年地上总生物量高于 2014 年。2013 年，在收获期传统平种这种耕作方式地上生物量最低，仅为 13473.22kg/hm²，而 MRM、MRN 处理分别能够达到 23254.25kg/hm²、21788.26kg/hm²；2014 年，在收获期传统平种这种耕作方式地上生物量依然最低，仅为 10362.12kg/hm²，而 MRM、MRN 处理分别能够达到 21399.85kg/hm²、20731.10kg/hm²。这是由于垄沟覆盖微集雨技术改变了玉米常规的生长环境，改变了作物耗水模式，即减少前期蒸发、增加后期蒸腾，优化了土壤养分供给因子，从而表现出了较高的生物量积累，并为最终高产打下基础。

31.1.5 垄沟覆盖微集雨技术对作物产量和水分利用效率的影响

垄沟覆盖微集雨技术通过起垄、全膜覆盖种植方式，可以削弱雨滴的直接冲击，使表层土壤的团粒结构趋于稳定，有利于后期降雨与蒸发水珠入渗。该技术集垄面集流、覆膜抑蒸、垄沟种植于一体，能显著提高土壤含水率，改善旱作农业生产中的水、肥、气、热等生态环境，能够大幅度提高生物量的积累和提升作物产量，已经成为雨养农业区生产力跃升和稳定的主要强动力。本研究表明两个生长年份的产量构成因子，垄沟覆盖微集雨处理组各项指标都要显著高于其他处理组，而垄沟覆盖微集雨处理之间没有显著性差异，且表现出极好的果穗长度、行粒数、穗行数、穗粗、单穗粒数、穗重、穗轴重。可能由于 2013 年降雨丰富且与作物需水时期相对应，因此以上各项指标要好于 2014 年，这也表明降雨对玉米产量形成起到了很重要的作用。本试验结果与他人相关研究一致，垄沟覆盖微集雨处理能够促进玉米的生殖生长，使玉米的株高、穗粒数、千粒重、后期粒重均增加。

垄沟覆盖微集雨技术对我国旱作农业的高产和稳产起到了巨大推动作用。然而，因垄沟覆盖微集雨技术在不同气候条件下对作物微环境改善的幅度各异，从而导致了水分利用效率、产量效应明显的地区差异。研究表明，在黄土高原半干旱区的定西市、榆中县、西吉县和彭阳县等，因该技术能够很好地提升苗期积温和土壤水分有效性，从而带来相对其他地区较高增产幅度。而对于半湿润地区降雨量相对充足，播前覆膜有效提高土壤温度，垄沟覆盖微集雨技术的增产效果较前者更优，而全膜双垄沟播栽培技术产量和水分利用效率较传统种植（半膜平铺）增加显著。相关研究指出，全膜双垄沟播栽培技术在 350mm、450mm 和 550mm 雨量下可使春玉米产量提高 36.04%、18.72%、36.14%，水分利用效率提高 19.4%、11.28%、31.58%。因此，只有在适度范围的降雨内，垄沟覆盖微集雨栽培才能够提高产量和水分利用效率。本研究表明，垄沟覆盖微集雨处理和其他处理之间的产量和水分利用效存在显著性差异，但垄沟覆盖微集雨处理之间无显著性差异。2013 年，降雨量为 404.7mm，WRF、MRM、MRN 处理的产量达到了 12863.49kg/hm²、11611.50kg/hm² 和 11294.09kg/hm²，与 CK 处理的 5485.22kg/hm² 相比提高了 134.51%、111.69% 和 105.90%；2014 年，降雨量为 380.5mm，WRF、MRM、MRN 处理的产量达到了 11175.35kg/hm²、10181.10kg/hm² 和 10605.87kg/hm²，与 CK 处理的 4022.62kg/hm² 相比提高了 177.81%、153.10% 和 163.66%。水分利用效率也表现出与产量相同的优势，两个生长年份表现出不同的优势效果。2013 年，WRF、MRM、MRN 处理的水分利用效率达到了 30.82kg/(hm²·mm)、31.52kg/(hm²·mm) 和 31.51kg/(hm²·mm)，与 CK 处理的 14.22kg/(hm²·mm) 相比，提高了 116.74%、121.66% 和 121.59%；2014 年，WRF、MRM、MRN 处理的水分利用效率达到了 27.45kg/(hm²·mm)、27.97kg/(hm²·mm) 和 29.52kg/(hm²·mm)，与 CK 处理的 9.69kg/(hm²·mm) 相比，提高了 183.28%、188.65% 和 204.64%。2014 年尽管降水量较 2013 年少 24.2mm，但是 2014 年的产量与土壤水分利用效率都明显的低于 2013 年，一方面，可能与 2013 年种植消耗了过多的土壤水分与肥力有关，而休耕期的恢复时间较短，导致了 2014 年作物的减产；另一方面，可能是 2014 年的降雨与作物需水的关键期发生了错位，导致产量较低。

研究结果已表明，全膜双垄沟播技术在反方向温度梯度的驱动下实现了对土壤水分迁移和耗散的调节，降低无效蒸发，最大限度地调控水分合理分配与利用，促进玉米生殖生长阶段高效用水，尤其是玉米灌浆期，促进干物质向籽粒转移，显著增产，但大量耗散了土壤水分，如果休闲期降水少，耗散的水分得不到补给，多年连续种植易造成土壤干燥。而本试验结果表明，采用隔沟覆膜垄播技术可以有效地避免连续耕作带来的土壤干燥化，对恢复土壤水分和实现土壤水的可持续发展具有重大意义，同时也使垄沟集雨技术走上可持续发展的道路。

31.2　主要结论

（1）在光热资源较好的黄土高原旱作农业区，垄沟覆盖微集雨种植方式可以显著提高苗期耕层土壤含水率，有利于玉米种子的萌发、出苗和建苗，并为玉米后期生长提供良好的生长环境。隔沟覆膜垄播处理尽管在玉米生育期内水分消耗较大，但是经过短暂的休耕期，能够有效地促进土壤含水率的回升，为次年玉米生长打好基础。

（2）地膜覆盖显著改变了耕层的土壤温度，尤以垄沟覆膜种植最为显著。各覆盖处理均提高了耕层全天候土壤温度，这对作物夜间热环境有很大改善，降低了土壤温度对玉米出苗抑制，缩短了玉米出苗所需时间。同时，垄上种植温度显著高于其他处理，使得玉米出苗快，并为后期生长提供了良好的热环境。

（3）垄沟覆盖微集雨种植方式由于田间起垄等农业工序，使土壤物理性状得到改善和重新布局，增加了土壤孔隙度，从而使得作物根系生长旺盛，显著提高了土壤养分的利用率。作物收获后，较 CK 处理耕层中土壤养分含量变化幅度而言，垄沟覆盖微集雨技术沟播种植耕层土壤养分含量下降较明显，其中尤以隔沟覆膜垄播方式最为明显；根据酶活性变化分析来看，垄沟覆盖微集雨种植能够显著提高 0～40cm 土层脲酶活性、过氧化氢酶活性、酸性磷酸酶活性和碱性磷酸酶活性，其中隔沟覆膜垄播种植方式增加幅度最为显著。

（4）垄沟覆盖微集雨耕作方式能够在时空尺度上优化水热组合，以相对更具优势的出苗特征、叶面积指数、株高、茎粗和地上总生物量积累保证了玉米的正常生长，并为后期玉米籽粒的形成和发育提供了保证。

（5）垄沟覆盖微集雨能够明显提高地上总生物量、产量和水分利用效率。两个生长年份中，对于地上总生物量而言，以隔沟覆膜垄播（明沟覆盖麦草）处理最高；对于产量而言，以 WRF 处理最高；对于水分利用效率而言，以隔沟覆膜垄播处理最高。尽管隔沟覆膜垄播技术在产量上略有降低，但其耗水少，可以有效避免垄沟覆盖微集雨技术通过高耗水获得高产带来的土壤干燥化，对恢复土壤水分和实现土壤水的可持续发展具有重大意义。

31.3　问题与展望

垄沟覆盖微集雨技术经过几十年的发展已经比较完善。但仍有一些问题需要研究和探索，主要包括以下方面：

（1）量化地膜覆盖下降雨量与土壤水分的嬗变关系。

（2）利用模型对该技术条件下水分的运移规律进行模拟。

（3）目前该技术主要应用在种植玉米、马铃薯、花生等几种作物，极大地限制了该项技术的发挥。

（4）地膜集雨与补灌相结合。

以垄沟覆盖微集雨技术为代表的旱作节水农业技术在干旱半干旱区提高了作物的降水利用率和水分生产率，但由于一些雨养地区降水季节分配不均，干旱发生频繁，常出现春夏连旱，尤其在 6 月下旬至 7 月上旬，正逢作物需水临界期，常常出现干旱，对作物产量影响极大。在作物需水关键期的有限供水具有超常效应和显著的增产效应，基于这一思想，在半干旱区进行旱地作物集水补灌将进一步研究旱作雨养区作物生长和产量提供理论，技术配套依据。

黄土高原地区受地域环境的抑制，促使人们在实践中不断探索和寻求适合旱作农业的农事生产技术，垄沟覆盖微集雨技术的出现和应用有效解决了雨养农业区"卡脖子旱"问题。进一步挖掘了垄沟覆膜微集雨栽培技术的生产潜力，它通过改善作物生长发育，显著提高了作物产量和水分利用效率，达到了"纳秋水、增秋墒、保秋墒、抗春旱"增产增收的目的，增强了作物抵御气候变化的能力。然而长期以来，随着垄沟覆盖微集雨技术的推广面积扩大，如何应对地膜污染，土壤干层、肥力下降等农田生产、环境问题，还需要研究者不断地总结、完善垄沟覆膜集雨技术体系。

参 考 文 献

[1] 周玉华，孙艳. 水资源可持续利用与水生态环境保护的法律问题研究——2008 年全国环境资源法学研讨会（年会）论文集［C］. 南京：河海大学，2009：1051-1059.

[2] 高甲荣. 黄土高原水资源面临的问题与对策［J］. 地理学与国土研究，1998，14（4）：34-37.

[3] 唐丽霞，张志强，王新杰，等. 黄土高原清水河流域土地利用/覆盖和降雨变化对侵蚀产沙的影响［J］. 自然资源学报，2010，25（8）：1341-1349.

[4] 刘文政. 关于我国盐渍土改良问题［J］. 土壤通报，1959（5）：8-16.

[5] 赵松岭. 集水农业引论［M］. 西安：陕西科学技术出版社，1996.

[6] 赵凡. 旱地玉米全膜覆盖双垄面集雨沟播栽培技术［J］. 甘肃农业科技，2004（11）：22-23.

[7] 陈红，黄高宝，李玲玲，等. 旱作全膜双垄沟播对玉米苗期土壤水分的影响［J］. 甘肃农业大学学报，2011，5（46）：50-55.

[8] 王国祥，方彦杰，潘永东. 旱地全膜双垄沟播种植对玉米光合生理特性的影响［J］. 湖北农业科学，2012，51（14）：2921-2925.

[9] Niu J，Y-Gan Y T，Zhang J W，et al. Post an thesis dry matter accumulation and redistribution in spring wheat mulched with plastic film［J］. Crop Science，1998，38：1562-1568.

[10] Ren X，Chen X，Jia Z. Ridge and furrow method of rainfall concentration for fertilizer use efficiency in farmland under semiarid conditions［J］. Appl Eng Agric，2009，25（6）：905-913.

[11] 汪佳，黄高宝，李玲玲，等. 全膜双垄沟播玉米对土壤全氮及全磷时空变化的影响［J］. 甘肃农业大学学报，2011，1（46）：22-29.

[12] Wang Y，Xie Z，Malhi S S，et al. Effects of rainfall harvesting and mulching technologies on water use efficiency and crop yield in the semi-arid Loess Plateau，China［J］. Agricultural water management，2009，96（3）：374-382.

[13] 方彦杰，黄高宝，李玲玲，等. 旱地全膜双垄沟播玉米生长发育动态及产量形成规律研究［J］. 干旱地区农业研究，2010，28（4）：128-134.

[14] X. Ren，X. Chen，Z Jia. Effect of Rainfall Collecting with Ridge and Furrow on Soil Moisture and Root Growth of Corn in Semiarid Northwest China［J］. Journal of Agronomy and Crop Science，2010，196（2）：109-122.

[15] 王彩绒，田霄鸿，李生秀. 沟垄覆膜集雨栽培对冬小麦水分利用效率及产量的影响［J］. 中国农业科学，2004，37（2）：208-214.

[16] Hong Zhao，You-Cai Xiong，Feng-Min Li，et al. Plastic film mulch for half growing-season maximized WUE and yield of potato via moisture-temperature improvement in a semi-arid agroecosystem［J］. Agricultural Water Management，2012（104）：68-78.

[17] 李斌. 榆中高海拔旱山区甘蓝全膜双垄沟播栽培技术［J］. 甘肃农业科技，2008（9）：63-64.

[18] 卢子明，赵贞祥，张二喜，等. 甘谷县线椒全膜双垄沟播栽培技术［J］. 甘肃农业科技，2012（1）：51-53.

[19] 张卫荣，庞顺家. 西吉县全膜双垄沟播谷子栽培的实践与思考［J］. 现代农业科技，2012（14）：47.

[20] 闫天兆. 环县玉米套种白瓜籽全膜双垄沟播栽培技术［J］. 甘肃农业科技，2012（5）：52-53.

[21] Wang Y J，Xie Z K，Malhi S S，et al. Effects of gravel-sand mulch，plastic mulch and ridge and furrow rainfall harvesting system combinations on water use efficiency，soil temperature and watermel-

on yield in a semi – arid Loess Plateau of northwestern China [J]. Agricultural Water Management, 2011 (101): 88 – 92.

[22] 周丽敏. 黄土高原双垄覆膜和地槽集水技术对土壤水温、土壤养分及作物产量的影响 [D]. 兰州：兰州大学, 2009.

[23] 曹莉, 秦舒浩, 张俊莲, 等. 垄沟覆膜栽培方式对马铃薯土壤酶活性及土壤微生物数量的影响 [J]. 甘肃农业大学学报, 2012, 47 (3): 42 – 46.

[24] 冉平. 定西市安定区旱作农业发展现状及建议 [J]. 甘肃农业, 2011 (12): 60 – 61.

[25] 白秀梅, 卫正新, 郭汉清. 起垄覆膜微集水技术对玉米生长发育及产量的影响 [J]. 山西水土保持科技, 2007 (2): 12 – 15.

[26] 王晓凌, 陈明灿, 李凤民, 等. 垄沟覆膜集雨系统膜垄保墒增温对马铃薯产量的影响 [J]. 干旱地区农业研究, 2007, 25 (3): 11 – 16.

[27] 李永平, 贾志宽, 刘世新, 等. 旱作农田微集水种植产流蓄墒扩渗特征研究 [J]. 干旱地区农业研究, 2003 (2): 86 – 90.

[28] 岳德成, 曹亚芬, 丁志远, 等. 全膜双垄沟播栽培对自然降水再分配规律研究 [J]. 灌溉排水学报, 2011, 30 (4): 48 – 52.

[29] 孙辉, 唐亚, 陈克明, 等. 高固氮植物控制坡耕地地表径流的效果 [J]. 水土保持通报, 2001, 21 (2): 48 – 51.

[30] 左海军, 张奇, 徐力刚. 农田氮素淋溶损失影响因素及防治对策研究 [J]. 环境污染与防治, 2008, 30 (12): 83 – 89.

[31] 张永胜, 成自勇, 张芮, 等. 控制性交替隔沟灌溉对甜椒农田蒸散特征的影响 [J]. 水土保持学报, 2009, 23 (2): 223 – 227.

[32] 段德玉, 刘小京, 李伟强, 等. 夏玉米地膜覆盖栽培的生态效应研究 [J]. 干旱地区农业研究, 2003 (4): 6 – 9.

[33] 金胜利, 周丽敏, 李凤民, 等. 黄土高原地区玉米双垄全膜覆盖沟播栽培技术土壤水温条件及其产量效应 [J]. 干旱地区农业研究, 2010, 28 (2): 28 – 33.

[34] 刘晓伟, 何宝林, 郭天文. 全膜双垄沟不同覆膜时期对玉米土壤水分和产量的影响 [J]. 核农学报, 2012, 26 (3): 602 – 608.

[35] 安文芝. 地膜小麦增产的农田小气候效应分析 [J]. 甘肃农业, 2004 (10): 123.

[36] 孙学保. 旱地全膜双垄沟播玉米增产效应研究 [D]. 兰州：甘肃农业大学, 2009.

[37] 方彦杰. 旱地全膜双垄沟种植对土壤温度及玉米产量的影响 [J]. 浙江农业科学, 2012 (7): 942 – 944.

[38] 杨封科. 旱作春小麦起垄覆膜微集水种植技术研究 [J]. 灌溉排水学报, 2004, 23 (4), 48 – 49.

[39] 任小龙, 贾志宽, 陈小莉, 等. 模拟降雨量下沟垄微型集雨种植玉米的水温效应 [J]. 中国农业科学, 2008, 41 (1): 70 – 77.

[40] 蔡承智. 不同地表处理下坡地土壤温度变化对玉米产量的影响 [J]. 耕作与栽培, 2001 (6): 41 – 43.

[41] 王有宁, 王荣堂, 董秀荣. 地膜覆盖作物农田光温效应研究 [J]. 中国生态农业学报, 2004, 12 (3): 134 – 136.

[42] Zhou L M, Li F M, Jin S L, et al. How two ridges and the furrow mulched with plastic film affect soil water, soil temperature and yield of maize on the semiarid Loess Plateau of China [J]. Field Crops Research, 2009, 113 (1): 41 – 47.

[43] 王俊, 李凤民, 宋秋华. 地膜覆盖对土壤水温和春小麦产量形成的影响 [J]. 应用生态学报, 2003 (2): 205 – 210.

[44] 马金虎, 马步朝, 杜守宇, 等. 宁夏旱作农业区玉米全膜双垄沟播技术土壤水分、温度及产量效应研究 [J]. 宁夏农林科技, 2011, 52 (2): 6 – 9.

[45] 聂胜委，黄绍敏，张水清，等. 长期定位施肥对土壤效应的研究进展 [J]. 土壤，2012，44（2）：158-196.

[46] 刘占锋，傅伯杰，刘国华，等. 土壤质量与土壤质量指标及其评价 [J]. 生态学报，2006，26（3）：901-913.

[47] 史瑞和. 植物营养原理 [M]. 杭州：浙江科学技术出版社，1989.

[48] 李志军，赵爱萍，丁晖兵，等. 旱地玉米垄沟周年覆膜栽培增产效应研究 [J]. 干旱地区农业研究，2006，24（2）：12-17.

[49] Wu L，Zhu Z，Liang Y，et al. Plastic film mulching cultivation：a new technology for resource saving water N fertiliser and reduced environmental pollution [J]. Developments in Plant and Soil Sciences，2002（92）：1024-1025.

[50] Fofana B，Tamelokpo A，Wopereis M C S，et al. Nitrogen use efficiency by maize as affected by a mucuna short fallow and P application in the coastal savanna of West Africa [J]. Nutrient Cycling in Agroecosystems，2005（71）：227-237.

[51] 党亚爱，李世清，王国栋，等. 黄土高原典型土壤全氮和微生物氮剖面分布特征研究 [J]. 植物营养与肥料学报，2007，13（6）：1020-1027.

[52] 赵先丽，程海涛，吕国红，等. 土壤微生物生物量研究进展 [J]. 气象与环境学报，2006，22（4）：68-72.

[53] 张成霞，南志标. 土壤微生物生物量的研究进展 [J]. 草业科学，2010，27（6）：50-57.

[54] 张成娥，梁银丽，贺秀斌. 地膜覆盖玉米对土壤微生物量的影响 [J]. 生态学报，2002，22（4）：508-512.

[55] 吴荣美，王永鹏，李凤民，等. 秸秆还田与全膜双垄集雨沟播耦合对半干旱黄土高原玉米产量和土壤有机碳库的影响 [J]. 生态学报，2012，32（9）：2855-2862.

[56] 曹录山. 马铃薯全膜双垄集雨栽培技术 [J]. 作物栽培，2012（3）：54-55.

[57] 王静，张天佑，杨娟娟，等. 旱地不同膜覆盖种植模式对土壤微生物数量的影响 [J]. 生态与农村环境学报，2011，27（6）：55-58.

[58] 向泽宇，王长庭，宋文彪，等. 草地生态系统土壤酶活性研究进展 [J]. 草业科学，2011，28（10）：1801-1806.

[59] 关松荫，张德生，张志明. 土壤酶及其研究法 [M]. 北京：农业出版社，1986.

[60] 严昶升，周礼恺，张德生. 土壤肥力研究法 [M]. 北京：农业出版社，1988.

[61] He W X，Zhu M E. Relationship between urease activity and fertility of soils in Shanxi Province [J]. Acta Pedologica Sinica，1997，34（4）：392-398.

[62] 汪景宽，彭涛，张旭东，等. 地膜覆盖对土壤主要酶活性的影响 [J]. 沈阳农业大学学报，1997，28（3）：210-213.

[63] 周礼恺，张志明，陈恩凤. 黑土的酶活性 [J]. 土壤学报，1981，18（2）：158-165.

[64] 张焱华，吴敏，何鹏，等. 土壤酶活性与土壤肥力关系的研究进展 [J]. 安徽农业科学，2007，35（34）：11139-11142.

[65] 王静，张天佑，徐万海，等. 旱地全膜覆盖种植模式对土壤酶活性的影响 [J]. 生态与农村环境学报，2012，28（6）：738-741.

[66] 孙文涛，汪仁，安景文，等. 平衡施肥技术对玉米产量影响的研究 [J]. 玉米科学，2008，16（3）：109-111.

[67] 金继运，何萍. 氮钾互作对春玉米生物产量及其组分动态的影响 [J]. 玉米科学，1999，7（4）：5-60.

[68] 马国胜，薛吉全，路海东. 不同类型饲用玉米品种干物质的积累与运转规律研究 [J]. 玉米科学，2005，13（4）：66-69.

[69] 阎翠萍，张虎，王建军，等. 沟谷地春玉米干物质积累、分配与转移规律的研究 [J]. 玉米科学，2002，10（1）：67-71.

［70］ 何雪银，文仁来，吴翠荣. 隆玉 2 号玉米干物质积累、分配与转移规律研究［J］. 广西农业科学，2007，38（1）：29-31.

［71］ 方彦杰. 旱地全膜双垄沟播玉米土壤水温、光合生理及产量表现研究［D］. 兰州：甘肃农业大学，2010.

［72］ 马金虎，杜守宇，杨发，等. 宁夏不同旱作农业区旱地玉米全膜双垄沟播技术的增产效果研究［J］. 宁夏农林科技，2011，52（2）：2.

［73］ 张雷，牛芬菊，李小燕，等. 旱地全膜双垄沟播秋覆膜对玉米产量和水分利用率的影响［J］. 中国农学通报，2010，26（22）：142-145.

［74］ 齐引弟. 全膜双垄沟播技术的推广——以静宁县曹务乡为例［J］. 甘肃农业，2013（2）：29-30.

［75］ 张志奇. 覆膜时期对全膜双垄沟播玉米产量及水分利用效率的影响［J］. 甘肃农业科技，2011（7）：24-27.

［76］ 侯宝华. 关于玉米全膜双垄沟播与常规半膜种植产量效益对比的调查报告［J］. 农民致富之友，2013（4）：43.

［77］ 高玉红，牛俊义，闫志利，等. 不同覆膜栽培方式对玉米干物质积累及产量的影响［J］. 中国生态农业学报，2012，20（4）：440-446.

［78］ 刘广才，杨祁峰，李来祥，等. 旱地玉米全膜双垄沟播技术增产效果研究［J］. 农业现代化研究，2009，30（6）：739-743.

［79］ 李国华. 全膜双垄沟播玉米不同覆膜时期水分生产效率研究［J］. 中国农学通报，2009，25（18）：205-207.

［80］ 郑有才. 全膜双垄沟播马铃薯的增温保墒及其产量效应研究［D］. 兰州：甘肃农业大学，2008.

［81］ 刘迎，王金信，李浙江，等. 植物化感作用在农田杂草防除中的应用［J］. 农药市场信息，2006（3）：12-13.

［82］ Guo Mi-juan，Yu Cheng-qun，Zhong Hua-ping，et al. Effects of Film Mulching on the Growth of Silage Maize and Weed［J］. Agricultural Science and Technology，2010，11（7）：66-68.

［83］ 赵久然，赵明，董树亭，等. 中国玉米栽培发展三十年［C］. 北京：中国农业科学技术出版社，2011：71-75.

［84］ 孙玉莲，边学军，黄成秀，等. 全膜双垄沟播对旱区玉米田土壤水分和温度的影响［J］. 中国农业气象，2014，35（5）：511-515.

［85］ 刘广才，杨祁峰，李来祥，等. 旱地玉米全膜双垄沟播技术土壤水分效应研究［J］. 干旱地区农业研究，2008，26（6）：18-28.

［86］ 王树森，邓根云. 地膜覆盖增温机制研究［J］. 中国农业科学，1991，24（3）：74-78.

［87］ 马树庆，王琪，郭建平，等. 东北地区玉米地膜覆盖增温增产效应的地域变化规律［J］. 农业工程学报，2007，23（8）：66-71.

［88］ 李荣，张睿，贾志宽. 不同覆盖材料对耕层土壤温度及玉米出苗的影响［J］. 干旱地区农业研究，2009（27）：13-16.

［89］ 刘文杰，苏永中，杨荣，等. 黑河中游临泽绿洲农田土壤有机质时空变化特征［J］. 干旱区地理，2010，33（2）：170-176.

［90］ Riffaldi R，Saviozzi A，Levi-Minzi R，et al. Biochemical properties of a mediterranean soil as affected by long-term crop management systems［J］. Soil Till Res，2002（67）：109-114.

［91］ Srivastava S C，Singh J S. Microbial C，N and P in dry tropical forest soils：Effects of alternate land-uses and nutrient flux［J］. Soil Biol Biochem，1991，23（2）：117-124.

［92］ Klemedtsson L，Berg P，Clarholm M. Microbial nitrogen transformation in the root environment of barley［J］. Soil Biol Biochem，1987（19）：551-558.

［93］ Singh J S，Raghubanshi A S，Srivastava S C. Microbial biomass act as a source of plant nutrients in dry tropical forest and savanna［J］. Nature，1989（338）：499-500.

［94］ Veronica A M，Leo C，David S R，et al. Enzyme activities as affected by soil properties and land use in a tropical watershed ［J］. Applied Soil Ecology，2007（35）：35 – 45.

［95］ 朱自玺，赵国强，邓天宏，等. 秸秆覆盖麦田水分动态及水分利用效率研究［J］. 生态农业研究，2000，8（1）：34 – 37.

［96］ 方文松，朱自玺，刘荣花，等. 秸秆覆盖农田的小气候特征和增产机理研究［J］. 干旱地区农业研究，2009，27（6）：123 – 128.

［97］ 钟良平，邵明安，李玉山. 农田生态系统生产力演变及驱动力［J］. 中国农业科学，2004，37（4）：510 – 515.

［98］ 师日鹏，上官宇先，马巧荣，等. 密度与氮肥配合对垄沟覆膜栽培冬小麦干物质累积及产量的影响［J］. 植物营养与肥料学报，2011，17（4）：823 – 830.

［99］ 王鑫，胥国宾，任志刚，等. 无公害可降解地膜对玉米生长及土壤环境的影响［J］. 中国农业生态学报，2007，15（1）：78 – 81.

［100］ 李尚中，樊廷录，王勇，等. 旱地玉米抗旱覆膜方式研究［J］. 核农学报，2009，23（1）：165 – 169.

［101］ 李凤民，赵松岭. 黄土高原半干旱区春小麦农田有限灌溉对策初探［J］. 应用生态学报，1995，6（3）：259 – 264.

［102］ 郭清毅，黄高宝. 保护性耕作对旱地麦-豆双序列轮作农田土壤水分及利用效率的影响［J］. 水土保持学报，2009，19（3）：165 – 169.

［103］ Li F M，Guo A H，Wei H. Effects of clear plastic film mulch on yield of spring wheat ［J］. Field Crops Research，1999，63：79 – 86.

第6篇

极端干旱条件下燕麦垄沟覆盖系统水生态过程研究

第32章 概　　述

极端气候事件是区域范围内某一特定时期发生频率较低，但作用强度大、并对自然过程和人类生产活动产生重要影响的天气气候事件，包括极端气温、极限降雨、干热风和冰雹等事件。其中，极端气温和降雨具有高度的不可预测性，已成为影响旱区粮食安全和生态系统管理的主要生态因子。自20世纪80年代以来，我国北方极端气候频发，表现为短期内连续暴雨或者长期极少降雨两种特征，其中后者对农业生产影响面更大。极端气候事件增多加剧了农业生产的波动性，使农田生产系统的光、温、水、土、气等要素发生剧烈变化，对作物生长、水分利用和籽粒产量带来重大影响。在全球变化背景下，主粮作物包括小麦、玉米和水稻在内等的产量受极端气候事件影响显著，造成粮食安全危机。在生态脆弱的黄土高原，上述危害更趋严重，探寻减缓和适应气候变化的策略已成为农业生态学领域的核心内容。

水资源短缺、降雨少且波动性大是限制雨养农业区粮食产量提高和可持续性管理的瓶颈，"卡脖子旱"问题十分突出。地膜覆盖自从1978年引入我国以来，经历了多次更新换代，并得到大面积推广和应用。最近10年，垄沟覆盖微集雨栽培技术得到长足发展，由其集雨、保墒、抑蒸、增温、减少水土流失等优点，被广泛地应用于没有灌溉条件和春季土壤积温不足的半干旱和半湿润偏旱地区。较传统平作耕作技术，垄沟覆膜技术能更加有效地抑制无效蒸发、提高降雨向土壤水和作物水的转化效率，解决作物水温供需错位矛盾，尤其是卡脖子旱问题，显著提高作物产量和水分利用效率，为旱区农田水生产力提升和农户生计改善提供了强大的技术支撑。

然而，有报道指出，垄沟覆膜在获得显著增产效应的同时，也会带来负面影响，包括生长后期的土壤干层问题，通常在土壤1m深度以下出现干燥化现象。土壤干层问题究竟是垄沟覆膜引起的，还是作物本身在生长后期对土壤深处的水分过度利用所致，前期研究主要集中在丰水或者次丰水年份，在极端干旱条件下的田间试验还未见报道。更进一步地，对垄沟覆膜条件下的水生产力和对天然降雨的利用效率如何，它们与极端干旱条件下土壤干层现象有正协同还是负协同效应这些问题的回答具有很重要的理论意义和实践价值。此外，在正常年份，垄沟覆膜技术能够增加干物质积累，相应地提高籽粒产量，通常与单位面积上成穗数、穗粒数和粒重显著相关。但是在极端干旱气候下，关于生物量的积累与产量如何分配以及产量构成因子将如何变异的研究报道较少，因此通过开展大田试验，研究极端气候条件下的作物产量与生物量积累，产量构成要素的变化特性等关系，对提高旱区产量具有重要的意义。

燕麦是目前最具潜力的成为新一代主粮的栽培作物，可在多种土壤条件下种植。它具有抗旱、耐寒、耐脊的特性，特别适宜于西北干旱、高寒、贫瘠的黄土丘陵沟壑区。在黄土高原半干旱冷凉地区，昼夜温差大、土壤质地偏砂，非常适合于燕麦生产。裸燕麦（俗称莜麦）的蛋白质和脂肪含量分别高达15％和8.5％，分别是面粉和大米的2倍和4～7倍。一方面，由于燕麦脂肪中的主要成分是不饱和脂肪酸，其中具有降脂功效的亚油酸又占

38.1%～52.0%，高居 9 种主要粮食作物之首，因此它又是不可多得的功能保健食品，具有广阔的市场潜力。另一方面，它既有野生性又有栽培性，粮草兼顾，有利于退耕还草，改善种植结构和生态环境，促进农牧业可持续发展。在全球气候变化下，黄土高原生态问题和粮食问题日趋突出，燕麦作物具有重要的应用价值。

目前，极端气候对农业生态系统的影响研究主要集中在气候变暖导致高温天气、暴雨事件、洪涝、低温霜冻等方面，且主要在大的时间和区域尺度上，对农田尺度上降雨格局发生改变导致极端干旱情景下的相关研究比较少见。垄沟覆盖技术作为一项重要的应对全球变化的耕作技术和应对措施，对在应对极端气候情景的效果如何，降水、土壤水和作物水的转化效率如何，对土壤干层现象是正协同效应还是负协同效应，田间水生产力和作物产量形成规律如何等问题的回答首先必须建立在垄沟覆膜系统土壤水文过程和水生产力的基础研究上。本研究以燕麦为材料，以平地栽培充分供水为对照组，设置平地旱作栽培、垄沟无覆膜栽培、垄沟覆膜栽培和平地无栽培等 4 个处理组，通过探索极端气候背景下作物生长和水生态过程，探寻垄沟覆膜微集雨栽培技术区域适应性特征，为旱区农业和水资源可持续管理提供科学依据和技术支撑。

第33章 材料与方法

33.1 研究区概况

大田控制试验在中国气象局兰州干旱气象研究所定西干旱气象与生态环境试验站（104°37′E,35°35′N）进行。试验站海拔为 1896.70m，地处欧亚大陆腹地，是我国干旱气候区和半湿润气候区的重要气候过渡带。它既是气候变化的敏感区，又是生态环境比较脆弱的地带。其特点是光能较多，但雨热不同季，降水少且主要集中在 7—10 月，占年降水量的 86.9%。该地区气候干燥，年日照时间为 2433h，年平均气温为 6.7℃，多年平均降水量为 381.7mm，年蒸发量为 1531mm，平均无霜期为 140 天，气候特点在黄土高原雨养农业区具有广泛的代表性和典型性。另外，该地区水土流失严重，生产力水平较低，土壤肥力中等，表层土壤为重壤土，地下水埋深大于 40m，1m 深土壤剖面平均容重为 1.38g/cm³。pH 值为 8.36，表层 0~40cm 平均土壤有机质含量为 11.01g/kg，全氮含量为 0.73g/kg，全磷含量为 1.77g/kg，田间持水量的质量含水率为 25.6%，凋萎系数为 6.7%。

33.2 试验设计

试验共设 5 个处理组，其中种植处理 4 个，一个裸地无种植。

（1）对照组（CK），平地种植充分供水。

（2）垄沟无覆膜种植（RF）：垄沟比为 40cm：40cm，无灌溉处理。

（3）垄沟覆膜种植（RFM）：垄沟比为 40cm：40cm，无灌溉处理。

（4）传统平地种植（FP），无灌溉处理。

（5）裸地（BF），无种植无灌溉处理。

充分供水具体方法是在燕麦的苗期、分蘖期、拔节期、孕穗期、灌浆期分别进行充分灌溉，灌水的下线指标为田间持水量的 65%，这个值一般是高于凋萎系数，便于被植物所吸收。为降低大气蒸发而产生的水分损失，灌水选择在傍晚进行均匀喷灌。在每次灌水前通过土钻取土、烘箱烘干法测定灌水前的土壤质量含水率，然后根据下式确定具体灌水量为

$$M = 36rH(\theta_{\max} - \theta_0)\frac{1}{r_{水}}$$

$$(33.1)$$

式中：M 为灌水量，m³；r 为以 20cm 梯度，100cm 内不同剖面的土壤容重，g/m³；H 为计划湿润层深度，cm，依据作物的根系生长繁殖，每个生育期采取不同的湿润层深度（苗期 20cm；分蘖期 40cm，拔节期 60cm，抽穗期 80cm，灌浆期 80cm）；$\theta_{\max}$ 为灌水量下线，%；θ_0 为灌水前土壤含水率，%；$r_{水}$ 为水容重，kg/m³。

试验区域不考虑地下水补给对灌溉的影响。

以燕麦"坝莜 3 号"为材料，地膜材质为白色聚乙烯，小区面积为 22m²，且每个小区的播种密度相同。播前将试验小区耕作层土壤进行 30cm 深翻耕，同时施入底肥尿素 270kg/hm²，

硫酸钾 105kg/hm²，过磷酸钙 750kg/hm²，每个处理设置 3 个重复，按随机因子裂区排列。

所有垄沟栽培模式的设计垄宽 40cm，垄高 20cm，具体如图 33.1 和图 33.2 所示。

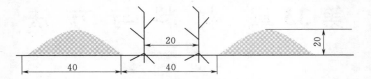

图 33.1　垄沟无覆盖种植（单位：cm）

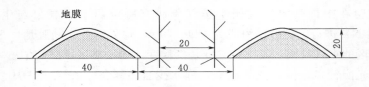

图 33.2　垄沟覆膜种植（单位：cm）

33.3　测定项目与方法

33.3.1　土壤水分

土壤水分采用烘干法测定。播种前和收获后取样深度为 140cm，以 20cm 为梯度进行采样测定。生育期间取样深度为 100cm，同样采用 20cm 为梯度进行采样，用土钻取样铝盒封装带回实验室测定，用烘箱在 105℃温度下烘至恒重（约 8h），然后计算土壤重量含水率。其中，土壤贮水量、土壤贮水量变化及耗水量的计算公式为

$$土壤贮水量 = 土层厚度 \times 土壤含水率 \times 土壤容重 \tag{33.2}$$

$$土壤贮水量变化 = 收获时土壤贮水量 - 播种时土壤贮水量 \tag{33.3}$$

$$耗水量 = 生育期总有效降雨量 + （播种时土壤贮水量 - 收获时土壤贮水量）\tag{33.4}$$

式中：土层厚度单位为 mm；土壤含水率以百分数表示；土壤容重单位为 g/m³；降雨量与土壤贮水量单位一致，单位均为 mm。

$$\mathrm{WUE} = \frac{Y}{\mathrm{SWC}} \tag{33.5}$$

式中：WUE 为土壤水生产力，kg/(hm²·mm)；Y 为籽粒产量，kg/hm；SWC 为土壤耗水量，mm。

$$\mathrm{WP} = \frac{Y}{P} \tag{33.6}$$

式中：WP 为大气降水生产力，kg/(hm²·mm)；P 为生育期的有效降雨量，mm。

33.3.2　出苗率

播种后定期观察出苗并记录，出苗以第一片叶伸出叶鞘 2cm 为准，直至燕麦达到生物学性状"三叶一心"前，以最后一次观察结果为准，统计出实际出苗数，最后根据 3 次重复计算实际出苗率。

$$出苗率 = \frac{实际出苗数}{实际播种数量} \times 100\% \tag{33.7}$$

33.3.3 干物质

分别在燕麦的苗期、拔节期、分蘖期、孕穗期、灌浆期每个小区随机选取 10 株，带回室内晾干除去根部，包装后放在 105℃ 的恒温箱内烘 30min 杀青，然后将温度调至 80℃，继续烘干至恒重测定干重。对于成熟期地上干物质的测定，人工在每个小区随机收取 1m²，除去地下根部，保留完整的地上部分。首先在自然条件下风干除去一定的水分，然后用烘箱在 80℃ 恒温烘干至恒重。各小区单独称取重量，依据小区的面积折合为公顷数。

33.3.4 产量及其构成因子

在燕麦成熟期，每个小区随机选取 3m²，人工收割，晒干至恒重后脱粒，然后将脱粒后的籽粒在自然条件下风干除去杂物，考种办法如同生物量测定方法一致。计算 3 次重复产量的平均值，最后折合为公顷数。对于产量构成要素测定，每个小区随机取 10 株带回室内进行考种，测定分蘖数、穗粒数、穗粒重和千粒重等指标。

33.4 数据统计分析

试验数据采用 Excel 2010 进行数据的基础整理，并用 Origin 8.0 软件作图，所有数据的显著性、误差分析由 SPSS 17.0 软件处理得到，而处理之间的各项指标均由单因素 SLD 分析、比较，显著性水平设定为 $p=0.05$，各图表中的数据均为平均值。

第34章 结 果 与 分 析

34.1 研究地点降雨分析及极端气候界定

　　按联合国环境规划署对极端气候界定标准，某一时段降水量距平百分率−20％～39％定为干旱，−40％～59％为大旱，不大于−60％为重旱。因此，将60％定义为极值点来判断干旱作为极端气候的标准。在本研究的试验点，2010年和2011年的降雨量均显著低于过去30年的平均值，尤其是2011年，总降雨量仅为多年均值的22.58％，且在作物的3个生长繁殖阶段，即建苗期、生殖繁殖期、营养繁殖期都发生了严重的干旱，在拔节期更为凸显，降雨量仅仅为2.6mm，而多年的均值为55.6mm。2010年降雨量尽管比2011年高，但是在生殖繁殖后期和营养繁殖前期，发生了极端干旱现象，降雨量仅为16.0mm，仅占全生育期的7.62％，与多年均值83.6mm相比，具有显著性的差异（表34.1）。虽然两年发生极端干旱的时间段有所不同，且以小于距平值的60％为判断标准，将2011年界定为全生育期持续极端干旱，简称为全生育期极端干旱年份；2010年界定为生育中后期阶段性极端干旱，简称为阶段性极端干旱年份。

表34.1　　　　　　　　　2010—2011年全生育期降雨量分布及极端干旱的发生时段

年份	总降雨量/mm	统计指标	建苗期 播种期—苗期	生殖繁殖期 苗期—分蘖期	分蘖期—拔节期	拔节期—抽穗期	营养繁殖期 抽穗期—灌浆期	灌浆期—成熟期
2010	209.9	分布时间段	4月8日至5月17日	5月17日至5月29日	5月29日至6月15日	6月15日至7月1日	7月1日至7月15日	7月15日至8月15日
		降雨量/mm	40.8	42.0	20.6	33.0	16.0	57.4
		分布比例/%	19.44	20.01	9.81	15.72	7.62	27.35
		距平值/mm	16.7	−4.5	−35.0	−39.2	−67.6	10.7
		距平比例/%	69.29	−9.68	−62.95	−54.29	−80.86	22.91
		是否小于−60%	未达极值	未达极值	破极值	接近极值	破极值	未达极值
2011	74.2	分布时间段	4月10日至6月10日	6月10日至6月23日	6月23日至7月10日	7月10日至7月25日	7月25日至8月12日	8月12日至9月11日
		降雨量/mm	16.9	9.3	2.6	9.5	13.5	20.5
		分布比例/%	22.78	12.53	3.50	12.80	18.19	27.63
		距平值/mm	−7.2	−37.2	−53	−62.7	−70.1	−26.2
		距平比例/%	−29.88	−80.00	−95.32	−86.84	−83.85	−56.10
		是否小于−60%	未达极值	破极值	破极值	破极值	破极值	接近极值
过去30年平均值	328.6	分布时间段	4月5日至5月15日	5月15日至5月30日	5月30日至6月15日	6月15日至7月1日	7月1日至7月15日	7月15日至8月15日
		降雨量/mm	24.1	46.5	55.6	72.2	83.6	46.7
		分布比例/%	7.33	14.15	16.92	21.97	25.44	14.21

34.2 垄沟栽培模式对出苗的影响

种子出苗率低、出苗均匀度差，最终都会直接导致作物产量下降。分析发现，2010 年和 2011 年各处理之间出苗率出现了显著差异（$p < 0.05$，图 34.1）。极端性极端干旱的 2010 年，RFM 处理较 CK 处理提高了 17.03%，RF、FP 处理较 CK 处理分别降低了 11.28%、3.71%。全生育期极端干旱的 2011 年，各处理的出苗率受到了严重的影响，但总体趋势仍然和 2010 年相似，依次表现为 RFM＞RF＞FP，与 CK 处理相比，RFM、RF、FP 处理的出苗率分别降低了 76.46%、89.52%、89.67%。在两个极端气候年份下，2010 年由于其极端干旱发生在生育后期，出苗率并没有受到太大影响，而 2011 年全生育期的极端干旱使播前土壤贮存水分和建苗阶段土壤的供水量受到了严重的亏缺，导致出苗率严重降低。但是 RFM 处理从其特有的集雨、增温效应，出苗率仍达到了 15%，与 RF、FP 处理相比，其提高了 55.4%、56.1%，RF、FP 处理之间没有显著差异（$p > 0.05$）。

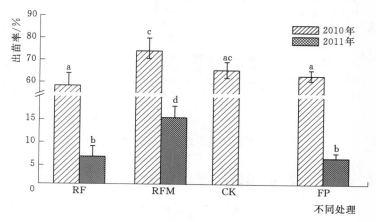

图 34.1 不同处理燕麦出苗率

［注：不同字母表示不同处理间达到 0.05 水平显著差异（$p < 0.05$）。］

34.3 垄沟栽培对全生育期生物量变化的影响

两个极端气候类型下，地上生物量积累随生育期动态变化规律出现了较大差异。生育后期极端干旱的 2010 年各处理变化表明，FP、RF 处理从分蘖期单株干物质重量一直处于上升阶段，随后逐渐开始下降，到播种后 90 天左右停止变化，趋于稳定，呈现单峰型变化。RFM 处理达到稳定的时间相对于滞后几天。收获期 RFM、RF、FP 处理单株干物质重量分别为 3.61g、2.65g、2.82g，比 CK 处理依次降低了 21.22%、42.01%、38.29%，但是 RFM 处理显著（$p < 0.05$）高于 RF、FP 处理，分别比其提高了 26.59%、21.88%。且从全生育期地上单株干物质重量变化可以看到，RFM 处理达到峰值所需要时间较长，为后期光合有效物质积累从茎向籽粒的转移提供了可能（图 34.2）。CK 处理由于后期土壤水分充足，生物量没有出现明显的拐点。全生育期极端干旱的 2011 年，RFM 处理生物量收获期其地上单株干物质重量达到了 28.36g，较 CK、RF、FP 处理分别提高了 83.83%、64.17%、68.97%，且干重出现峰值的时间都滞后于 2010 年各处理，而 RF、FP 处理由于水分亏缺导致的干旱胁迫，没有出现峰值。2011 年全生育期水分亏缺也导致了繁殖分

配尽可能向单株生物量积累转移，提高光合积累向营养器官分配的比例，获取较高的籽粒产量。从两年生物量的变化可以看到，在生育前期，充分灌溉处理的生物量积累均高于其他处理，且 FP、RF 处理在 95 天之前 2010 年生长优势优于 2011 年，但 2011 年生育后期各处理表现出了较好的补偿效应，而与 RF、FP 处理相比，RFM 处理对生物量补偿较提前了 10 天左右。

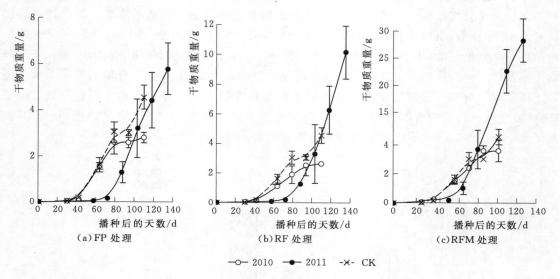

图 34.2　不同处理燕麦地上单株干物质重量变化

34.4　垄沟栽培对燕麦产量构成因子的影响

产量高低最终决定于各个产量构成因子表现和贡献率，阶段性干旱的 2010 年，各处理除去分蘖数外，总体表现出如下趋势：RFM 处理与 FP、RF 处理间有显著性差异（$p<$ 0.05），与 CK 处理相比无显著性有差异（$p>0.05$，表 34.2）。而 RFM、RF、CK 处理的穗数、穗粒数、穗粒重、千粒重比 FP 处理分别提高 23.5％、1.7％、27.2％、−4.7％；−5.3％、−23.6％、0、−4.1％；25.5％、1.5％、36.3％、4.1％。RF 处理比 CK 处理，穗数、穗粒数、穗粒重、千粒重依次降低 5.3％、23.6％、0、4.1％。分蘖数各处理之间没有显著性差异，这可能与播前土壤贮水相对较好有关，而 CK 处理由于全生育期进行了充分灌溉，有效分蘖数与其他处理之间表现出了差异。2011 年全生育期极端干旱的背景下，RFM 处理的优势进一步凸显，以上 4 项产量构成因子分别比 FP 处理提高了 58.9％、130.6％、475％、5.1％；比 RF 处理分别提高了−9.4％、6.4％、50.0％、2.6％。而 2011 年 RFM 处理的分蘖数和有效分蘖数与 CK、RF、FP 处理相比有显著性差异，而 RF、FP、CK 处理之间同样存在显著性差异。就两年 RFM 处理表现出现的优势而言，2011 年在水分限制因子极端的调控下，尤其是单株粒数、单株粒重两项产量构成因子分别是 2010 年的 0.6 倍、5.1 倍。这也可能是 2011 年出苗率极低的情况下，RFM 处理产量与 CK 处理相比没有受到太大影响的原因。

在阶段性干旱的 2010 年，所有处理的产量和地上生物量均高于全生育期极端干旱的 2011 年，CK 处理地上生物量积累均显著（$p<0.05$）高于 2010 年、2011 年各处理，这得

表 34.2 不同处理对燕麦产量及产量构成因子的影响

处理	年份	分蘖数	有效分蘖数	穗数	穗粒数	穗粒重/g	千粒重/g	地上生物量/(kg/hm²)	产量/(kg/hm²)	收获指数	增产率/%
CK	2010	2.10a	1.23a	47.6a	101.2a	1.60a	15.9ac	22090.0a	1752.9a	0.08	0
FP	2010	2.40a	1.00a	35.3b	99.5a	1.1b	14.6b	11271.3b	1258.4b	0.11	−28.2
	2011	5.53b	2.00b	38.2b	72.1b	1.6a	15.5a	972.0c	426.1c	0.44	−75.6
RF	2010	1.63a	1.33a	33.4b	76.0b	1.1b	14.0b	10267.9b	1155.6b	0.11	−34.1
	2011	5.33b	2.63b	34.6b	76.7b	2.4c	15.9a	1143.4c	446.2c	0.39	−74.6
RFM	2010	1.90a	1.00a	44.3a	101.0a	1.5a	15.2a	15339.8d	1833.5d	0.12	4.6
	2011	8.87c	5.47d	60.7d	166.3c	9.2d	16.3c	7197.7e	1360.6e	0.18	−22.4

注：同一列中不同字母表示不同处理间达到 0.05 水平显著差异（$p < 0.05$）。

益于它全生育期土壤水分的充足供应。产量除 2010 年 RFM 处理外，两年其他各处理均低于 CK 处理（表 35.2），且 RFM 处理产量为 1833.5kg/hm²，较 CK 处理提高 4.6%。阶段性干旱的 2010 年 RFM 处理较 CK 处理收获指数并没有显著提高（$p > 0.05$），而全生育期极端干旱的 2011 年较 CK 处理显著提高了 55.6%。全生育期极端干旱的 2011 年，RFM 处理的产量依然达到了 1360kg/hm²，而 RF 处理在极端干旱年份相对于传统的耕作模式反而是限制了产量构成要素的增长。收获期地上生物量 CK 处理均显著高于两年各处理，2011 年各处理地上生物量均显著低于 2010 年各处理，但是在全生育期极端干旱的 2011 年，RFM 处理显著高于 RF、FP 处理。尽管生物量降低了，但产量并没有相应的大幅降低，这可能是覆膜垄沟栽培将有限的土壤水分用于增加产量构成因子。

34.5 垄沟栽培对收获期土壤水分变化的影响

收获期土壤含水率反映了作物在全生育期对土壤各剖面水分的摄取状况。在两个极端干旱类型年份，剖面含水率基本以 40～60cm 为拐点，从 0～140cm 土壤水分的变化呈 V 形变化趋势（图 34.3），2010 年、2011 年 RFM、RF、FP、BF 处理 0～60cm 耕作层土壤含水率分别为 21.8%、16.7%、11.5%、16.3%；14.1%、14.9%、14.7%、16.4%；CK 处理为 14.65%。且土壤水分最低值发生在 40～60cm 剖面内，通过试验也发现该层形成了土壤干层，而 BF 处理表层含水率基本一致。60cm 以下土壤含水率逐渐回升，两年 80～140cm RFM、RF、FP、BF 处理的含水率分别为 13.5%、15.2%、14.4%、16.8%；13.2%、14.4%、13.5%、14.0%，CK 处理为 14.3%，可以发现，RFM 处理含水率最低，这可能是覆膜处理作物生长优势通过蒸腾作用对表层水分消耗的同时，发达的根系会进一步将深层土壤水向上运输，以供给作物各个阶段对水分的需求。BF 处理水分消耗主要是蒸发损失，因此含水率相对高于其他处理，2010 年整个 0～140cm 剖面基本维持在 15% 左右，几乎呈直线型变化，2011 年 BF 处理下层含水率低于 RF、CK 处理，高于 RFM、FP 处理，仍然遵循 V 形趋势，但拐点发生在 80cm 处左右。且两年的研究表明，120cm 以下剖面土壤水分几乎不受耕作的影响，两年 RFM、RF、FP、BF 处理的含水率分别为 16.3%、17.1%、17.5%、17.1%；14.7%、15.1%、14.7%、15.1%，且阶段性极端干旱的 2010 年要高于全生育期极端干旱的 2011 年。

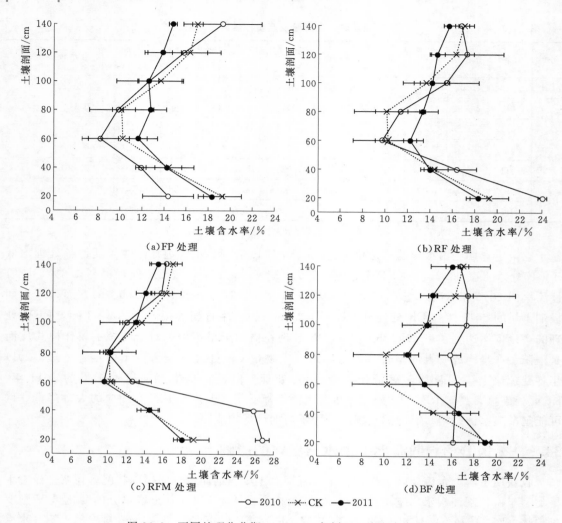

图 34.3 不同处理收获期 0～140cm 各剖面土壤含水率变化

34.6 垄沟栽培对全生育期土壤贮水量变化的影响

在阶段性极端干旱的 2010 年，土壤贮水量在全生育期的变化经历了 3 个主要过程，前 40 天略有增加，后面持续降低，但并非直线下降，而在 70 天左右水分又一次短暂的回升（图 34.4），这可能是在这个生育阶段降水的补给超过作物的耗水需求有关，从灌浆期到成熟期为土壤贮水量的回升阶段。在开始阶段，RFM 处理要略高于 RF、CK 处理，随后开始下降，这与其作物生长旺盛，对水分的高消耗有关，而在后期的恢复阶段，RFM 处理可以更有效地将降雨转化为土壤水，土壤贮水量明显高于其他处理，且依次表现出 BF＞RFM＞RF＞CK＞FP，进一步凸显了 RFM 处理对土壤水分利用的优势。裸地由于无种植，除表层在开始阶段受到蒸发影响外，此后水分相对稳定，基本维持在 210mm 左右，不受作物生长对水分的主动调控。在全生育期极端干旱的 2011 年，各处理经历了两个变化阶段，从开始到 90 天左右为下降阶段，随后到收获期为回升阶段，而 RFM 处理的下降一直持续到了 100 天左右，在前 80 天要高于 BF、FP 处理，而在随后的 90～100 天，FP 处理水分开始缓慢回升，而 RF、RFM 处理在短暂时间内再次出现了急剧下降阶段，从开始 200mm 左右直降到 135mm，尽管收获期水分逐步开始恢复，但由于前一阶段对水分的过度消耗，加之没有降雨及时的补给，导致收获后土壤贮水量低于其他处理，表现趋势为 BF＞FP＞RF＞CK＞RFM。在两个极端气候类型背景下，降雨相对较好的 2010 年，各处理生育期的平均贮水量均高于 2011 年，而 RF、RFM 处理在生育后期土壤贮水量开始明显回升；2010 年 RFM 处理 100 天以后土壤贮水量达到了 171.4mm，较 RF、FP 处理分别提高了 4.3mm、30.5mm；2011 年，RF 处理土壤贮水量为 195.4mm，与其他处理相比最高。

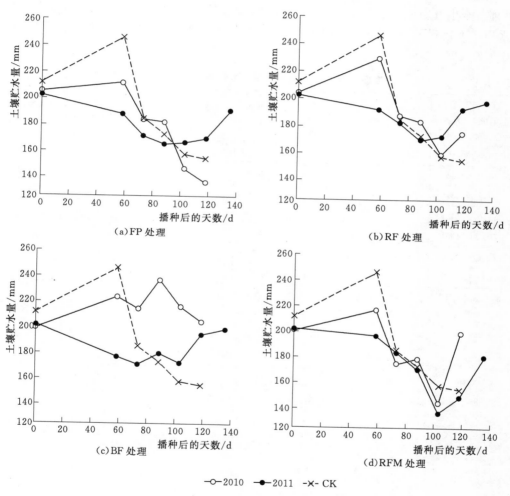

图 34.4　不同处理下 100cm 内各剖面土壤贮水量变化

34.7　垄沟栽培对作物生育期、耗水量和水分利用效率的影响

在阶段性极端干旱的 2010 年，FP 处理生育期要短于 RFM 处理约一周的时间，而充分灌溉的 CK 处理的生育期最长，达到了 119 天。这与水分充足拓宽了灌浆期长度有关，而全生育期极端干旱的 2011 年各处理的生育期相对于 2010 年平均延后了 25 天左右（表 34.3）。2010 年各处理土壤耗水量依次为 FP＞CK＞RF＞RFM，RFM 处理低于其他处理，而在全

生育期极端干旱的 2011 年恰好相反，RFM 处理由于其在生物量繁殖的优势，导致了对土壤水过度消耗和利用，耗水量最高。2010 年 RFM 处理水分利用效率较 CK 处理提高了 22.4%；全生育期极端干旱的 2011 年，RFM 处理水分利用效率达到了 14.1kg/(mm·hm²)，较 CK 处理提高了 85.5%，且比 2010 年提高了 34.2%，而两年 RF 处理和 FP 处理水分利用效率分别为 5.3kg/(mm·hm²)、5.0kg/(mm·hm²) 和 5.7kg/(mm·hm²)、5.0kg/(mm·hm²)，均显著（$p < 0.05$）低于 CK 处理的 7.6kg/(mm·hm²)。极端性极端干旱的 2010 年，覆膜处理 RFM 大田水分利用效率显著高于 CK 处理，而 RF、FP 处理显著低于 CK 处理。全生育期极端干旱的 2011 年，RFM 处理的水分利用效率均显著高于其他处理，尤其水生产力达到了 18.3kg/(mm·hm²)，比 CK 处理提高了 53.6%，但 RF、FP 处理显著低于 CK 处理。

表 34.3　　　　　不同处理燕麦大田土壤耗水量、水分利用效率、水生产力

处理	年份	生育期天数/d	降雨/mm	土壤供水量/mm	土壤耗水量/mm	产量/(kg/hm²)	水分利用效率/[kg/(mm·hm²)]	增加水分利用效率/%	水生产力/[kg/(mm·hm²)]
CK	2010	119a	206.6	23.7b	230.3a	1752.9a	7.6a	0	8.5a
RF	2010	115a	206.6	10.5c	217.1ca	1155.6b	5.3b	−30.3	5.6b
	2011	137b	74.2	4.5a	78.7b	446.2c	5.7b	−25.0	6.0b
RFM	2010	111a	206.6	−8.4c	198.0c	1833.5d	9.3c	22.4	8.9a
	2011	138b	74.2	22.2b	96.4b	1360.6e	14.1d	85.5	18.3c
FP	2010	116a	206.6	46.8a	253.4a	1258.4be	5.0b	−34.2	6.1b
	2011	137b	74.2	11.4c	85.6b	426.1c	5.0b	−34.2	5.7b

注：同一列中不同字母表示不同处理间达到 0.05 水平显著差异（$p < 0.05$）。

第35章 讨论及结论与展望

35.1 讨论

垄沟覆膜微集雨栽培技术大幅度提高生物量的积累和提升作物产量，已经成为雨养农业区生产力跃升和稳定的主要强动力。垄沟与地膜相结合耕作模式，首先是通过增加雨水收集效率和土壤容纳降雨的空间，进而提高作物水分利用效率，形成较好的水分补偿效应，有效地弥补裸露栽培水分蒸发快、不保墒的缺陷，显著地改变作物对极端干旱气候的适应对策，最终影响作物的出苗、成苗和产量的形成。该技术能明显减除玉米"卡脖子旱"现象，通过增加穗粒数和千粒重等穗部相关系数以及单位面积的分蘖数而达到增产目标。

土壤深层干燥化在旱作农业区是一种特殊水文现象，其后果是形成土壤干层。研究指出，黄土高原旱作粮田深层土壤干燥化现象日益凸显，受植被覆盖类型、作物种类、土壤类型和播种年限的影响，土壤干层的变动范围存在较大的差异，且随着播种年限增加和连续干旱的发生，土壤干燥程度会加深。已有的研究成果表明，以土壤水分含量低于11%的土层全部看作土壤干层。本研究发现两年收获期不同剖面的水分变化主要发生在1m以上的土层，除去充分灌溉，其他3个处理FP、RF、RFM对60cm处水分的消耗最为严重，两年平均含水率分别为9.9%、11.0%、11.1%，低于其他处理各剖面，出现了土壤干层。在2011年，RFM处理含水率最低，仅为9.5%，推测是由于在极端干旱与水势梯度双重作用下，土壤水分强烈蒸发形成。但覆膜处理由于其高效的集雨性和抑蒸性，能够快速促进表面水分的回升，表层土壤水分高于其他处理，因此能够囤积更多的有效水分向下运输，也提高了土壤水分潜在的恢复能力，这对连年播种可能加剧的土壤干层现象具有一定的缓解效应。而垄沟无覆膜处理1m以下水分受作物的生长而发生的迁移和交换影响较小，能维持较为稳定的含水值。平种和裸地由于其表层蒸发高，导致了较大的下层水分波动，既不利于各个土壤剖面维持水分动态平衡，也不利于极端气候下作物的持久抗旱性。

两个极端干旱类型年份，生育期土壤贮水量呈现出以孕穗期为分界点，前期一直降低，随后逐渐恢复。2010年前期，垄沟覆膜处理低于其他处理，这与生育期降雨分布均匀正常年份垄沟地膜覆盖能够提高的土壤贮水量有差异，这可能是垄沟覆膜系统增加了燕麦建苗期水分的供应，为燕麦出苗和前期生长提供了充足水分的储备，尤其消耗了耕作层土壤蓄水。由于RFM处理产流快，减少了径流量，两年前期土壤贮水量较高，而后期含水率低是由于作物生物量的积累和籽粒灌浆的形成加速了水分的消耗，实现了前期蓄水后期供水，解决了降雨导致的作物水分供需矛盾，整个生育期1m内平均贮水量比垄沟无覆盖、平地分别提高4.1mm、12.1mm。已有研究表明，裸燕麦普通膜垄、可降解膜垄和土垄的土壤贮水量比平作分别提高102mm、83mm和61mm，尽管受到干旱抑制，提高幅度较小，但是膜垄集雨优势依然明显，与本研究结果一致。而在全生育极端干旱2011年，孕穗期以后垄沟覆膜处理1m内平均贮水量仅为158.9mm，较垄沟无覆盖和平种减少了24.3mm、14.3mm，首先由于垄沟覆膜栽培体系根据群体生长的需求对土壤水分进行了时间上的再分配，其次是极端干旱气候条件下，垄沟覆膜在抑蒸、集雨和膜下毛细管提"墒"的共同作用下，以消耗深层土壤贮水量为代价维持作物生长。垄沟覆膜处理的高耗水也加大了后期土壤水分恢复的难度和周期。尽管对照组在两个极端干旱年份从苗期到灌浆期土壤贮水量相对较高，但收获期土壤水分没有表现出回升的趋势，因此在旱地雨养农业可持续背景下，此种耕作方式不利于下茬作物的生产。

土壤-植物-大气连续体是实现农田水循环的关键，而土壤水是降雨转化为作物水的中间枢纽。当极端干旱导致的水分亏缺出现在苗期时，会发生作物物候的改变，尤其拉长出苗所需的时间，这从 2011 年的苗期来看，比 2010 年平均晚了 25 天左右，最终导致了整个燕麦物候期的滞后。这与研究表明水分缺失常常使植物物候延迟，推迟时间与干旱程度有关一致。研究指出，在生育期 230mm、340mm 和 440mm 不同的降雨条件下，通过垄沟覆膜方式播种，玉米水分利用效率和产量分别较传统平种提高了 77.4%，43.1%，9.5%；82.8%，43.4%，11.2%，证明在降雨量为 230mm 的最低年份，各项指标提升的潜力最大。本研究表明，在极端干旱环境下，垄沟覆膜覆盖能够进一步提高土壤水的利用效率和大田水生产力，尤其在 2011 年生育期，降雨量仅为 74.2mm，两项指标较对照分别提高了 85.5%、115.3%，产量较平种提高了 209.1%，与以上研究相一致。因此垄沟覆盖栽培系统在极端干旱年份，最大限度地满足了作物对水分的供需分配，实现了雨水、土壤水、作物水"三水"的优化配置利用，从空间上拉拢了该区降水资源与作物需水之间的错位，是应对极端干旱条件，维持产量稳定的优势选择。

35.2　结论与展望

燕麦作为高寒地区的优势作物，对自然环境具有较强的适应能力，不仅有利于调节当地的农事活动，而且由于其抗旱、耐寒的优良特性，其未来必将有广阔的应用和推广空间。而垄沟覆膜栽培也极大地弥补了燕麦在极端气候下的产量亏缺，尤其在全球气候变化的背景下，其作为第三主粮的生产潜力可为解决我国高寒草地草畜供求矛盾、保护草地资源可持续利用和世界粮食安全做出贡献。

在极端气候事件发生情况下，垄沟覆膜栽培技术作为重要的抗旱技术具有较好的适应性，尽管产量输出和地上生物量积累受到了抑制，但可以通过积极提升生育后期土壤水分以缓解土壤干层，并采取不同的生物量补偿和穗部优化策略来缓解极端干旱带来的产量下降。从时间和空间尺度上优化作物对水资源的供需匹配从而提高作物水分利用效率和大田水生产力，提高极端干旱背景下燕麦的抗旱性和大田产量的稳定性，是应对极端气候变化和提高旱区粮食安全的重要生态策略。本试验的研究旨在为干旱区雨养农业应付极端气候提供一定的借鉴，也拓展了垄沟覆盖栽培作为重要的抗旱技术在更复杂环境下推广的可能性。然而，在极端气候的影响下，作物地下根系的分布和分配，以及土壤养分的输入和输出变化尚需进一步探究，力求从土壤水分、养分以及作物株型指标综合解释其应对极端天气的生产和生态过程。

参 考 文 献

［1］ 翟盘茂，潘晓华. 中国北方近 50 年温度和降水极端事件变化［J］. 地理学报，2003，58（增刊）：1-10.

［2］ Easterling D R，Meehl G A，Parmesan C. Climate extremes：Observations，modeling and impacts［J］. Science，2000，289（5487）：2068-2074.

［3］ Easterling D R，Evans J L，Groisman P Y，et al. Observed variability and trends in extreme climate events：A brief review［J］. Bulletin of the American Meteorological Society，2000，81（3）：417-426.

［4］ Jiang Z H，Song J，Li L，et al. Extreme climate events in China：IPCC-AR4 model evaluation and projection［J］. Climatic Change，2012，110（1-2）：385-401.

［5］ 翟盘茂，任福民，张强. 中国降水极值变化趋势检测［J］. 气象学报，1999，57（2）：208-216.

［6］ 翟盘茂，王萃萃，李威. 极端降水事件变化的观测研究［J］. 气候变化研究进展，2007，3（3）：144-148.

［7］ 秦大河，丁一汇，苏纪兰，等. 中国气候与环境演变评估（I）：中国气候与环境变化及未来趋势［J］. 气候变化研究进展，2005，1（1）：4-9.

［8］ 刘彦随，刘玉，郭丽英. 气候变化对中国农业生产的影响及应对策略［J］. 中国生态农业学报，2010，18（4）：905-910.

［9］ Li X Y，Gong J D，Gao Q Z，et al. Incorporation of ridge and furrow method of rainfall harvesting with mulching for crop production under semiarid conditions［J］. Agricultural Water Management，2001，50（3）：173-183.

［10］ Dong H Z，Li W J，Tang W，et al. Early plastic mulching increases and establishment and lint yield of cotton in saline fields［J］. Field Crops Research，2009，111（3）：269-275.

［11］ Wang J，Li F M，Song Q H，et al. Effects of plastic film mulching on soil temperature and moisture and on yield formation of spring wheat［J］. Chinese Journal of Applied Ecology，2003，14（2）：205-210.

［12］ Li X Y，Shi P J，Sun Y L，et al. Influence of various in situ rainwater harvesting methods on soil moisture and growth of Tamarix ramosissima in the semi-arid loess region of China［J］. Forest Ecology and Management，2006，233（1）：143-148.

［13］ 李子强，郭维东，杨天恩. 坐水播种时耕层土壤水分再分布的数值分［J］. 安徽农业科学，2006，34（1）：108-109.

［14］ 李永平，贾志宽，刘世新，等. 旱作农田微集水种植产流蓄墒扩渗特征研究［J］. 干旱地区农业研究，2006，24（2）：86-90.

［15］ Tian Y D，Su R，Li F M，et al. Effect of rainwater harvesting with ridge and furrow on yield of potato in semiarid areas［J］. Field Crops Research，2003，84（3）：385-391.

［16］ Xiao G J，Zhang Q，Xiong Y C，et al. Integrating rainwater harvesting with supplemental irrigation into rain-fed spring wheat farming［J］. Soil and Tillage Research，2007，93（2）：429-437.

［17］ Wang Y J，Xie Z K，Malhi S S，et al. Effects of rainfall harvesting and mulching technologies on water use efficiency and crop yield in the semi-arid Loess Plateau，China［J］. Agricultural Water Management，2009，96（3）：374-382.

［18］ Zhang D Q，Liao Y C，Jia Z K. Research advances and prospects of film mulching in arid and semi-arid areas [J]. Agricultural Research in the Arid Areas，2005，23（1）：208 - 213.

[19] Carter D C，Miller S. Three years' experience with an on - farm macro - catchment water harvesting system in Botswana [J]. Agricultural Water Management，1991，19（3）：191 - 203.

[20] Li X Y，Gong J D，Wei X H. In - situ rainwater harvesting and gravel mulch combination for corn production in the dry semi - arid region of China [J]. Journal of Arid Environments，2000，46（4）：371 - 382.

[21] Xie Z K，Wang Y J，Li F M. Effect of plastic mulching on soil water use and spring wheat yield in arid region of northwest China [J]. Agricultural Water Management，2005，75（1）：71 - 83.

[22] Zhang J Y，Sun J S，Duan A W，et al. Effects of different planting patterns on water use and yield performance of winter wheat in the Huang - Huai - Hai Plain of China [J]. Agricultural Water Management，2007，92（1 - 2）：41 - 47.

[23] Wang Y Q，Shao M A，Zhu Y J，et al. Impacts of land use and plant characteristics on dried soil layers in different climatic regions on the Loess Plateau of China [J]. Agricultural and Forest Meteorology，2011，151（4）：437 - 448.

[24] 任明迅，姜新华，张大勇. 植物繁殖生态学的若干重要问题 [J]. 生物多样性，2012，20（3）：241 - 249.

[25] Jin Y H，Zhou D W，Jiang S C. Comparison of soil water content and corn yield in furrow and conventional ridge sown systems in a semiarid region of China [J]. Agricultural Water Management，2010，97（2）：326 - 332.

[26] 李军，蒋斌，胡伟，等. 黄土高原不同类型旱区旱作粮田深层土壤干燥化特征 [J]. 自然资源学报，2009，24（12）：2124 - 2134.

[27] 李玉山. 旱作高产田产量波动性和土壤干燥化 [J]. 土壤学报，2001，38（3）：353 - 356.

[28] 胡伟，陈豫. 黄土高原半干旱区旱作农田土壤干燥化研究 [J]. 河南农业科学，2013，42（4）：75 - 79.

[29] Chakraborty D，Nagarajan S，Aggarwal P，et al. Effect of mulching on soil and plant water status, and the growth and yield of wheat（Triticumawstivum L.）in a Semiarid environment [J]. Agricultural Water Management，2008，95（12）：1323 - 1334.

[30] Anikwe M A N，Mbah C N，Ezeaku P I，et al. Tillage and plastic mulch effects on soil properties and growth and yield of cocoyam（Colocasiaesculenta）on an ultimo in southeastern Nigeria [J]. Soil and Tillage Research，2007，93（2）：264 - 272.

[31] Zhou L M，Jin S L，Liu C A，et al. Ridge - furrow and plastic - mulching tillage enhances maize - soil interaction：opportunities and challenges in a semiarid agro - ecosystem [J]. Field Crops Research，2012，126：181 - 188.

[32] Liu C A，Jin S L，Zhou L M，et al. Effects of plastic film mulch and tillage on maize productivity and soil parameters [J]. European Journal of Agronomy，2009，31（4）：241 - 249.

[33] 芦翔，汪强，赵惠萍，等. 盐胁迫对不同燕麦品种种子萌发和出苗影响的研究 [J]. 草业科学，2009，26（7）：77 - 81.

[34] 乔有明. 不同播种密度对燕麦几个数量性状的影响 [J]. 草业科学，2002，19（1）：31 - 32.

[35] 贾志锋，周青平，韩志林，等. N、P 肥对裸燕麦生产性能的影响 [J]. 草业科学，2007，24（6）：19 - 22.

[36] 刘影，董利. 燕麦的营养成分与保健作用 [J]. 中国食物与营养，2009（3）：55 - 57.

[37] 胡新中. 燕麦食品加工及功能特性研究进展 [J]. 麦类作物学报，2005，25（5）：122 - 124.

[38] Moreira N. The effect of seed rate and nitrogen fertilizer on the yield nutritive value of oat - vetch mixture [J]. Journal of Agricultural Science，1989，112（1）：57 - 66.

[39] 刘军海，裘爱泳，朱向菊. 燕麦脂质及其应用 [J]. 粮食与油脂，2003，（5）：19 - 20.

[40] 魏决，郭玉蓉，金小培，刘晨，赵敏. 燕麦油脂的理化性质研究及脂肪酸组成分析 [J]. 食品科技，2006，31（7）：204-206.

[41] 刘德祥，董安祥，邓振镛. 中国西北地区气候变暖对农业的影响 [J]. 自然资源学报，2005，20（1）：119-125.

[42] 赵鸿，肖国举，王润元，等. 气候变化对半干旱雨养农业区春小麦生长的影响 [J]. 地球科学进展，2007，22（3）：322-327.

[43] 任朝霞，杨达源. 近50a西北干旱区气候变化对农业的影响 [J]. 干旱区资源与环境，2007，21（8）：48-53.

[44] 马建勇，许吟隆，潘婕. 东北地区农业气象灾害的趋势变化及其对粮食产量的影响 [J]. 中国农业气象，2012，33（2）：283-288.

[45] 赵秀兰. 近50年中国东北地区气候变化对农业的影响 [J]. 东北农业大学学报，2010，41（9）：144-149.

[46] 瞿汶，刘德祥，杨苏华. 甘肃省1994—2001年极端干旱气候特征研究 [J]. 甘肃气象，2003，21（1）：11-15.

[47] 钟良平，邵明安，李玉山. 农田生态系统生产力演变及驱动力 [J]. 中国农业科学，2004，37（4）：510-515.

[48] 秦舒浩，张俊莲，王蒂，等. 覆膜与沟垄种植模式对旱作马铃薯产量形成及水分运移的影响 [J]. 应用生态学报，2011，22（2）：389-394.

[49] 张惠，李娟，贾志宽，等. 渭北旱塬不同覆盖材料对旱作农田土壤水分及春玉米产量的影响 [J]. 干旱地区农业研究，2012，30（2）：93-100.

[50] 师日鹏，上官宇先，马巧荣，等. 密度与氮肥配合对垄沟覆膜栽培冬小麦干物质累积及产量的影响 [J]. 植物营养与肥料学报，2011，17（4）：823-830.

[51] 高玉红，牛俊义，闫志利，等. 不同覆膜栽培方式对玉米干物质积累及产量的影响 [J]. 中国生态农业学报，2012，20（4）：440-446.

[52] Zhao H，Xiong Y C，Li F M，et al. Plastic film mulch for half growing-season maximized WUE and yield of potato via moisture-temperature improvement in a semi-arid agro-ecosystem [J]. Agricultural Water Management，2012（104）：68-78.

[53] 慕自新，梁宗锁，张岁岐. 土壤干湿交替下作物补偿生长的生理基础及其在农业中的应用 [J]. 植物生理学通讯，2002，38（5）：511-516.

[54] 李屹，黄高峰，孙雪梅. 干旱胁迫对菊芋苗期生长的影响 [J]. 江苏农业科学，2012，40（10）：75-77.

[55] Li X Y，Gong J D. Effects of different ridge：Furrow ratios and supplemental irrigation on crop production in ridge and furrow rainfall harvesting system with mulches [J]. Agriculture Water Management，2002，54（3）：243-254.

[56] 方彦杰，黄高宝，李玲玲，等. 旱地全膜双垄沟播玉米生长发育动态及产量形成规律研究 [J]. 干旱地区农业研究，2010，28（4）：128-134.

[57] 李巧珍，李玉中，郭家选，等. 覆膜集雨与限量补灌对土壤水分及冬小麦产量的影响 [J]. 农业工程学报，2010，26（2）：25-30.

[58] Du Y J，Li Z Z，Li W L. Effect of different water supply regimes on growth and size hierarchy in spring wheat populations under mulched with clear plastic film [J]. Agriculture Water Management，2006，79（3）：265-279.

[59] Donald C M，Hamblin J. The convergent evolution of annual seed crops in agriculture [J]. Advances in Agronomy，1983，36：97-143.

[60] 王红丽，张绪成，宋尚有，等. 西北黄土高原旱地全膜双垄沟播种植对玉米季节性耗水和产量的调节机制 [J]. 中国农业科学，2013，46（5）：917-926.

[61] 丛建鸥，李宁，许映军，等. 干旱胁迫下冬小麦产量结构与生长、生理、光谱指标的关系 [J]. 中国生态农业学报，2010，18（1）：67-71.

[62] 曹裕，李军，张社红，等. 黄土高原苹果园深层土壤干燥化特征 [J]. 农业工程学报，2012，28（15）：72-79.

[63] Fan J, Shao M A, Wang Q J, et al. Toward sustainable soil and water resources use in China's highly erodible semi-arid Loess Plateau [J]. Geoderma, 2010, 155 (1-2): 93-100.

[64] Wang Y Q, Shao M A, Liu Z P. Large-scale spatial variability of dried soil layers and related factors across the entire Loess Plateau of China [J]. Geoderma, 2010, 159 (1-2): 99-108.

[65] 付明胜，钱卫东，牛萍，等. 连续干旱对土壤干层深度及植物生存的影响 [J]. 干旱区研究，2002，19（2）：71-74.

[66] 王力，邵明安，侯庆春. 黄土高原土壤干层初步研究 [J]. 西北农林科技大学学报（自然科学版），2001，29（4）：34-38.

[67] 王琦，张恩和，李凤民. 半干旱地区膜垄和土垄的集雨效率和不同集雨时期土壤水分比较 [J]. 生态学报，2004，24（8）：1816-1819.

[68] Wang F X, Feng S Y, Hou X Y, et al. Potato growth with and without plastic mulch in two typical regions of Northern China [J]. Field Crops Research, 2009, 110 (2): 123-129.

[69] 霍海丽，王琦，张恩和，等. 沟垄集雨对紫花苜蓿和裸燕麦出苗及土壤贮水量的影响 [J]. 草原与草坪，2012，32（6）：1-6.

[70] 黄明斌，党廷辉，李玉山. 黄土区旱塬农田生产力提高对土壤水分循环的影响 [J]. 农业工程学报，2002，18（6）：50-54.

[71] Li F M, Guo A H, Wei H. Effects of clear plastic film mulch on yield of spring wheat [J]. Field Crops Research, 1999, 63 (1): 79-86.

[72] 李凤民，鄢珣，王俊，等. 地膜覆盖导致春小麦产量下降的机理 [J]. 中国农业科学，2001，34（3）：330-333.

[73] Manzoni S, Vico G, Porporato A, et al. Biological constraints on water transport in soil-plant-atmosphere system [J]. Advances in Water Resource, 2013 (51): 292-304.

[74] Tsuda M. Effects of water deficit on panicle exertion is rice (Oryza sativa L.) and sorghum [Sorghum bicolor (L.) moench][J]. Japanese Journal of Crop Science, 1986, 55 (2): 196-200.

[75] Li R, Hou X Q, Jia Z K, et al. Effects on soil temperature, moisture, and maize yield of cultivation with ridge and furrow mulching in the rainfed area of the Loess Plateau, China [J]. Agricultural Water Management, 2013 (116): 101-109.

[76] 刘龙龙，崔林，刘根科，等. 山西省燕麦产业现状及技术发展需求 [J]. 山西农业科学，2010，38（8）：12-12.

[77] 孟凡艳，李淑源. 冀西北地区退耕后主导产业选择的实证分析 [J]. 湖北农业科学，2011，50（12）：2578-2581.

[78] 王桃，徐长林，周志宇，等. 高寒草甸区36种栽培燕麦生产性能的灰色综合评价 [J]. 牧草与饲料，2010，4（1）：16-24.

[79] Marshall A S, Cowan S, Edwards S, et al. Crops that feed the world 9. Oats-a cereal crop for human and livestock feed with industrial applications [J]. Food Security, 2013, 5 (1): 13-33.